TSUJIKAWA, Shinji 辻川信二

入門 現代の宇宙論

Cosmology: A Modern Introduction

インフレーションから暗黒エネルギーまで

講談社

ブックデザイン　桐畑恭子　　本文図版　㈱さくら工芸社

は じ め に

現代宇宙論の進展は目覚ましく，著者が大学院生であった 1990 年代の頃から，特に観測の側面で大きな発展があった．その例として，1998 年の宇宙の後期加速膨張の発見，2003 年の WMAP 衛星と 2013 年のプランク衛星による宇宙背景輻射の温度揺らぎの詳細な観測データの公開，2015 年のブラックホール連星系からの重力波の直接検出などが挙げられる．これらの発見によって，宇宙論は精密科学の領域に入り，一般相対論やそれを拡張した理論を，観測から具体的に検証することが可能になった．20 世紀に執筆された宇宙論に関する書籍の中には優れた内容のものが多い一方で，このような新たな観測データが反映されていないという点で，どうしても古いという印象が拭えなくなっている．

筆者は，2008 年から 2020 年の 12 年間にわたり，東京理科大学理学部第二部物理学科の学部 3 年生向けに宇宙物理学の講義を担当した．対象の学生は 2 年生のときに特殊相対論を必修科目として学ぶが，リーマン幾何学を用いて重力を記述する一般相対論については，3 年生の段階で大半の学生が知識を有していない．そのため，理科大での宇宙物理学の講義の際には，学生が一般相対論を学んでいないという前提の下で授業を進める必要があった．一般相対論は，重力が弱い極限でニュートン力学を再現するが，そのような非相対論的極限での力学と宇宙進化から出発して，光のような相対論的粒子の場合に議論を拡張していくのである．その際に，粒子の熱平衡状態での物理を議論するために熱統計力学の知識も必要とされるが，一般相対論を未習でも，一様等方宇宙の進化の概要を理解することは可能である．

著者は，2020 年 4 月に早稲田大学先進理工学部物理学科に異動になり，そこでも学部生と大学院生向けの宇宙物理学の講義を担当している．学部の段階で相対論の授業はあるが，その重点は特殊相対論の方にあり，一般相対論について講義できるのは最後の 4 回程度である．つまり学部での状況は理科大と似ていて，一般相対論の詳細に深入りできないため，それを宇宙論に応用するには学部レベルでは不十分な状況である．著書は 2013 年に，サイエンス社から『現代宇宙論講義』という書籍を執筆しているが，これは主に修士以上の大学院生を対象としたもので，一般相対論の知識を有していることを前提としている．この本は学部生にはかなり高度であり，一般相対論をまだ十分に習得していない学生に対して筆者が行うのと同じレベルの，より入門者向けの現代宇宙論の本を，理科大と早稲田大における講義内容をベースにして執筆できればよいのではと考えていた．

折しも 2020 年 3 月に，講談社サイエンティフィクの慶山篤さんから，現代宇宙論に関する入門的な書籍の執筆を薦めていただいた．これは，筆者の今までの宇宙物理学の講義経験を生かし，特に大学の学部生以上の方々に現代宇宙論について興味を持っていただく良い機会と考え，執筆を快諾した．内容としては，ニュートン力学を出発点とした宇宙膨張の記述，宇宙初期から後期までの進化，物質の生成と進化，インフレーション，密度揺らぎの起源と宇宙背景輻射の温度揺らぎ，宇宙の構造の進化，コンパクト天体，暗黒エネルギーなどである．本書を読むにあたり，力学，解析力学，熱統計力学，量子力学，特殊相対論の基礎を知っていることが望ましい．基本的に，読者が初読の段階で一般相対論の知識をほとんど有していないという前提で本文を執筆しているが，やはり正確な記述を欠く場合があるので，それを補完するために，一般相対論でどのように宇宙膨張の式や揺らぎ（摂動）の方程式などが導出されるかを付録にまとめた．一般相対論に基づく宇宙論的摂動論について詳しく学びたい読者は，『宇宙論の物理』（松原隆彦著，東京大学出版会），『ワインバーグの宇宙論』（スティーヴン・ワインバーグ著，小松英一郎訳，日本評論社）などの優れた書籍があるので，そちらも参照されたい．本書を読み進めていくうちに読者が一般相対論の必要性に気づき，それを自主的に勉強し始めることで，現代宇宙論に対する理解がより深まるであろう．

筆者が宇宙論の中で特に興味を持って研究を行ってきた分野は，宇宙初期のインフレーションと，宇宙後期の加速膨張を引き起こす暗黒エネルギーに関するものである．この 2 回の宇宙の加速膨張は，宇宙背景輻射，銀河分布，遠方の超新星などの観測によって検証されている．特に，1992 年の宇宙背景輻射の温度揺らぎの発見と，1998 年の超新星観測による宇宙の後期加速膨張の発見のインパクトは大きく，これらの観測を主導してきた研究者たちは，それぞれ 2006 年度と 2011 年度のノーベル物理学賞を受賞している．さらに，宇宙背景輻射の温度揺らぎは，銀河のような宇宙の大規模構造を作る種となるが，そのような揺らぎの進化を理論的に明らかにしたジェームズ・ピーブルス氏も，2019 年度のノーベル物理学賞に輝いている．

宇宙の加速膨張の証拠が観測的に確立されてきた一方で，何がインフレーションと暗黒エネルギーの起源なのかが現状で明らかになっていない．この 2 つの時期の存在は，一般相対論の何らかの拡張や素粒子の標準模型の枠組みを超えた理論の必要性を示唆している可能性がある．また現在の宇宙には，暗黒エネルギー以外に暗黒物質という未知の物質も存在し，それらの 2 つで全体の約 95％ のエネルギーを占めている．暗黒物質の存在も，素粒子の標準模型の枠組みでは説明が難しい．現状で，素粒子間に働く 3 つの力と重力を統一的に扱える理論は完成していないが，宇宙の開闢からインフレーション，減速膨張期，後期加速膨張期に至る進化を整合的に説明できる理論が，将来構築される可能性もある．幸いにして，重力波を始めとする様々な観測が現在進行中であり，宇宙の謎は今後さらに解き明かされていくであろう．本書を読んで，現代宇宙論の基礎知識を身につけた後，そのような謎の解明に取り組む研究者が増えていくことを望んでいる．

本書の執筆に際して，誤植を指摘してくださった川口遼大氏，立川崇之氏，水井皓太郎氏に心から感謝したい．

2021 年 9 月　辻川信二

CONTENTS

目次

CONTENTS

目　次

第 9 章 暗黒エネルギー

付録

第 1 章

宇宙の観測

1.1 宇宙像の変遷

人類は古来から宇宙に関心を持ち，様々な宇宙像を築き上げてきた．紀元前 1000 年頃の古代ギリシャでは，現代の宇宙論と天文学の原型となる学問の最初の進展があった．この時代には，自由な雰囲気の中でいくつかの学派が存在し，例えばピタゴラス学派は，宇宙は数学的，幾何学的な秩序で支配されていると考えた．紀元前 280 年頃にアリスタルコス (Aristarchus) は，“太陽は地球よりもずっと大きいので，小さい地球が大きな太陽の周りを周っているはずである” という**地動説**を唱えたものの，この説はピタゴラス学派から排除された．アリスタルコスは，中心にある太陽の周りを公転する 5 つの惑星の位置を明確に示し，地動説の原型を科学的に提唱したのである．

しかしそのような古代ギリシャの天文学の栄光も，ギリシャ，ローマ帝国の世界の没落後，キリスト教会の権威が中世ヨーロッパを支配するとともに，ほぼ忘れ去られた．これにより，自然科学の発展は 1500 年以上にも渡って停滞することとなる．ヨーロッパにおいて，科学の隆盛が起こり始めたのはルネッサンス以降である．16 世紀前半にコペルニクス (Nicolaus Copernicus) は，その当時のユリウス暦の 1 年が観測される 1 年と異なることに着目し，地動説によって 1 年を正確に計算した．つまり，太陽の周りを地球が 1 年で公転するとして，1 回帰年を 365.2425 日と求めたのである．それ以外にも，地球から見た惑星の逆行現象など，地動説でないと説明が難しい現象があったが，動く地球という概念が当時の基礎的な自然学や聖書と相容れず，しばらくは現実的な体系として受け入れられなかった．

しかし 16 世期の後半には，ガリレオ・ガリレイ (Galileo Galilei) やケプラー (Johannes Kepler) が地動説を支持し始めた．1608 年に，オランダの眼鏡屋

のリッペルハイ (Hans Lipperhey) は，2 枚のレンズを組み合わせると遠くにあるものが近くに見えることを発見した．これは，対物レンズに凸レンズを，接眼レンズに凹レンズを用いた，倍率が 3 倍の最初の屈折式望遠鏡であった（図 1.1 の上側の図を参照)．これを受けてガリレオも，1609 年に倍率 3 倍の天体観測のための望遠鏡を作り，後に倍率を 10 倍まで拡大させ，惑星や月を観測した．ガリレオは 1610 年に，金星の満ち欠けや木星の周りを回転する衛星の存在を発見し，これらはいずれも地動説を支持するものであった．その一方でキリスト教会は天動説に固執し，ローマ教皇庁は 1616 年と 1633 年の 2 度に渡ってガリレオを呼び出し，地動説を唱えないように宣告した．ローマ教皇庁が地動説を承認したのは，2 回目のガリレオ裁判から 359 年後の 1992 年である．

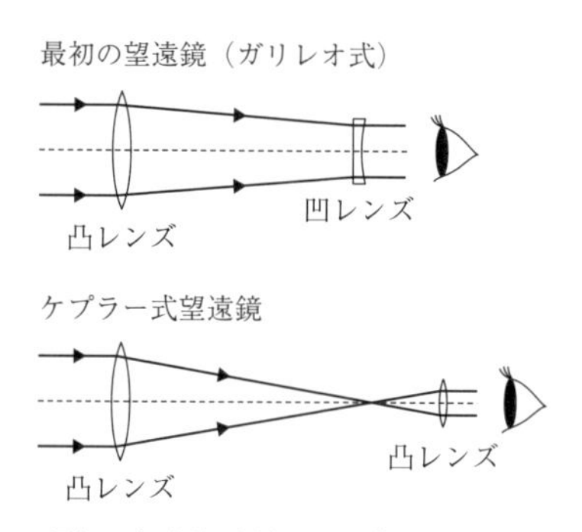

図 1.1 最初の望遠鏡（上）とケプラー式望遠鏡（下).

ガリレオ式の望遠鏡は，倍率を上げるとその 2 乗に反比例して視野が狭くなり，また色収差を生じやすかった．ケプラーは 1611 年に，図 1.1 の下側のような凸レンズ 2 つを用いた望遠鏡の開発を考案した．このケプラー式望遠鏡では倒立像となるが，視野が倍率に反比例して狭くなるため，ガリレオ式と比べてより広い視野を確保できる．ケプラーはこの型の望遠鏡を用いて，太陽の周りを回転する惑星の運動を詳細に観測した．その観測結果として，“惑星は，太陽を一つの焦点とする楕円軌道を描く” という法則を 1619 年に発見し，これはまさに地動説を裏付けるものであった．

太陽の周りを回転するのは，地球や金星のような惑星だけでなく，ハレー彗星と呼ばれる大きな楕円軌道を描く天体も含まれる．この彗星は 1682 年に観測され，ハレー (Edmond Halley) は，それが 1456 年，1531 年，1607 年に現れた天体と同じであると考えた．観測データから，彗星は楕円に近い軌道を描いていたが，ハレー自身はなぜそのような軌道になるかを論理的に理解できなかった．1684 年にハレーが，その当時 41 歳のニュートン (Isaac Newton) にこのことを聞いたところ，惑星の軌道が楕円になることは以前に計算したので，そのうちにノートを送るという返答をもらった．送られてきたノートを見ると，ニュートン自身が提唱した力学の運動方程式と万有引力の法則から，太陽の周りを回転する惑星が一般に楕円運動をすることを証明していた．これに強い感銘を受けたハレーは，力学と天文学を一つの体系にまとめた書物の出版をニュートンに薦め，これは 1686 年に**プリンキピア**（自然哲学の数学的原理）というタイトルで英国王立協会から出版された．

このニュートンによるプリンキピアは，まさに物理学の原点と言える書物であり，自然界に起こる力学現象を，因果関係によって論理的に説明できることを示していたのである．我々の身の周りにある巨視的な物体の運動は，**ニュートンの運動方程式**

$$m\boldsymbol{a} = \boldsymbol{F} \tag{1.1}$$

を解くことで，数学的に解析できる．(1.1) の意味は，質量 m [kg] の物体にベクトル $\boldsymbol{F}$ [N] で表される外力（太文字はベクトル量を表す）が働いたとき，物体に加速度 $\boldsymbol{a} = \boldsymbol{F}/m$ [m/s^2] が生じるという**因果律**を表している．これは，$\boldsymbol{a}$ が $\boldsymbol{F}$ と同じ方向のベクトルであり，その大きさが $|\boldsymbol{a}| = |\boldsymbol{F}|/m$ であることを意味する．例えば上記のハレー彗星の例では，彗星（質量 m）が太陽（質量 M）から距離 r 離れているとき，彗星から太陽の方向に大きさ $|\boldsymbol{F}| = GmM/r^2$（$G$ は重力定数）の重力が働き，同じ方向に大きさ $|\boldsymbol{a}| = GM/r^2$ の加速度を生じる．大学初年級の力学で学ぶように，(1.1) を 2 次元極座標系で解くことで，ハレー彗星の軌道が楕円となることが導出される．さらに，その公転周期が 75.3 年であることも理論的に予測され，実際にハレー彗星は 75 ～ 76 年の周期で過去に観測されている．これは，自然界が全くの無秩序ではなく，物理法則に従って変化するという決定論的な自然観を示している．ニュートン以降の物理学の歴史は，宇宙のようなマクロなスケールから，素粒子のようなミクロなスケールに渡って自然を支配する法則を見出し，それを実験的に検証し，

自然現象を正しく記述する理論に肉薄することであったと言える.

1.2 遠方の天体の観測

ケプラーらの観測によって太陽系内の惑星や彗星の運動が解析され，地球が不動の宇宙の中心ではないことが分かってきたが，次の人々の関心は，太陽系が宇宙の中心であるかという点に移ってきた．それには太陽系外の天体の観測が必要であり，遠方の天体を観測するために精度の良い望遠鏡の開発が不可欠であった．ニュートンは，力学だけでなく光学についても顕著な業績があり，その原型は 1665 年から 1666 年にかけてロンドンで流行したペストを回避するために，故郷に約 1 年半戻って行っていた 20 代前半の研究にある．特に，光を一点に集めやすい対物鏡を持つ**反射望遠鏡**（図 1.2 を参照）をニュートンが考案し，それによって性能の良い大きな望遠鏡を作ることが可能になった.

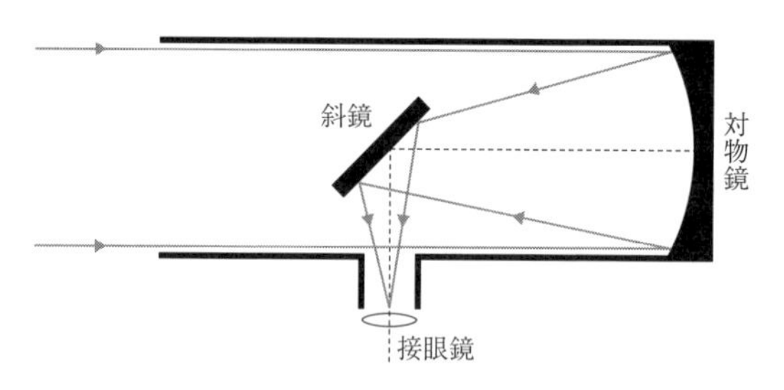

図 1.2 ニュートン式の反射望遠鏡.

18 世紀後半になると，巨大な反射望遠鏡が作られるようになり，1789 年にはハーシェル (William Herschel) が，対物鏡の口径 122 cm の望遠鏡を作成した．ハーシェルは，反射式望遠鏡を用いて天王星を発見しただけでなく，太陽系を含む**天の川銀河**の形を調べた．具体的には，全ての星が同じ明るさで輝いていると仮定し，観測された星の数を数え上げることで天の川銀河に存在する星の分布を描き出した．それは太陽が銀河のほぼ中心にある図であったが，用いた仮定の正しさが立証されていなかったため，太陽が中心にある説は信頼できるものではなかった.

ハーシェルらの用いた望遠鏡は反射鏡に金属を使っており，反射率が 20% 程度と低い上に重く，表面が酸化し劣化しやすかった．1860 年頃には反射鏡に銀メッキを施したガラス鏡が開発され，金属鏡と比べて軽量となり，光の反射率も 65% 程度までに増加した．それでも銀の酸化が早いという欠点があり，代わりにアルミメッキを用いるなど実用化には時間がかかったが，20 世紀初頭になると，米国西部のウィルソン山天文台にガラス鏡を用いた反射式望遠鏡の設置が進められた．特に 1917 年に口径 2.5 m の望遠鏡が完成すると，非常に遠方にある天体の様子を探ることが可能になった．

ウィルソン山天文台で働いていたシャプレー (Harlow Shapley) は，数十万個の星が重力によって球形に集まった多くの**球状星団**を観測し，その中にある変光星という周期的に明るさが変化する星を見つけることで，それぞれの星団までの距離を見積もった．特に，セファイド変光星と呼ばれる天体は，その変光周期が星の絶対的な明るさと関係しており，絶対的な明るさと光が地上の観測者に届いたときの見かけの明るさとの差を測定することによって，星までの距離が評価できる（詳しくは，第 1.3 節を参照）．シャプレーは，銀河系の広がりが球状星団の分布に対応していると考え，天の川銀河の分布を調べた．その結果，最も多数の球状星団がある天の川銀河の中心は，太陽からおよそ 5 万光年も離れていることを発見した．ここで，1 光年とは光が 1 年で進む距離であり，光速度は

$$c = 2.9979 \times 10^8 \ \mathrm{m\ s^{-1}} \tag{1.2}$$

であるから，1 光年はおよそ 10^{16} m に相当する．現在の精密測定では，天の川銀河は直径約 10 万光年であり，太陽系（大きさ 10^{12} m 程度）はその銀河中心から 26100 光年離れた位置にあり，銀河中心の周りを 240 km $\mathrm{s^{-1}}$ の速さで約 2 億年かけて 1 回公転していることが分かっている（図 1.3 を参照）．

ウィルソン山天文台の望遠鏡で観測された天体の中には，球状星団だけでなく，渦巻型の形をしたぼんやりとした雲のように見える**星雲**もあった．ハッブル (Edwin Hubble) は 1923 年に，アンドロメダ大星雲の中の変光星を観測し，地球から大星雲までの距離を約 100 万光年と見積もった．これは天の川銀河の直径よりも大きく，アンドロメダ大星雲は我々の銀河の外側にあることが明らかになった．つまり宇宙には，我々の住む天の川銀河だけでなく，アンドロメ

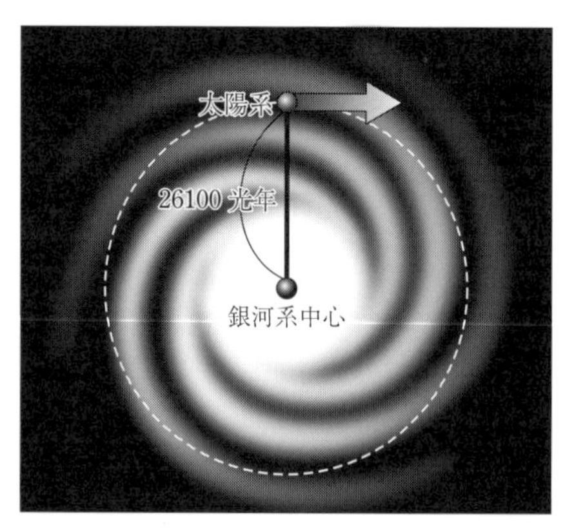

図 1.3 天の川銀河と銀河系中心の周りを公転する太陽系の概念図.

ダ銀河のような他の銀河も存在する. 現在の観測では, 宇宙には銀河が約 2 兆個存在すると見積もられている.

天文学的な距離にしばしば用いられる単位として, **パーセク** (pc) がある. 図 1.4 のように, 1 pc は年周視差 (地球の公転運動により, 観測される天体の位置が 1 年の周期で変化して見える現象) が 1 秒角 (= 1/3600 度) である天体までの距離であり,

$$1\ \mathrm{pc} = 3.0857 \times 10^{16}\ \mathrm{m} = 3.2616\ 光年 \tag{1.3}$$

である. なお, $1\ \mathrm{Mpc} = 10^6\ \mathrm{pc} = 3.0857 \times 10^{22}\ \mathrm{m}$ であり, 典型的な銀河は

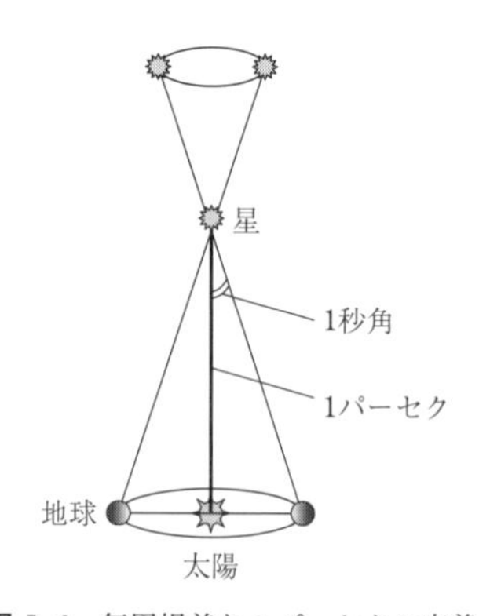

図 1.4 年周視差と 1 パーセクの定義.

0.01 Mpc 程度の大きさであり，天の川銀河は 0.032 Mpc，アンドロメダ銀河は 0.067 Mpc 程度の大きさを持つ．

20 世紀初頭の観測によって，宇宙の階層的な構造が明らかになってきたが，1929 年にハッブルは，それまでの人々の宇宙観を変える大発見をすることになる．それは，アンドロメダ銀河を始めとする遠方の銀河が，観測者から銀河までの距離 r に比例する速度 v で遠ざかっているというものであり，これは第 1.3 節で説明するように，**宇宙の膨張**を意味している．

1.3 宇宙の膨張

もし宇宙が膨張しているとすると，遠方の銀河ほど速い速度で遠ざかることをまず示してみよう．もし天体が地球に対して相対的に静止しており，宇宙が膨張していないとすると，観測者から見た天体の位置ベクトル $\boldsymbol{x}$ は一定に保たれる．宇宙が空間 3 次元で等方的な膨張をしている場合には，観測者と天体の間の物理的距離 $\boldsymbol{r}$ は時間 t とともに変化し，膨張のスケールを表す因子 $a(t)$（**スケール因子**と呼ばれる時間 t の関数）を用いて，

$$\boldsymbol{r} = a(t)\boldsymbol{x} \tag{1.4}$$

と表せる．ここで $\boldsymbol{x}$ は**共動距離**と呼ばれ，宇宙膨張によってその座標値は変化しない．もし天体が，太陽の周りの惑星の公転のような特異運動をしているとすると，共動距離 $\boldsymbol{x}$ も変化する．そのような場合に (1.4) を時間微分することで，観測者に対する天体の速度を求めると，

$$\boldsymbol{v} = \dot{\boldsymbol{r}} = \dot{a}\boldsymbol{x} + a\dot{\boldsymbol{x}} \tag{1.5}$$

となる．ここで，ドットは時間 t による微分を表す．宇宙が膨張している場合，a は増加しているため $\dot{a} > 0$ である．宇宙の膨張率を表す量として，$\dot{a}$ を a で割った

$$H = \frac{\dot{a}}{a} \tag{1.6}$$

を定義する．この量は**ハッブルパラメータ**と呼ばれ，時間とともに変化する量である．H を用いると，$\dot{a}\boldsymbol{x} = (\dot{a}/a)a\boldsymbol{x} = H\boldsymbol{r}$ であるから，(1.5) は

$$\boldsymbol{v} = H\boldsymbol{r} + a\dot{\boldsymbol{x}} \tag{1.7}$$

と表せる．宇宙が膨張しているとき $H > 0$ であり，$H\boldsymbol{r}$ は膨張によって天体が遠ざかっていく速度，$a\dot{\boldsymbol{x}}$ は天体が持つ特異速度に対応する．

図 1.5 観測者を基準とした天体の位置ベクトル $\boldsymbol{r}$ と天体の速度 $\boldsymbol{v}$．観測者から天体を見たときの視線方向の後退速度 v は，$\boldsymbol{r}$ 方向の単位ベクトル $\boldsymbol{e} = \boldsymbol{r}/r$ を用いて，$v = \boldsymbol{v} \cdot \boldsymbol{e}$ で与えられる．

図 1.5 のように，$\boldsymbol{v}$ と $\boldsymbol{r}$ のなす角を θ とすると，観測者から見た天体の視線方向の後退速度の大きさは，$v = |\boldsymbol{v}|\cos\theta = \boldsymbol{v} \cdot \boldsymbol{e}$ で与えられる．ここで $\boldsymbol{e}$ は $\boldsymbol{r}$ 方向の単位ベクトル $\boldsymbol{e} = \boldsymbol{r}/r$（ただし，$r = |\boldsymbol{r}|$）であり，$\boldsymbol{v}$ と $\boldsymbol{e}$ の内積を具体的に計算すると，

$$v = \boldsymbol{v} \cdot \boldsymbol{e} = (H\boldsymbol{r} + a\dot{\boldsymbol{x}}) \cdot \frac{\boldsymbol{r}}{r} = H\frac{\boldsymbol{r} \cdot \boldsymbol{r}}{r} + \frac{a}{r}\dot{\boldsymbol{x}} \cdot \boldsymbol{r} = Hr + \frac{a}{r}\dot{\boldsymbol{x}} \cdot \boldsymbol{r} \tag{1.8}$$

を得る．宇宙膨張による速度成分 $v_H = Hr$ は常に正であり，観測者から天体までの距離 r が増加するほど大きくなる．それに対して，天体の特異速度による速度成分 $v_p = a\dot{\boldsymbol{x}} \cdot \boldsymbol{r}/r$ は，$\dot{\boldsymbol{x}}$ と $\boldsymbol{r}$ のなす角度を α として，$v_p = a|\dot{\boldsymbol{x}}||\boldsymbol{r}|\cos\alpha/r = a|\dot{\boldsymbol{x}}|\cos\alpha$ であり，r に依存しない．

観測者から近距離にある天体（例えば，地球から見たときの太陽）では，v_H が v_p に比べて十分小さいので前者の視線速度 v への寄与は無視でき，$v \simeq v_p$ である．なお，$v_p = a|\dot{\boldsymbol{x}}|\cos\alpha$ であるから，特異速度の向きによって，v_p は正（$\cos\alpha > 0$ のとき）と負（$\cos\alpha < 0$ のとき）の両方の値をとる．その一方で，観測者から遠く離れた天体（例えば，アンドロメダ大星雲）では $v_H = Hr$ が $v_p = a\dot{\boldsymbol{x}} \cdot \boldsymbol{r}/r$ を上回るようになり，この場合の視線速度は近似的に

$$v \simeq Hr \tag{1.9}$$

となる．膨張宇宙では $Hr > 0$ であるから，遠方の銀河は遠ざかって観測される．(1.9) は，遠方の銀河は観測者から銀河までの距離 r に比例した後退速度

v を持つことを示しており，これを**ハッブル・ルメートルの法則**と呼ぶ．この法則は，ルメートル (Georges Lemaître) が 1927 年にフランス語の論文 [1] で最初に示し，1929 年にハッブルが助手のヒューマソン (Milton Humason) とともに，遠方の銀河の観測データと関係させて用いた [2].

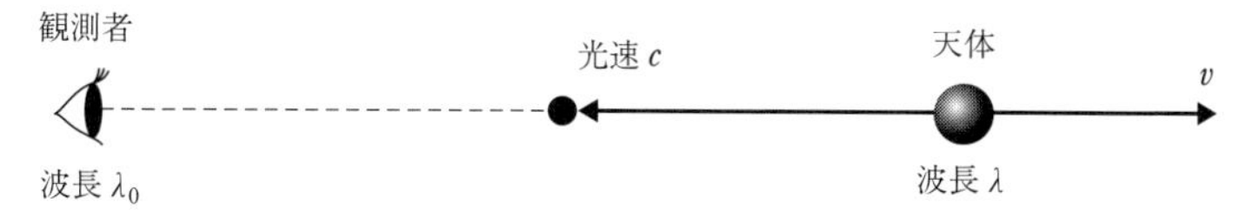

図 1.6 観測者から見て，視線方向に速さ v で後退する天体から観測者に向けて放たれた光（速さ c）が起こすドップラー効果．天体から光が出たときの波長 λ に対して，観測者が受信するときの波長 λ_0 は大きくなる．

ハッブルらは，アンドロメダ銀河や M33 銀河の後退速度 v を，銀河から放たれる光のドップラー効果を用いて求めた．天体から光が出たときの波長を λ，振動数を f，光速を c として，$f = c/\lambda$ という関係がある．天体が観測者から視線速度 v で遠ざかっているとき，ドップラー効果により，観測者が受ける光の波長 λ_0 は λ よりも大きくなる．具体的には図 1.6 のように，観測者の方向に放たれた光と天体が単位時間で離れていく距離 $c + v$ の間に f 個の波があるため，

$$\lambda_0 = \frac{c+v}{f} = \frac{c+v}{c/\lambda} = \left(1 + \frac{v}{c}\right)\lambda \tag{1.10}$$

を得る．この関係は $v \ll c$ のときに有効である．もし v が c に近い場合には特殊相対論を用いる必要があり，その場合には

$$\lambda_0 = \sqrt{\frac{1+v/c}{1-v/c}}\,\lambda \tag{1.11}$$

となる※1．$v \ll c$ の極限では，微小量 $v/c \ll 1$ に関して (1.11) をテーラー展開すると，v/c の 1 次までの展開で (1.10) が得られる．実際に観測される銀河からの光は，多数の星からの光の重ね合わせでそのスペクトルは連続的であるが，その中には特定の波長を持ち強度の強い光があり，それを**輝線**と呼ぶ．輝線の波長 λ は元素ごとに決まっているので，観測される輝線の波長 λ_0 との違

※1 …… 例えば，『相対性理論』（中野董夫著，岩波書店）を参照．

いから，(1.11) を用いて速度 v が分かる．ハッブルらは，この方法を用いて遠方の銀河が正の後退速度 v を持っていることを示した．なお，

$$1+z=\frac{\lambda_0}{\lambda} \tag{1.12}$$

で定義される量 z を**赤方偏移**と呼ぶ．この量は宇宙進化の記述の際にしばしば用いられ，現在は $z=0$ に相当し，過去に遡るほど z は大きくなる．(1.11) を用いると

$$z=\sqrt{\frac{1+v/c}{1-v/c}}-1 \tag{1.13}$$

であり，v が光速 c に近づく極限 $v\to c$ が，過去の極限 $z\to\infty$ に対応する．なお，ハッブルが観測したアンドロメダ銀河や M33 銀河では $v\ll c$ であり，この場合には (1.13) は $z\simeq v/c$ と近似できる．

ハッブルらは，銀河までの距離 r の測定に関しては，銀河内にあるセファイド変光星の**等級**を利用した．等級は天体の明るさを表す量として古来から使用されており，歴史的に，こと座のベガを基準 $(m=0)$ として，1 等級増えるごとに明るさが $10^{-2/5}\simeq 0.398$ 倍になる（つまり暗くなる）ように定義されている．つまり，$m=1$ の天体は $m=6$ の天体の 10^2 倍の明るさを持つ．ただし，ここでの等級 m は観測者が測る見かけの等級であり，天体が本来持つ絶対等級とは異なる．絶対等級 M は，天体を観測者から 10 pc の距離に置いたときの見かけの等級 m として定義され，天体までの距離を d_L として，

$$m-M=5\log_{10}\left(\frac{d_L}{10\ \mathrm{pc}}\right) \tag{1.14}$$

という関係を持つ．d_L は**光度距離**と呼ばれ，天体から単位時間あたりに放出されるエネルギーである絶対光度 L_s，地上で観測される見かけの明るさであるフラックス $\mathcal{F}$（単位時間，単位面積あたりの光度）を用いて，

$$d_L=\sqrt{\frac{L_s}{4\pi\mathcal{F}}} \tag{1.15}$$

と定義される．この定義から $\mathcal{F}=L_s/(4\pi d_L^2)$ であり，L_s を半径 d_L の球の表面積 $4\pi d_L^2$ で割った量が $\mathcal{F}$ に等しい．絶対等級 M が同じ 2 つの天体があり，観測者からそれぞれ光度距離 d_{L1}, d_{L2} の位置にあるとすると，(1.14) から，そ

れらの見かけの等級 m_1, m_2 は

$$m_1 = M + 5\log_{10}\left(\frac{d_{L1}}{10\ \mathrm{pc}}\right), \qquad m_2 = M + 5\log_{10}\left(\frac{d_{L2}}{10\ \mathrm{pc}}\right) \tag{1.16}$$

で与えられる．これらを引き算すると，

$$m_1 - m_2 = 5\log_{10}\left(\frac{d_{L1}}{d_{L2}}\right) \tag{1.17}$$

を得る．(1.15) より $d_L \propto \mathcal{F}^{-1/2}$ という依存性があるので，2 つの天体からの光が地上で観測されるときのフラックスをそれぞれ $\mathcal{F}_1$, $\mathcal{F}_2$ として，(1.17) から

$$m_1 - m_2 = -\frac{5}{2}\log_{10}\left(\frac{\mathcal{F}_1}{\mathcal{F}_2}\right) \tag{1.18}$$

が得られる．このことは，見かけの等級が $m_1 - m_2 = 1$ 増えると，フラックスが $10^{-2/5}$ 倍になることを示しており，これはすでに述べた見かけの等級の定義に一致する．つまり (1.14) は，絶対等級 M の定義を与えるだけでなく，見かけの等級 m の定義と整合的になっている．

ハッブルが銀河までの距離の測定に用いたセファイド変光星については，それ以前にリービット (Henrietta Leavitt) の研究があり，変光周期（明るさが最大になってから次にまた最大になるまでの時間）と星の明るさの間の関係が示唆されていた．リービットは，小マゼラン星雲内のセファイド変光星の観測から，一般に変光周期が長いほど平均的な見かけの明るさが明るい，つまり見かけの等級 m がより小さいということを 1912 年の論文で示した．彼女の観測した 25 個の変光星は全て小マゼラン星雲内にあったため，観測者からそれらまでの距離はほぼ等しく，(1.14) から，変光周期が長い星ほど絶対等級 M は小さいことになる．

観測者から近距離にあるセファイド変光星に対しては，図 1.4 にあるような年周視差を用いた三角測量で距離 d_L が求まるので，見かけの等級 m を測定することで (1.14) から絶対等級 M が分かる．種族 I と呼ばれる若い世代の変光星の変光周期と絶対等級の間の関係を示したものが図 1.7 である [3]．この関係を用いることで，遠方にある変光星の周期の測定から，その絶対等級 M が求まる．あとはその見かけの等級 m の測定によって，(1.14) を用いて変光星を含む遠方の銀河までの光度距離が分かる．ハッブルは，アンドロメダ銀河内

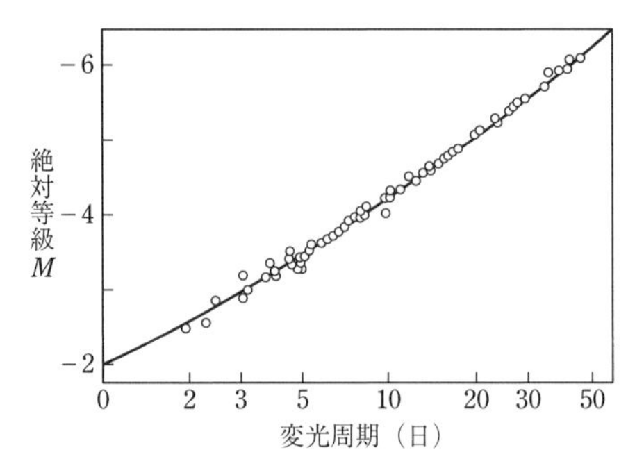

図 1.7 種族 I のセファイド変光星の変光周期と絶対等級の間の関係.

のセファイド変光星の観測から，銀河までの光度距離 d_L を見積もった．ただし，セファイド変光星には種族 II と呼ばれる年老いた種類のものもあり，その場合の周期と絶対等級の関係は種族 I とは異なる．ハッブルの観測では，種族 I と種族 II を混同して用いていたため，銀河までの距離を実際よりも小さく評価した．図 1.8 が，ハッブルとヒューマソンが測定した銀河の後退速度 v（単位は km s^{-1}）と光度距離 d_L（単位は Mpc $= 10^6$ pc）の 1931 年の観測データである [4].

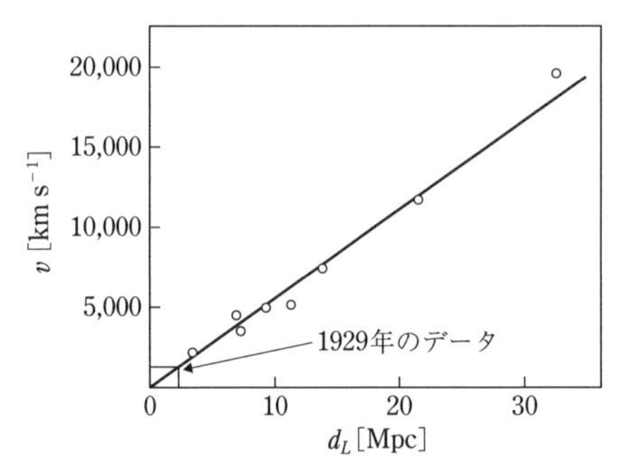

図 1.8 ハッブルとヒューマソンによる，銀河の後退速度 v と銀河までの距離 d_L との関係（1931 年）.

ハッブルが観測した銀河では $v \ll c$ であり，(1.13) で定義される赤方偏移では $z \simeq v/c \ll 1$ に相当する．この場合，銀河から光が出て観測者に届くまでの宇宙の膨張率 H の変化は小さいので，H を現在の値 H_0 に近似できる．こ

の定数 H_0 を**ハッブル定数**と呼ぶ．さらに，(1.9) の右辺の距離 r として光度距離 d_L をとると，

$$v = H_0 d_L \tag{1.19}$$

となる．図 1.8 の v と d_L の観測データは，直線でほぼフィットできる．これは，遠方の銀河に対して観測的にハッブル・ルメートルの法則が成り立っており，宇宙が膨張していることを示している．ハッブル定数 H_0 は，図の直線の傾きから求まり，ハッブルとヒューマソンによるデータでは，$H_0 \approx 500$ km s^{-1} Mpc^{-1} と見積もられた．すでに述べたように，ハッブルは銀河までの距離を過小評価しており，現在のより精密な観測では，H_0 は 1 桁小さい．ハッブル定数は通常，無次元のパラメータ h を用いて，

$$H_0 = 100h \text{ km s}^{-1} \text{ Mpc}^{-1} = 3.2408 \times 10^{-18}\, h \text{ s}^{-1} \tag{1.20}$$

のように表記する．セファイド変光星を用いた，Hubble Space Telescope による 2019 年の観測では，$h = 0.74 \pm 0.014$ という制限が得られている [5]．図 1.8 のようなハッブルダイアグラムを用いた，超新星などの変光星以外の観測データからも，h が 0.7 より少し大きい値が好まれている．その一方で，Planck 衛星による宇宙背景輻射の温度揺らぎの観測データに基づく 2018 年の解析からは，h が 0.7 よりも小さい $h = 0.6736^{+0.0054}_{-0.0054}$ という制限が得られている [6]．この食い違いが系統誤差によるものか，もしくは他の理由によるかは 2021 年現在では決着はついていない．H_0 についての全ての観測データを統合すると，h が 0.7 前後の値すなわち

$$H_0 \simeq 70 \text{ km s}^{-1} \text{ Mpc}^{-1} \tag{1.21}$$

程度の値であると評価できる．

(1.3) を用いると，ハッブル定数の逆数は時間の次元を持ち，

$$H_0^{-1} = 3.0857 \times 10^{17} h^{-1} \text{ s} \tag{1.22}$$

で与えられる．第 3.3 節で詳しく計算するように，この H_0^{-1} は現在の宇宙年齢と同程度になる．H_0^{-1} に (1.2) の光速を掛けた長さ

$$L_0 = cH_0^{-1} = 2998h^{-1} \text{ Mpc} \approx 10^{26} \text{ m} \tag{1.23}$$

が，光によって現在観測可能な領域を表す．なお，0.01 Mpc 程度の大きさの銀河が，100 個から 1000 個の規模で集まった典型的な銀河団の大きさは 1 Mpc 程度のオーダーである．銀河団がさらに集まってできた超銀河団の大きさは 100 Mpc にも達する．このように我々の宇宙には，多くの局所的な階層構造が存在する．

1.4 ビッグバン理論と一般相対論

ハッブルによって宇宙の膨張が発見されたことのインパクトは大きく，過去に遡ると宇宙のスケール因子はどんどん小さくなっていく．第 2.3 節で示すように，光のような輻射の絶対温度 T は宇宙のスケール因子 a の増加に反比例して減少し，$T \propto a^{-1}$ の関係を持つ．宇宙が膨張していると，過去に遡るにつれて a が小さくなっていくので，温度 T は上昇していく．物質の密度も過去には増加していくので，初期には高温・高密度の状態に行き着く．このようなミクロの状態から空間が膨張を続け，宇宙の温度が冷える過程の中で核反応により元素が誕生したとする理論を**ビッグバン理論**と呼び，ガモフ (George Gamow) が 1940 年代に提唱した [7].

宇宙の膨張は空間自体の膨張を意味し，そのような空間の時間的な変化を理論的に記述するためには，時間と空間を合わせた**時空**について正しく取り扱う理論が必要になる．そのような時空の物理を記述する重力理論が，アインシュタイン (Albert Einstein) によって提唱された**一般相対論**である．アインシュタインはまず 1905 年に，重力を含まない平坦な時空（ミンコフスキー時空）において，真空での光の速度 c はどの慣性座標系でも同じであるという光速度不変の原理を出発点として，**特殊相対論**を構築した [8]．この原理に基づくと，空間だけでなく時間も観測者の運動によって変わる相対的なものであるため，それまでの絶対空間・絶対時間の概念に根本的な改革をもたらした．特殊相対論の誕生によって，ニュートンの運動方程式 (1.1) が書き換えられただけでなく，静止した質量 m の物質が $E = mc^2$ のエネルギーを持つことが明らかになり，質量とエネルギーの等価性が示された．

その後アインシュタインは，特殊相対論を重力を含むように拡張し，局所的に働く重力は加速度によって生じる慣性力と同等であるという**等価原理**を基盤として，**一般相対論**を構築した．エネルギーや運動量を持つ物質が存在すると，その周りの空間に歪みが生じ，重力が生じる．そしてその歪みの度合いは，リーマン幾何学を用いて数学的に定式化できる．アインシュタインは，時空の構造を特徴づける幾何学的な量であるアインシュタインテンソル $G_{\mu\nu}$ と，物質を特徴づけるエネルギー運動量テンソル $T_{\mu\nu}$ を結びつけ，一般相対論の基礎方程式であるアインシュタイン方程式

$$G_{\mu\nu} = \frac{8\pi G}{c^4} T_{\mu\nu} \tag{1.24}$$

を 1915 年に導出した [9]．ただし，

$$G = 6.6743 \times 10^{-11}\ \mathrm{kg}^{-1}\ \mathrm{m}^3\ \mathrm{s}^{-2} \tag{1.25}$$

は重力定数である．なお，ここでは $G_{\mu\nu}$ や $T_{\mu\nu}$ の定義には深入りしないが，それらは付録 A に記述したので参照されたい．一般相対論は，地球などの重力がそれほど強くない天体だけでなく，中性子星など重力が非常に強い天体に対しても有効である．(1.24) の係数 $8\pi G/c^4$ は，弱い重力の極限でニュートンの運動方程式を再現するという要請から決まる．

一般相対論はまず，ニュートン力学で 19 世紀から問題になっていた，水星の近日点移動に関する理論値と観測値のずれの問題を解決した．さらに図 1.9 に示すように，太陽のような天体（物質）があるとそれによって周囲の時空が歪み，その歪んだ空間内を光が移動するため，光の経路が曲がる．一般相対論は，光の曲がりに相当する角度に関してニュートン力学の 2 倍の値を予言し，1919 年のエディントン (Arthur Eddington) らの皆既日食時の恒星の観測によって，一般相対論の予言通りであることが確かめられた．

一般相対論のアインシュタイン方程式 (1.24) は，宇宙の進化に関しても適用でき，宇宙に存在する物質 ($T_{\mu\nu}$) によって，時空の進化 ($G_{\mu\nu}$) が決まることを意味する．1922 年にフリードマン (Alexander Friedmann) は，一様かつ等方的な背景時空でアインシュタイン方程式を解き，宇宙が膨張する解を発見した．それは 1929 年のハッブルによる宇宙膨張の発見以前であったため，その当時の大多数の人々は宇宙は静的であると信じていた．アインシュタインもその例外ではなく，膨張する解を現実的なものとは考えず，静的宇宙を作るため

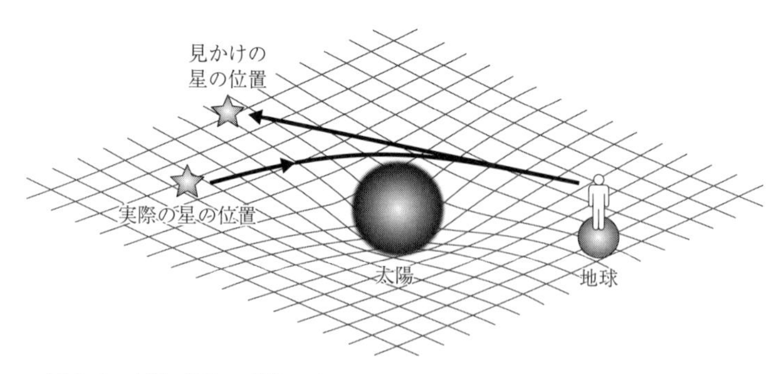

図 1.9 太陽の周りの空間の歪みと，それによる光線の経路の湾曲．観測者が見る見かけの星の位置は，実際の星の位置と異なる．

に，物質に働く重力と逆向きの斥力に相当する**宇宙項**を自らの方程式 (1.24) に追加した．つまり，宇宙項の持つ斥力と重力による釣り合いによって静的宇宙を実現させようとしたが，それは山の頂点に物体が静止している状況と類似した，摂動に対して不安定な釣り合いに相当する．1929 年のハッブルによる宇宙膨張の発見後，アインシュタインはその観測事実を素直に容認し，宇宙項を導入したことを後に後悔している．しかし，アインシュタインの死後から 40 年以上が経過した 1990 年代後半に，宇宙の加速膨張が遠方の超新星の観測から発見され，その起源として宇宙項が再び大きな脚光を浴びるとは，アインシュタインも想像していなかったに違いない．

以上のように 20 世紀の初頭には，観測と理論の双方においてそれまでの宇宙観を変える大きな変革が起こったが，その後の約 100 年の間に，さらに様々な新しい観測的な発見があった．第 1.5 節では，そのような現代宇宙論の進展について概観していく．

1.5 現代宇宙論

アインシュタイン方程式 (1.24) を一様・等方宇宙の進化に応用すると，宇宙に存在する物質の種類によって，時空の歪みに相当する宇宙の膨張率 H が決まることになる．もし宇宙に存在する物質が，化学の周期表にある原子や光だけであるとすると，それらの性質は分かっているため，アインシュタイン方程式を解くことによってどのように宇宙が進化するかを予測できる．その一方で現実の宇宙には，原子や光以外にも，光で見ることのできない**暗黒物質**という未知の物質が存在することが，1930 年代以降の様々な観測によって明らかになってきた．

1933 年にツビッキー (Fritz Zwicky) は，かみのけ座銀河団の中の銀河の運動を観測することによって，暗黒物質の存在を最初に指摘した [10]．個々の銀河がランダムな運動をしており，銀河団が重力と釣り合いを保っていると考えると，力学平衡の系で成り立つビリアル定理が適用できる．ツビッキーは，かみのけ座銀河団の半径と絶対光度および銀河の視線方向の速度の平均値を測定することで，この銀河団には光で観測されるよりも約 400 倍の質量が存在することを示した．

1970 年代にルービン (Vera Rubin) らは，円盤銀河の周りを回転するガスや星の回転速度の測定によって，暗黒物質の存在を示した [11]．このガスの中には中性水素が存在し，その回転速度は波長 21 cm の水素の輝線によって測定することができた．円盤銀河の中心から半径 r の中に存在する物質の質量を $M(r)$ とすると，中心から距離 r の位置にある単位質量のガスは，中心方向に大きさ $GM(r)/r^2$ の重力を受ける．このガスは回転速度 v で円運動しているとすると，その向心加速度は $a = v^2/r$ であるため，運動方程式は

$$\frac{v^2}{r} = \frac{GM(r)}{r^2} \tag{1.26}$$

となる．これより $v = \sqrt{GM(r)/r}$ であり，もし質量が円盤銀河の明るい中心付近に集中しているならば，ある程度 r が大きくなったところで $M(r)$ は一定値に近づくので，回転速度は $v \propto r^{-1/2}$ のように r の増加とともに減少するはずである．しかし実際に観測された v は，図 1.10 のように r が十分大きいところでほぼ一定値に近づいており，この場合 $M(r)$ は r に比例して増加していることになる．このことは，円盤銀河の外側にも暗黒物質が広く分布していることを示し，そのような広がりを**暗黒物質ハロー**と呼ぶ．

暗黒物質が光によって見えないということは，電磁相互作用が極めて小さいことを意味する．その一方で，暗黒物質は重力相互作用は持つため，重力で集まり銀河や銀河団のような構造を作る．銀河団の持つ重力によって，背景にあ

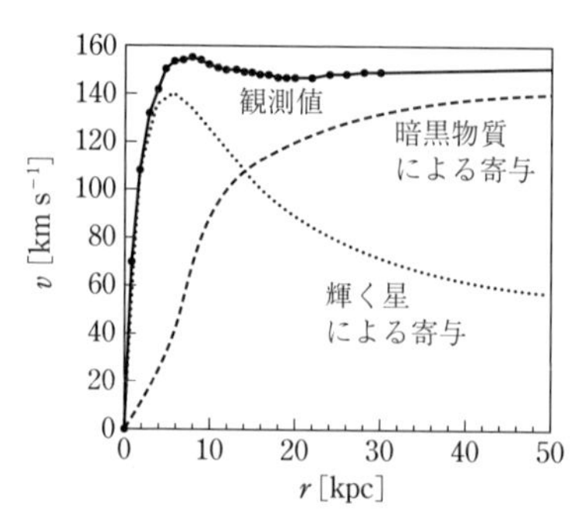

図 1.10 円盤銀河の周りのガスの回転速度 v と，銀河中心からの距離 r の関係．輝く星の質量のみでは観測値を説明できず，暗黒物質の質量による寄与が必要になる．

る銀河からの光が曲げられて像が歪んで見える現象を**重力レンズ**と呼び，この歪みの観測から重力を及ぼす物質の質量が測定できる．重力レンズの観測から，重力を及ぼす銀河団全体の物質の質量は，光で観測できる銀河団の中の輝く銀河の質量の総和よりもずっと大きく，暗黒物質の存在が裏付けられた．2000 年代に入ると，いくつかのグループがほぼ同時に，銀河団よりさらに大きな宇宙の構造に起因する重力レンズ効果の検出を発表し，宇宙の暗黒物質の分布を直接検証することが可能になった．暗黒物質の量は原子などの通常の物質と比べて 5 倍程度あり，大規模構造形成の主役を担ったと考えられている．その起源は現状で不明であるが，存在することは確実であるため，その検出を目指した実験が世界中で活発に進行している．

ここで宇宙進化についての話に戻る．ハッブルによる宇宙膨張の発見後も，ガモフの提唱したビッグバン理論を否定し，定常宇宙論を唱えるホイル (Fred Hoyle) らの研究者がいた．定常宇宙論とは，宇宙は膨張しているとするが，存在する物質の密度を一定に保つために物質が真空から絶えず生成され，空間の構造は変化しないとする理論である．ビッグバン理論と定常宇宙論の間の論争は 1950 年代まで続いたが，ガモフはビッグバン宇宙論の研究から 1 つの予測を立てた．それは，宇宙が初期に高温・高密度の状態から膨張を続けて現在に至ったとすると，光は過去に熱平衡状態にあったため，**黒体輻射**という特徴的なエネルギー分布を持っていたはずであるという予測である．ガモフは，その黒体輻射が現在の宇宙で絶対温度 5 K のマイクロ波として痕跡が残っていると考えた．

1964 年にベル研究所のペンジアス (Arno Penzias) とウィルソン (Robert Wilson) は，通信電波の雑音測定をしており，アンテナで受信する電波から雑音要因を取り除く研究をしていた．その過程で，どうしても除去できない雑音電波が宇宙からやってくるのに気づいた [12]．ディッケ (Robert Dicke) らは，これがまさにビッグバン理論で予言される黒体輻射による電波であると考えた．その電波は，宇宙のあらゆる方向から等方的にやってくる平均温度 3 K のマイクロ波であり，**宇宙背景放射** (Cosmic Microwave Background; **CMB**) と呼ばれ，この観測はビッグバン理論の正しさを支持するものであった．ただし，この CMB の発見後の 1960 年代後半でも，依然として定常宇宙論を支持する研究者は存在した．彼らは，CMB は遠方の銀河内の恒星からの光の散乱であると考え，この散乱光モデルでの輻射の温度は $2 \sim 3$ K となり，CMB の観測と矛盾しないと主張した．また，1987 年の観測ロケットを用いた実験で，$0.5 \sim 0.7$ mm の波長領域において CMB の強度が黒体輻射で予測される値よりも大きいと主張する論文も現れた．ビッグバン理論の正しさを決定づけるには，CMB のエネルギー分布が黒体輻射と精度良く一致しているかを観測的に検証する必要があった．

1989 年には，CMB の詳細なエネルギー分布の測定と僅かながら存在するはずの温度の**異方性**の検出を主な目的として，NASA によって COBE 衛星が打ち上げられた．その結果，CMB のエネルギー分布は極めて高い精度で温度 2.7 K の黒体輻射の分布と一致しており，それにより定常宇宙論は完全に棄却された．より具体的には，宇宙の温度が過去に 3000 K 程度まで下がったときに，光子は他の粒子に散乱されることなくほぼ直進できるようになり，赤方偏移によって波長が現在までに約 1000 倍に伸びて温度が 2.7 K に下がった光が観測されたのである．このように，光が直進できるようになった時期を**宇宙の晴れ上がり**，そのときの天球面を**最終散乱面**と呼び，赤方偏移で言うと $z = 1090$ 程度である．COBE グループのスムート (George Smoot)，マザー (John Mather) らは，この黒体輻射の詳細な観測以外にも，CMB に存在する僅かな異方性を 1992 年に発見した（図 1.11 を参照）[13]．この異方性とは何を意味するかというと，全天の CMB マップの中で平均値 $T = 2.7$ K よりも温度が高い領域と低い領域が存在するということである．COBE が発見した**温**

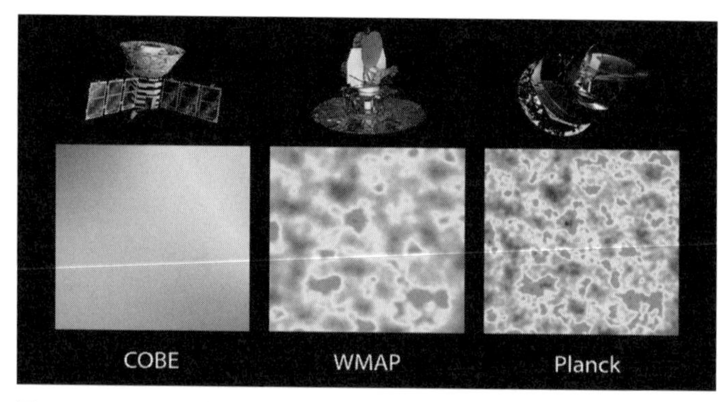

図 1.11 CMB の温度揺らぎの観測の進展．左からそれぞれ，COBE, WMAP, Planck 衛星による温度の異方性についての観測マップを示す．白色が高温の領域，黒色が低温の領域を示す．（画像出典：NASA/JPL-Caltech/ESA）

度揺らぎ δT は，温度の平均値 $\bar{T}$ との比が $\delta T/\bar{T} \sim \pm 10^{-5}$ 程度の微小な揺らぎであったが，これは宇宙の構造の進化の種の発見という点で，極めて重要な意味を持っていたのである．

一般相対論に基づくビッグバン理論は大枠は正しい理論であるが，宇宙初期に特異点の存在を予言する．宇宙の開闢がどのように起こったかという点に関しては，一般相対論の適用限界があり，現在でも詳細が分かっていない．しかし，宇宙開闢後のごく初期，時刻で $t = 10^{-38}$ s $\sim 10^{-35}$ s の頃に**インフレーション**という加速的な膨張が起こったと考えられている．インフレーションはもともと，第 3.5 節で述べるビッグバン理論の諸問題を解決するために，1980 年代の初頭に提唱された理論である．この理論は，宇宙の初期に存在した微小な量子的な揺らぎの進化について，ある特徴的な予言をする．初期に存在した量子揺らぎは，インフレーション期に急激に引き伸ばされ，これが後に CMB の最終散乱面で観測される温度揺らぎの種となる．インフレーションは，この温度揺らぎの振幅の波長依存性（スペクトル）について，CMB で観測される大スケールの揺らぎに対して，波長の依存性がない**スケール不変**に近い温度揺らぎを予測する．COBE 衛星の温度揺らぎの観測の精度は低かったものの，揺らぎの振幅は大スケールで確かにスケール不変に近い特徴を持っていたのである．これにより，CMB の観測から宇宙初期のインフレーションの物理を検証できる時代に入ったのである．

その後，2001 年に打ち上げられた **WMAP** (Wilkinson Microwave Anisotropy Probe) **衛星**は，COBE 衛星が観測できなかった，より小さなスケールでの CMB の温度揺らぎを観測した（図 1.11）[14]．2003 年の観測データを用いた統計解析では，宇宙初期のインフレーション期の存在を強く示唆していた．インフレーションについては数多くの理論模型が提唱されており，インフレーション終了直後に生成される原始密度揺らぎのスペクトルはいずれもスケール不変に近いものの，完全なスケール不変からのずれがあり，そのずれの程度は模型によって異なる．WMAP は，そのようなスケール不変からのずれを観測的に測定し，棄却される模型があることを示した．このように，CMB の観測からインフレーションの模型の選別が可能になったのである．2009 年に打ち上げられた **Planck 衛星**は，WMAP よりもさらに小スケールの温度揺らぎの分布を観測し（図 1.11），これにより有効な模型が絞り込まれた [15]．インフレーション期には，重力波と呼ばれる重力の伝搬を媒介する波動も生成されるが，その振幅は小さいため，2021 年現在では原始重力波は検出されていない．しかし，その検出に向けたプロジェクトが世界的に進行しており，もし発見されればインフレーションの模型をほぼ特定することが可能になる．

WMAP, Planck 衛星による観測は，宇宙の年齢，現在の宇宙に存在する物質の割合についても明らかにした．1990 年代の前半頃，宇宙年齢の問題が深刻化しており，暗黒物質，原子，輻射だけが宇宙に存在するとして宇宙年齢を計算すると典型的に 100 億年以下となる．それに対して，別の方法で見積もられていた最古の球状星団の年齢は少なくとも 110 億年以上あり，宇宙年齢より大きいという矛盾が指摘されていた．この矛盾を解決するため，すでに触れた宇宙項という重力と逆向きに働く斥力を導入して，宇宙年齢を伸ばすことを考えた研究者たちも存在した．しかし，宇宙項の起源が明らかでないことと，宇宙項があると宇宙は加速的な膨張をするが，そのような観測事実は当時は存在しなかったため，多くの人々が現実的な模型と考えていなかった．

しかし 1998 年に，**超新星**の観測から現在の宇宙の加速膨張が発見されると，状況は一変する．超新星とは，燃料の尽きた恒星が進化の末期に起こす大爆発現象であり，1990 年代の後半には，赤方偏移 z が 0.5 を超えるような非常に遠方の超新星が観測できるようになった．特に Ia 型と呼ばれる超新星の場合，爆発のピーク時の絶対等級が $M = -19$ 程度でほぼ一定であることを利用して超新星の見かけの等級 m を観測すれば，(1.14) を用いて超新星までの光度距離 d_L が分かる．また，超新星からの光の波長の伸びを観測することによって，(1.12) と (1.13) から赤方偏移 z と超新星の後退速度 v が求まる．リース (Adam Riess)，シュミット (Brian Schmidt) らのグループ [16] と，パールマター (Saul Perlmutter) らのグループ [17] は独立に，ハッブルが $z \ll 1$ の範囲で描いた図 1.8 のようなダイアグラムを，$z \gtrsim 0.1$ の高赤方偏移のデータを用いてプロットした．その結果，超新星は減速膨張の宇宙で予測される場合と比べて暗く見え，宇宙が加速膨張をしていることを示していた．この加速膨張の源となるエネルギーを**暗黒エネルギー**と呼び，パールマターらは，暗黒エネルギーの起源が宇宙項の場合，現在の全エネルギーの約 70％ を占めていることを統計解析で示した．

その後，2003 年に公表された WMAP 衛星による CMB の温度揺らぎのデータからも独立に，暗黒エネルギーが現在の宇宙に約 70％ 存在するという結論が得られた．さらに 2005 年に，バリオン（重粒子）と光子が宇宙初期に強く結合した振動の名残である**バリオン音響振動** (Baryon Acoustic Oscillations; **BAO**) が，銀河分布の観測で発見され [18]，そのデータを用いた解析結果も暗黒エネルギーの存在を示唆していた．2013 年の Planck 衛星による CMB の温度揺らぎのデータに基づく統計解析から，現在の宇宙のエネルギー組成は，暗黒エネルギーが 68％，暗黒物質が 27％，原子が 5％ という制限が得られた．光のような輻射は 0.01％ 程度に過ぎない．なおこの割合は現在の値であり，過去に遡ると暗黒エネルギーの割合は，暗黒物質や原子に比べて相対的に小さくなっていき，後者が宇宙のエネルギーの大半を占めた**物質優勢期**が，加速膨張期の前に存在した．さらに過去に遡ると，輻射が支配した**輻射優勢期**が物質優勢期の前に存在したのである．

重力に打ち勝つ斥力として働く暗黒エネルギーと違い，暗黒物質と原子は重力で集まり星や銀河のような構造を作る．現在の宇宙に存在する大規模構造は，宇宙が減速しながら膨張する物質優勢期に形成された．暗黒物質は原子の 5 倍程度の量があり，構造形成の主役を担った存在である．赤方偏移 z が 1 より小さい現在近くなって，暗黒エネルギーが暗黒物質と原子の量を上回り，宇宙は加速膨張期に入ったことを観測データが示している．暗黒エネルギーが存在することによって，減速膨張の場合よりも宇宙年齢 t_0 は大きくなり，Planck 衛星によるデータに基づくと，$t_0 = 138$ 億年程度と見積もられている．これは最古の球状星団の年齢よりも大きく，暗黒エネルギーの存在によって宇宙年齢の問題も同時に解決されたのである．

このように，Ia 型超新星，CMB，銀河分布などの観測によって，宇宙論は精密科学の領域に入ったが，それは同時に，暗黒エネルギーと暗黒物質という未知の存在が現在の宇宙の全エネルギーの約 95％ を占めているという問題を提示した．この宇宙の 2 つの暗黒成分の起源は依然として謎であり，それを解明すべく理論と観測の双方から活発な研究が進められている．また CMB の観測は，輻射優勢期の前のインフレーション期の存在を強く示唆しており，宇宙は物質優勢期後にも加速膨張期に入ったため，宇宙の歴史の中で 2 回の加速膨張が起こったことになる．今後の更なる理論と観測の進展によって，この 2 つの加速膨張の起源の解明が期待されている．

時空の進化を記述するための基盤となる理論は，すでに述べた一般相対論である．一般相対論は，宇宙の膨張だけでなく，ブラックホールや重力波の存在も予言する．**ブラックホール**とは，非常に高密度の天体で一方的に重力収縮を起こし，光ですら脱出できない天体である．その存在は，静的・球対称時空におけるアインシュタイン方程式 (1.24) の厳密解として，シュヴァルツシルト (Karl Schwarzschild) によって 1915 年に最初に指摘された．天体の質量を M として，その半径が**シュヴァルツシルト半径** $r_g = 2GM/c^2$ よりも小さい天体がブラックホールである．1930 年にチャンドラセカール (Subrahmanyan Chandrasekhar) は，恒星の質量には上限があり，質量が大きな恒星は重力で潰れてブラックホールになることを主張したが，その当時は現実的に存在する天体であると考えられておらず，指導教員のエディントンにその考えを否定された．しかし 1970 年代の観測で，明るく輝くはくちょう座 X-1 という天体が，自己重力で潰れた見えない小さな天体の周りを回転していることが発見された．その質量は太陽の 10 倍程度と大きく，その半径はシュヴァルツシルト半径よりも小さいことから，中心にある天体がブラックホールであることが判明した．その後の観測で，多くの銀河中心に太陽質量の 10^6 倍から 10^{10} 倍の質量を持つ超大質量ブラックホールが存在することが明らかになり，その観測数は現在では数百万個以上にも及んでいる．超大質量ブラックホールを観測

したゲンツェル (Reinhard Genzel) とゲッズ (Andrea Ghez)，およびブラックホールの理論研究に貢献したペンローズ (Roger Penrose) は，2020 年度のノーベル物理学賞を受賞している．

また，一般相対論が予言する**重力波**は，空間の歪みが波として伝搬する現象であり，その存在はアインシュタインによって 1916 年に予言された．重力波は，波の進行方向と空間の歪みの振動方向が垂直な横波であり，一般相対論によるとその伝搬速度は光速 c に等しい．大きな振幅を持つ重力波は，巨大質量の天体が速い速度で動くときに生じるため，その検出には，重い星の合体の際に放出される重力波がターゲットとなる．しかし，波源から観測者までの距離に反比例して重力波の振幅は減少するため，遠方の天体からの重力波の検出は容易でない．1970 年代から，ブラックホール連星系の合体などの際に放出される重力波の検出のための構想が練られ，1990 年代後半に米国に **LIGO** という検出器が作られた．しかし，2002 年の始動から 10 年近く重力波が検出されず，2011 年に LIGO が装置の改良を開始した．この改良された Advanced-LIGO は 2015 年 9 月 18 日に稼働を予定していたが，その 4 日前の試験運転中に，米国西部と東部の 2 か所の観測所でほぼ同時にある信号を受信した．この信号を詳細に解析したところ，ブラックホール連星系の合体時に放出された重力波であることが判明し，LIGO グループは 2016 年 2 月 11 日に重力波の初検出の論文を発表した [19]．アインシュタインの予言からちょうど 100 年の時を経て，重力波が発見されたのである．

この重力波の直接検出の意義は非常に大きく，我々は電磁波以外の宇宙の新しい観測手段を手にしたことになる．特に，ブラックホールのような非常に重力が強い天体の周りでの物理現象の解明と，一般相対論が強重力領域でどの程度の精度で成り立っているかの検証が可能になる．2017 年 8 月 17 日には，赤方偏移が $z = 0.009$ で起こった連星中性子星合体からの重力波が検出され，同時に放出された電磁波（光速 c）が地上に到着したのが重力波とほぼ同時であったことから，重力波の速度 c_g に対して，

$$-3 \times 10^{-15} \le c_g/c - 1 \le 7 \times 10^{-16} \tag{1.27}$$

という制限が得られた [20]．現在の宇宙の加速膨張を説明するために，巨視的なスケールで一般相対論を修正した重力理論が数多く提唱されているが，その

中には，重力波の速度が光速から大きくずれる理論もあり，そのような理論は重力波の観測から棄却されたのである．遠方の連星系合体からの重力波のデータによって，ハッブル定数 H_0 も制限されるため，今後のデータの蓄積によって，H_0 についての新たな情報が得られると期待される．

このように，1920 年代からの 100 年間の観測技術の劇的な進展によって，様々な驚くべき宇宙像が明らかになってきた．宇宙の進化や構造を理解するための基盤となる理論は一般相対論であり，10^{-4} m から 10^{14} m に渡るスケールにおいて，太陽系内の重力実験でその正しさが検証されている．その一方で観測は，インフレーション，暗黒エネルギー，暗黒物質などの問題を提示しており，超極小，超極大，強重力領域において，一般相対論からのずれがある可能性も否定できない．今後の観測と理論の双方の進展によって，そのような可能性が精査できることが期待されている．

次章以降では，上記のような観測事実を踏まえ，現代宇宙論を理解するための物理の基盤となる事項について，順序立てて説明していく．

第 2 章

宇宙膨張の記述と物質

第 1.3 節で，宇宙膨張に関する観測的な証拠を示したが，本章では具体的に，過去から現在までの宇宙の進化を調べる．その進化を記述するのが (1.24) のアインシュタイン方程式である．ただし，粒子の圧力がエネルギー密度に比べて十分小さい非相対論的物質が宇宙を支配する物質優勢期では，ニュートンの運動方程式 (1.1) を解くことでスケール因子の時間発展が求まり，これは一般相対論による結果と同じになる．第 2.1 節ではまず，ニュートン力学に基づいた宇宙の進化について考察し，次に輻射や暗黒エネルギーのような圧力の無視できない物質が宇宙を支配する場合の進化について考察していく．

2.1 物質優勢期の宇宙進化

第 1.2 節で述べたように，様々な観測は，地球や太陽系は宇宙の特別な中心ではないことを示唆している．このことから，宇宙は大域的なスケールでは一様であり，特別な中心がないと考えることができる．同様に，宇宙の膨張は大スケールで等方的に起こっていると考えるのが自然である．このように，宇宙は大域的に一様かつ等方であるという仮定を，**宇宙原理**と呼ぶ．

宇宙原理はあくまで仮定であり，観測的にその正当性が立証されるべきものである．宇宙には局所的には銀河のような非一様な構造が存在し，また銀河面に垂直な直線はある特定の方向を持っている．しかし，超銀河団の典型的スケールである 100 Mpc を超えるような大スケールで平均化すると，宇宙原理は矛盾なく成り立っていることが知られている．銀河のような宇宙の局所的な構造は，一様等方宇宙からの微小なずれ，すなわち摂動と考えることができ，銀河の形成はその摂動の進化を追うことに相当する．

宇宙の任意の一点 O を中心として半径 a の球を考える（図 2.1 を参照）．こ

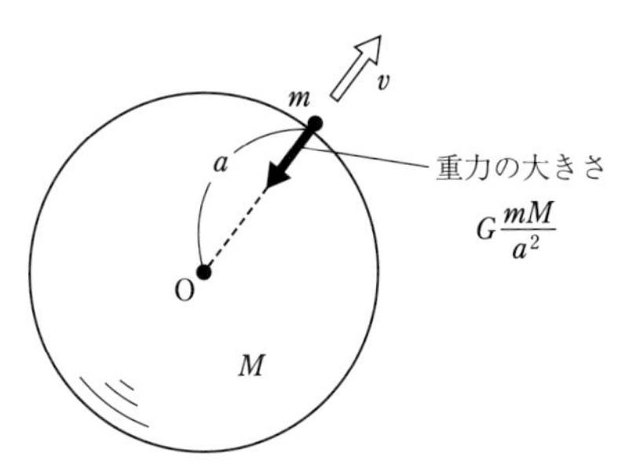

図 2.1　一様等方宇宙における，任意の一点 O を中心とした半径 a の球．球面上の質量 m の質点は，宇宙膨張とともに遠心方向に速度 v で動く．

の有限の半径の球は，無限に広がる一様等方宇宙の中から切って取り出したと考えることができる．宇宙が膨張しているとき，a は時間 t の関数 $a(t)$ として増加していき，この a は (1.4) において導入したスケール因子に相当する．宇宙を支配する物質が，圧力 P が 0 の**非相対論的粒子**であるとし，質量密度 ρ は場所によらず一定とする．このような**物質優勢期**の宇宙進化について調べる．宇宙膨張に伴い，質量密度は時間的に変化するので，ρ は時間 t の関数である．半径 $a(t)$ の球の内部の質量は

$$M = \frac{4}{3}\pi a^3(t)\rho(t) \tag{2.1}$$

で与えられる．いま，非相対論的物質に対して質量保存則が成り立っているとすると，M は一定であり，質量密度のスケール因子依存性は，

$$\rho(t) \propto a^{-3}(t) \tag{2.2}$$

となる．これは宇宙膨張によって，質量密度が減少することを示す．特殊相対論から，質量 M の球が持つ静止エネルギーは $U = Mc^2$ で与えられる（c は光速）ので，M が一定であることは，

$$\mathrm{d}U = 0 \tag{2.3}$$

と解釈される．ここで $\mathrm{d}U$ は U の微小変化を表す．この変化を熱力学的に考え，圧力 P，体積 V の物質が温度 T の熱平衡状態にあるときの物質の内部エネルギーを U，エントロピーを S とする．化学反応で粒子の種類が変わらない場合は，体積 $\mathrm{d}V$ の微小変化に関して，**熱力学第一法則**

$$dU = TdS - PdV \tag{2.4}$$

が成り立つ．いまは $P = 0$ の非相対論的物質を考えているため，$dU = TdS$ であり，(2.3) が成り立っている場合は

$$dS = 0 \tag{2.5}$$

となり，エントロピーが保存することを意味する．これは一般相対論では，アインシュタイン方程式 (1.24) の右辺のエネルギー運動量テンソル $T_{\mu\nu}$ の保存（連続方程式）からの帰結である．

図 2.1 の半径 a の球面上にある質量 m の質点には，中心 O の方向に重力が働く．大学初年級の力学で学ぶように，この質点が受ける重力の大きさは，半径 a の球の全質量 M が球の中心に集中したとして質点との間に働く重力の大きさ GmM/a^2 に等しい．質点が宇宙膨張とともに遠心方向に速度 v で運動しているとすると，時刻 t での加速度は，速度 v の時間微分 dv/dt であるから，ニュートン力学における運動方程式は，

$$m\frac{dv}{dt} = -G\frac{mM}{a^2} \tag{2.6}$$

で与えられる．これから，

$$\frac{dv}{dt} = -G\frac{M}{a^2} < 0 \tag{2.7}$$

であり，速度 v は時間の経過とともに減少する．つまり，圧力の無視できる非相対論的物質で満たされた宇宙は減速膨張する．アインシュタインは，宇宙膨張が発見される前に，静的宇宙を作るために宇宙項を導入したが，これは (2.6) の右辺に重力と釣り合う宇宙項による斥力が存在し，その場合には $dv/dt = 0$ となる．もし宇宙項による斥力が重力を上回ると，$dv/dt > 0$ となり宇宙は加速膨張するが，その場合は第 2.2 節で別に取り扱うことにする．

(2.7) の右辺にある a は t とともに変化するが，a の具体的な t 依存性が分からないと (2.7) を直接 t で積分できないので，その代わりにエネルギー保存則を導いてみよう．v は距離 a の時間微分 da/dt に等しいことを用いて，(2.6) の両辺に $v = da/dt$ を掛けると，

$$mv\frac{dv}{dt} = -G\frac{mM}{a^2}\frac{da}{dt} \tag{2.8}$$

を得る．M が一定であることを用いて，この式を t で積分すると，

$$m\int v\frac{\mathrm{d}v}{\mathrm{d}t}\mathrm{d}t = -GmM\int\frac{1}{a^2}\frac{\mathrm{d}a}{\mathrm{d}t}\mathrm{d}t \tag{2.9}$$

すなわち

$$m\int v\mathrm{d}v = -GmM\int\frac{1}{a^2}\mathrm{d}a \tag{2.10}$$

となる．両辺はそれぞれ v, a で積分でき，積分定数を E として，

$$\frac{1}{2}mv^2 - G\frac{mM}{a} = E \tag{2.11}$$

を得る．ここで，$mv^2/2$ は質点の運動エネルギー，$-GmM/a$ は重力による位置エネルギーを表し，(2.11) はこの系のエネルギー保存則を表す．ここで後の便宜上，積分定数 E を新たな定数 K と光速 c を用いて，

$$E = -\frac{1}{2}Kmc^2 \tag{2.12}$$

と表す．

まずは，$K < 0$ すなわち $E > 0$ の場合を考えてみよう．このとき (2.11) から，$a \to \infty$ での質点の速度を v_∞ として，

$$\frac{1}{2}mv_\infty^2 = E \tag{2.13}$$

となる．すなわち，無限遠で質点は速さ $v_\infty = \sqrt{2E/m}$ で遠心方向に運動している．つまり，質点は無限遠まで飛び去る．このように $K < 0$ の場合には宇宙は無限の大きさに広がっていると考えることができ，このときを**開いた宇宙**と言う．ここで，K は空間の曲がり具合，すなわち**空間曲率**を表す．図 2.2 の左が開いた宇宙の概念図に対応する．上のニュートン力学に基づく議論では，ユークリッド空間を仮定しており，空間曲率という概念を厳密に定義するには，一般相対論でのリーマン空間の概念の導入が必要である．付録 A では，一般相対論に基づいて宇宙膨張の式を導出しているが，その際にはリーマン空間における線素 (A.12) に空間曲率 K が現れる．

次に，$K = 0$ すなわち $E = 0$ の場合には，(2.13) において $v_\infty = 0$ であり，無限遠で速度が 0 に近づく．つまり，質点が無限遠に到達できる臨界の場合に相当する．この場合も宇宙は無限の大きさに広がっており，$K = 0$ のときを

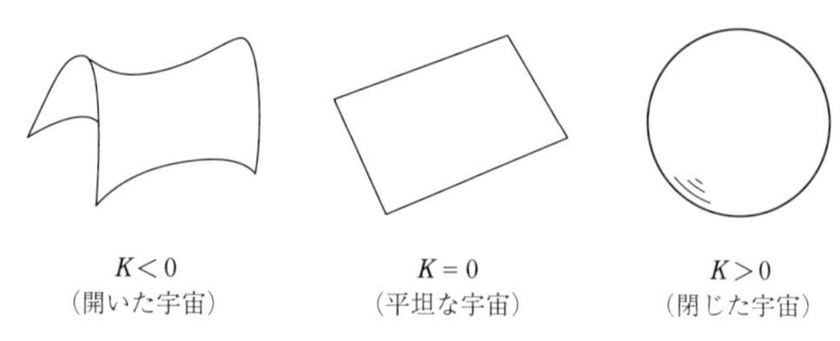

図 2.2 空間曲率 K の値による空間の形状の分類.

空間的に**平坦な宇宙**と言う（図 2.2 の中央）.

$K>0$ すなわち $E<0$ の場合には，(2.11) において，速度 v が 0 となる有限の a の値 a_* が存在し，

$$-G\frac{mM}{a_*} = -\frac{1}{2}Kmc^2 \tag{2.14}$$

を満たす．これから

$$a_* = \frac{2GM}{Kc^2} \tag{2.15}$$

が得られ，質点が $a=a_*$ に到達した後は，重力を受けて a が減少する方向に折り返す．つまり，この場合は大きさが $a \le a_*$ の範囲の有限の宇宙であり，$K>0$ のときを**閉じた宇宙**と言う（図 2.2 の右）.

(2.11) で，$v=\dot{a}$ および，(2.1) と (2.12) を用いることにより，

$$\frac{1}{2}m\dot{a}^2 - \frac{4\pi G}{3}m\rho a^2 = -\frac{1}{2}Kmc^2 \tag{2.16}$$

を得る．この式の両辺を $ma^2/2$ で割り，整理すると

$$\left(\frac{\dot{a}}{a}\right)^2 - \frac{8\pi G}{3}\rho = -\frac{Kc^2}{a^2} \tag{2.17}$$

を得る．ここで，(1.6) の宇宙の膨張率 $H=\dot{a}/a$ を用いると，(2.17) は

$$H^2 = \frac{8\pi G}{3}\rho - \frac{Kc^2}{a^2} \tag{2.18}$$

と表せる．この式の右辺の物質密度 ρ は，(2.2) のようなスケール因子 a に関する依存性を持つ．空間曲率 K は，全エネルギーに対応する積分定数 E と (2.12) のように関係づいており，この積分定数は宇宙の初期条件によって決

まる．宇宙開闢時の初期条件は不明であるが，輻射優勢期より前に，加速膨張（インフレーション）期が存在したことが観測的に示唆されている．インフレーションが起こると，急激な膨張のために，図 2.2 の中央のように宇宙が空間的に平坦に極めて近い状態になる．インフレーション後に，(2.18) の項 Kc^2/a^2 の絶対値は H^2 に比べてゆっくりと減少するが，それでも現在まで，比 $|K|c^2/(a^2H^2)$ が小さく保たれていることは可能である．宇宙背景輻射の温度揺らぎの観測から，比 $|K|c^2/(a^2H^2)$ は，現在の宇宙でオーダー 10^{-3} 以下に制限されている [6].

以下では，物質優勢期において空間曲率項 Kc^2/a^2 が H^2 に対して無視できる場合を考えると，(2.18) から

$$H^2 = \frac{8\pi G}{3}\rho \tag{2.19}$$

を得る．この式は，宇宙に存在する物質密度 ρ によって，空間の時間的な変化である宇宙の膨張率 H が決まることを意味する．(2.19) と同じ式は一般相対論のアインシュタイン方程式からも導出され，時空 = 物質という関係を宇宙進化に適用したものになっている．

宇宙が膨張しているとき，$H = \dot{a}/a > 0$ であるから，(2.19) より

$$\frac{\dot{a}}{a} = \sqrt{\frac{8\pi G}{3}\rho} \tag{2.20}$$

を得る．物質密度は，$\rho \propto a^{-3}$ のように変化するため，$\rho = Ca^{-3}$（C は定数）とおくと，(2.20) は

$$\frac{\dot{a}}{a} = C_1 a^{-3/2}, \qquad \text{ただし} \qquad C_1 = \sqrt{\frac{8\pi G}{3}C} \tag{2.21}$$

となる．これは，a の t に関する微分方程式

$$a^{1/2}\frac{\mathrm{d}a}{\mathrm{d}t} = C_1 \tag{2.22}$$

の形に書ける．この式を t で積分すると，$\int a^{1/2}\mathrm{d}a = \int C_1 \mathrm{d}t$，すなわち

$$\frac{2}{3}a^{3/2} = C_1 t + C_2 \tag{2.23}$$

を得る（C_2 は積分定数）．これからスケール因子は，

$$a(t) = (c_1 t + c_2)^{2/3} \tag{2.24}$$

という時間依存性を持つ．ここで，改めて $c_1 = 3C_1/2$, $c_2 = 3C_2/2$ とおいた．十分に時間 $t\ (>0)$ が経過すると，(2.24) の括弧の中の第 2 項は第 1 項に対して無視できるようになるので，スケール因子は

$$a(t) \simeq (c_1 t)^{2/3} \propto t^{2/3} \tag{2.25}$$

のように時間 t とともに増加していく．正の比例定数 $\tilde{c}_1 = c_1^{2/3}$ を用いて $a = \tilde{c}_1 t^{2/3}$ と書くと，宇宙膨張の速度 $\dot{a}(t)$ と加速度 $\ddot{a}(t)$ はそれぞれ

$$\dot{a}(t) = \frac{2}{3}\tilde{c}_1 t^{-1/3}, \qquad \ddot{a}(t) = -\frac{2}{9}\tilde{c}_1 t^{-4/3} \tag{2.26}$$

となる．$t > 0$ で $\dot{a}(t) > 0$, $\ddot{a}(t) < 0$ であり，宇宙は減速膨張している．

つまり，非相対論的物質が支配する物質優勢期には，宇宙はスケール因子の時間変化が (2.25) で与えられる減速膨張をすることが示された．ここでの非相対論的物質とは，暗黒物質や原子のことを意味しており，物質優勢期が宇宙の歴史の中でいつ頃始まり，いつ終わったかについては第 3.2 節で詳しく解説する．

2.2 圧力を持つ物質が支配する宇宙の進化

宇宙には，暗黒物質や原子以外にも，光のような**相対論的粒子**が存在する．それ以外にも，現在の宇宙には暗黒エネルギーが存在する．非相対論的粒子と異なり，光や暗黒エネルギーは圧力を持つ．これらの相対論的物質が支配する宇宙での進化を議論するには，厳密には一般相対論でのアインシュタイン方程式 (1.24) を解く必要があるが，第 2.1 節で述べた熱力学第一法則とニュートン力学の拡張として，宇宙進化を理解することが可能である．

圧力 P を持つ単一の物質が支配する一様等方宇宙を考えると，圧力は空間 3 次元のどの方向に対しても同じ値 P を持つ．任意の 1 点の周りで半径 a の球を考えると，この球内の物質の内部エネルギー U の微小変化に関して，熱力学第一法則 (2.4) が成り立つ．一般相対論に基づくと，エネルギー運動量テンソ

ル $T_{\mu\nu}$ の保存から，エントロピー S の保存則 (2.5) が成り立つ．このことを用いると，圧力を持つ物質に対して，(2.4) は

$$\mathrm{d}U = -P\mathrm{d}V \tag{2.27}$$

となる．いま，物質のエネルギー密度（単位体積あたりのエネルギー）を ε とすると，体積 V の領域の内部エネルギーは，

$$U = \varepsilon V \tag{2.28}$$

で与えられる．半径 a の球の内部を考えると $V = 4\pi a^3/3$ であり，(2.27) を時間変化で表すと，

$$\frac{\mathrm{d}}{\mathrm{d}t}\left(\varepsilon a^3\right) = -P\frac{\mathrm{d}}{\mathrm{d}t}\left(a^3\right) \tag{2.29}$$

となる．両辺の時間微分を計算し，さらに a^3 で割ると

$$\dot{\varepsilon} + 3H\left(\varepsilon + P\right) = 0 \tag{2.30}$$

を得る．この式を**連続方程式**と呼ぶ．特殊相対論におけるアインシュタインの関係により，エネルギー密度 ε は質量密度 ρ に換算でき，両者の関係は，

$$\varepsilon = \rho c^2 \tag{2.31}$$

で与えられる．この関係式を (2.30) に代入すると，連続方程式は

$$\dot{\rho} + 3H\left(\rho + \frac{P}{c^2}\right) = 0 \tag{2.32}$$

と表せる．

第 2.1 節で議論した圧力 P が 0 の非相対論的物質では，(2.29) の右辺が 0 であるため，$\varepsilon a^3 =$ 一定，すなわち $\rho \propto a^{-3}$ が成り立っていた．圧力 P が 0 でない場合は，P と ε の間の関係が分からないと，(2.30) を ε に関する微分方程式として解くことができない．P と ε の比，すなわち

$$w = \frac{P}{\varepsilon} = \frac{P}{\rho c^2} \tag{2.33}$$

を**状態方程式**と呼び，どのような物質を考えるかでその値は異なる．非相対論的物質では $w = 0$ であるが，光が熱平衡状態にある場合には，第 2.3 節で

示すように $P = \varepsilon/3$ が成り立ち，$w = 1/3$ である．暗黒エネルギーについてはその起源が不明であるため，w の理論値は模型に依存し，宇宙項の場合は $w = -1$ で時間的に一定である．それ以外の多くの暗黒エネルギー模型では，w の値は一般に時間の経過とともに変化する．

(2.30) に $P = w\varepsilon$ を代入し，$H = \dot{a}/a$ を用いると，連続方程式は

$$\frac{1}{\varepsilon}\frac{\mathrm{d}\varepsilon}{\mathrm{d}t} = -3(1+w)\frac{1}{a}\frac{\mathrm{d}a}{\mathrm{d}t} \tag{2.34}$$

と変形できる．この式を t で積分すると，

$$\int \frac{\mathrm{d}\varepsilon}{\varepsilon} = -\int 3(1+w)\frac{\mathrm{d}a}{a}\,, \tag{2.35}$$

すなわち

$$\varepsilon(a) = \varepsilon_i \exp\left[-\int_{a_i}^{a} 3(1+w)\frac{\mathrm{d}\tilde{a}}{\tilde{a}}\right] \tag{2.36}$$

を得る．ここで ε_i と a_i はそれぞれ，初期時刻 t_i における ε と a の値である．特に w が一定のときは，(2.36) の右辺は積分でき，

$$\varepsilon(a) = \varepsilon_i \left(\frac{a}{a_i}\right)^{-3(1+w)} \propto a^{-3(1+w)} \tag{2.37}$$

となる．非相対論的物質 ($w = 0$) のときは $\varepsilon(a) \propto a^{-3}$ であるが，光のような輻射 ($w = 1/3$) のときは $\varepsilon(a) \propto a^{-4}$ である．後者のエネルギー密度が前者よりも速く減少するのは，(2.27) の右辺の圧力による仕事 $P\mathrm{d}V$ により，光の内部エネルギー U の減少が起こるためである．

非相対論的物質の場合に，宇宙の膨張率 H と物質密度 ρ の関係が (2.18) で与えられることを示した．圧力を持つエネルギー密度 ε の物質については，単純に (2.18) の右辺の ρ を ε/c^2 に置き換えればよく，

$$H^2 = \frac{8\pi G}{3c^2}\varepsilon - \frac{Kc^2}{a^2} \tag{2.38}$$

となる．この式を**フリードマン方程式**と呼び，一様等方宇宙におけるアインシュタイン方程式 (1.24) から得られる式と同じである（付録 A の (A.21) を参照）．宇宙に幾つかの物質成分が存在する場合には，(2.38) の右辺の ε は全ての物質のエネルギー密度の和になり，それによって宇宙の膨張率 H が決まる

ことを意味する．この式を時間で積分することによって，スケール因子 a の時間変化，すなわち宇宙の進化が決まることとなる．

宇宙に存在する物質が，状態方程式 w が一定の単一の物質の場合を考えよう．(2.38) で，空間曲率項 Kc^2/a^2 が他の項に比べて無視できる平坦に近い宇宙の場合，a が増加する解は，

$$H = \sqrt{\frac{8\pi G}{3c^2}\varepsilon} = \sqrt{\frac{8\pi G}{3c^2}\varepsilon_i\left(\frac{a}{a_i}\right)^{-3(1+w)}} \tag{2.39}$$

となる．$C_1 = \sqrt{8\pi G\varepsilon_i a_i^{3(1+w)}/(3c^2)}$ とおくと，(2.39) は

$$\frac{1}{a}\frac{\mathrm{d}a}{\mathrm{d}t} = C_1 a^{-3(1+w)/2} \tag{2.40}$$

と変形できる．$w = -1$ のときだけ特別なので，後に別に扱うことにして，まずは $w \neq -1$ のときを考える．(2.40) の両辺に $a^{3(1+w)/2}$ を掛けてから t で積分すると，

$$\int a^{1/2+3w/2}\,\mathrm{d}a = \int C_1 \mathrm{d}t\,, \tag{2.41}$$

すなわち

$$\frac{2}{3(1+w)}a^{3(1+w)/2} = C_1 t + C_2 \tag{2.42}$$

を得る（C_2 は積分定数）．$c_1 = 3(1+w)C_1/2$, $c_2 = 3(1+w)C_2/2$ とおくと，スケール因子の時間依存性は

$$a(t) = (c_1 t + c_2)^{2/[3(1+w)]} \tag{2.43}$$

となる．$w > -1$ のとき，十分に時間が経つと c_2 は $c_1 t$ に比べて無視できるようになり，

$$a(t) \propto t^{2/[3(1+w)]} \tag{2.44}$$

のように，$a(t)$ は t とともに増加していく．

(2.44) より，$w = 0$ の非相対論的物質が支配する宇宙（物質優勢期）では $a(t) \propto t^{2/3}$ であり，(2.25) の結果を再現している．$w = 1/3$ の輻射（相対論的物質）が支配する宇宙（輻射優勢期）では $a(t) \propto t^{1/2}$ であり，物質優勢期の時間発展 $a(t) \propto t^{2/3}$ とは異なっている．物質優勢期でも輻射優勢期でも，宇

宙は $\dot{a}(t) > 0$, $\ddot{a}(t) < 0$ の減速膨張をしている．C, p を正の定数として，スケール因子が時間 t (> 0) に関する依存性

$$a(t) = Ct^p \tag{2.45}$$

を持つ場合，

$$\dot{a}(t) = pCt^{p-1}, \qquad \ddot{a}(t) = p(p-1)Ct^{p-2} \tag{2.46}$$

である．宇宙が加速膨張するとき，$\dot{a}(t) > 0$, $\ddot{a}(t) > 0$ であり，そのための条件は

$$p > 1 \tag{2.47}$$

である．(2.44) より $p = 2/[3(1+w)]$ であるので，条件 (2.47) は，

$$w < -\frac{1}{3} \tag{2.48}$$

と等価である．

加速膨張の条件 (2.48) は，w が一定でかつ $K = 0$ の平坦な宇宙の場合に導出したが，この条件は，w が時間変化し空間曲率 K が 0 でない場合でも有効である．実際，(2.38) に a^2 を掛けると，

$$\dot{a}^2 = \frac{8\pi G}{3c^2}\varepsilon a^2 - Kc^2 \tag{2.49}$$

であり，この式を t で微分すると Kc^2 の項が消えて，

$$2H\frac{\ddot{a}}{a} = \frac{8\pi G}{3c^2}\left(\dot{\varepsilon} + 2H\varepsilon\right) \tag{2.50}$$

を得る．この式に (2.30) を代入して $\dot{\varepsilon}$ を消去し，$P = w\varepsilon$ を用いると，

$$\frac{\ddot{a}}{a} = -\frac{4\pi G}{3c^2}\varepsilon\left(1 + 3w\right) \tag{2.51}$$

が得られる．エネルギー密度 ε が正である限り，$w < -1/3$ の条件の下で加速膨張が起こる．そのためには，物質の圧力 P が負である必要がある．

次に，宇宙項に相当する $w = -1$ のときを考えよう．この場合，(2.37) で ε が一定であり，宇宙が膨張してもエネルギー密度は減少しない．$w = -1$ のとき，スケール因子の解 (2.42) は無効であるが，(2.40) の右辺は定数 C_1 で一定なので，この式をそのまま積分して $\log a = C_1 t + C_2$，すなわち

$$a = a_i e^{C_1 t} \tag{2.52}$$

を得る．ここで，$a_i = e^{C_2}$ とおいた．つまり $w = -1$ のとき，宇宙は指数関数的に加速膨張し，この場合を**ド・ジッター解**と言う．

CMB や超新星の観測から，宇宙の初期と後期に 2 回の加速膨張が起こったことが示唆されており，これらの時期には，$w < -1/3$ の負の圧力を持つ物質が宇宙を支配していたことになる．原子や輻射ではそのような性質を持たないため，加速膨張を引き起こすにはある種の特殊な物質またはエネルギーの存在が必要である．インフレーションと暗黒エネルギーの理論的な候補については，それぞれ第 4 章と第 9 章で考えていく．

2.3 光子のエネルギー密度と状態方程式

宇宙初期には，光子のような相対論的粒子が支配する輻射優勢期が存在し，熱平衡状態にあった光のエネルギー分布が CMB として観測されている．本節では，光のエネルギー分布とその状態方程式について考察し，CMB 光子のエネルギー密度の変化とその現在の割合について調べていく．

温度が一定に保たれた空洞があり，この空洞内にある光（電磁波）が壁との反射を繰り返して熱平衡状態にあるとする．光は様々な振動数 ν を持つが，熱平衡状態にある黒体輻射は，ν に依存した**プランク分布**という特徴的なエネルギー分布を示す．具体的には，絶対温度 T，振動数が ν と $\nu + \mathrm{d}\nu$（$\mathrm{d}\nu$ は微小量）の間にある光子のエネルギー密度 $\varepsilon(\nu, T)$ は，

$$\varepsilon(\nu, T)\mathrm{d}\nu = \frac{8\pi h_\mathrm{P}}{c^3} \frac{\nu^3}{\exp[h_\mathrm{P}\nu/(k_\mathrm{B}T)] - 1} \mathrm{d}\nu \tag{2.53}$$

という分布に従う．ここで，

$$h_\mathrm{P} = 6.6261 \times 10^{-34}\ \mathrm{J\ s} = 4.1357 \times 10^{-15}\ \mathrm{eV\ s} \tag{2.54}$$

はプランク定数，

$$k_\mathrm{B} = 1.3806 \times 10^{-23}\ \mathrm{J\ K^{-1}} = 8.6173 \times 10^{-5}\ \mathrm{eV\ K^{-1}} \tag{2.55}$$

はボルツマン定数である.

まずは, 温度 T を固定したときの ε の ν 依存性を調べよう. ν が小さく $h_{\mathrm{P}}\nu/(k_{\mathrm{B}}T) \ll 1$ の範囲にあるときは, $\exp[h_{\mathrm{P}}\nu/(k_{\mathrm{B}}T)] - 1 \simeq h_{\mathrm{P}}\nu/(k_{\mathrm{B}}T)$ と近似できるので,

$$\varepsilon(\nu) \simeq \frac{8\pi k_{\mathrm{B}} T}{c^3}\nu^2 \tag{2.56}$$

となる. $\nu = 0$ で $\varepsilon = 0$ であり, ν の増加とともに ε は ν の 2 次関数として増加していく. ν が大きく $h_{\mathrm{P}}\nu/(k_{\mathrm{B}}T) \gg 1$ の範囲にあるときは, $\exp[h_{\mathrm{P}}\nu/(k_{\mathrm{B}}T)] - 1 \simeq \exp[h_{\mathrm{P}}\nu/(k_{\mathrm{B}}T)]$ と近似できるので,

$$\varepsilon(\nu) \simeq \frac{8\pi h_{\mathrm{P}} \nu^3}{c^3}\exp[-h_{\mathrm{P}}\nu/(k_{\mathrm{B}}T)] \tag{2.57}$$

となり, ν の増加とともに ε は減少し, $\nu \to \infty$ で $\varepsilon \to 0$ となる.

ε が最大となるときの ν の値 ν_m を求めるために, $x = h_{\mathrm{P}}\nu/(k_{\mathrm{B}}T)$ とおくと, (2.53) は

$$\varepsilon = \frac{8\pi (k_{\mathrm{B}}T)^3}{h_{\mathrm{P}}^2 c^3} f(x), \qquad ただし \qquad f(x) = \frac{x^3}{e^x - 1} \tag{2.58}$$

と表せる. 関数 $f(x)$ を x で微分すると,

$$f'(x) = \frac{x^2[(3-x)e^x - 3]}{(e^x - 1)^2} \tag{2.59}$$

であるから, ε が最大となるときの x を x_m とすると, $f'(x_m) = 0$ を数値的に解き, $x_m \simeq 2.82$ を得る. よって, これに対応する振動数は

$$\nu_m = 2.82\frac{k_{\mathrm{B}}T}{h_{\mathrm{P}}} \tag{2.60}$$

である. つまり ε は, $\nu \to 0$ と $\nu \to \infty$ の極限でともに 0 に近づき, $\nu = \nu_m$ で最大値を持つ.

次に, 温度 T を変化させると, T の増加に伴い (2.60) の ν_m は増加する. $\nu = \nu_m$ のときの ε は, (2.58) から T^3 に比例して増加する. つまり, 図 2.3 の左側のパネルのように, T の増加に伴いプランク分布は全体的に右上にシフトすることになる.

ビッグバン理論に基づくと, 宇宙は初期に熱い火の玉であり, 膨張に伴い, 宇宙の平均温度 T は減少していく. $T \gtrsim 3000$ K の初期宇宙では, エネルギー

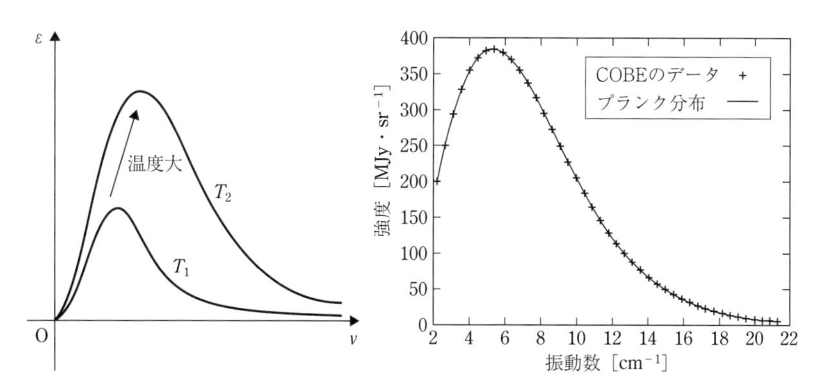

図 2.3 (左) 2 つの異なる温度 T_1 と T_2 ($> T_1$) での，熱平衡状態の光子のプランク分布．横軸が振動数 ν，縦軸がエネルギー密度を表す．(右) COBE 衛星による CMB のエネルギー分布の観測データ [13] と，温度 $T_0 = 2.725$ K のプランク分布の理論曲線．

の高い自由電子が光子と散乱を繰り返していた．しかし $T \lesssim 3000$ K になると，電子が原子核に捕獲され始め，水素などの原子が形成され始める．このように，自由電子の数が急に少なくなり，光子と電子の反応が熱平衡状態から外れる**脱結合**が起こり始めると，光子は電子に散乱されずに直進できるようになり，観測者まで届く．これは温度では約 3000 K，時間で言うと宇宙の開闢から約 30 万年後に相当し，観測者が光によって見ることのできる最古の宇宙である．COBE 衛星は，この宇宙の晴れ上がりの時期（最終散乱面）から来る CMB のエネルギー分布を詳細に観測した [13].

ここで一つ注意すべき点は，CMB の光子は温度が約 3000 K で脱結合した後は，現在まで熱平衡状態ではないということである．しかし以下で示すように，温度のスケール因子依存性を適切に考慮することによって，宇宙初期の熱平衡時のプランク分布の形が保存される [21]．振動数 ν の光子 1 個のエネルギーは $h_{\rm P}\nu$ であるから，熱平衡状態での光子の数密度 $n(\nu, T)$ は，(2.53) のエネルギー密度と，$\varepsilon = h_{\rm P}\nu\, n(\nu, T)$ の関係がある．よって，絶対温度が T で振動数が ν と $\nu + {\rm d}\nu$ の間にある光子の数密度は，

$$n(\nu, T){\rm d}\nu = \frac{8\pi}{c^3}\frac{\nu^2}{\exp[h_{\rm P}\nu/(k_{\rm B}T)] - 1}{\rm d}\nu \tag{2.61}$$

となる．CMB 光子の脱結合時のスケール因子を a_*，振動数を ν_*，波長を

λ_* とする．その後，スケール因子が a のときの光の振動数を ν，波長を λ とする．宇宙膨張でスケール因子が変化した分だけ光の波長が伸びるため，$\lambda/\lambda_* = a/a_*$ である．光速を c とすると，$c = \nu\lambda = \nu_*\lambda_*$ であるから，

$$\frac{\nu_*}{\nu} = \frac{a}{a_*} \tag{2.62}$$

を得る．脱結合後，絶対温度が T，振動数が ν と $\nu + \mathrm{d}\nu$ の間にある光子の数密度を改めて $\bar{n}(\nu, T)\mathrm{d}\nu$ とする．CMB 光子の脱結合時の絶対温度を T_* とすると，振動数が ν_* と $\nu_* + \mathrm{d}\nu_*$ の間にある光子の数密度は，$n(\nu_*, T_*)\mathrm{d}\nu_*$ である．光子数は保存するため，

$$a_*^3\, n(\nu_*, T_*)\, \mathrm{d}\nu_* = a^3\, \bar{n}(\nu, T)\, \mathrm{d}\nu \tag{2.63}$$

が成り立つ．ここで，$n(\nu_*, T_*)$ は (2.61) において $\nu = \nu_*$, $T = T_*$ とした量であることと，(2.62) および $\mathrm{d}\nu_*/\mathrm{d}\nu = a/a_*$ を用いると，

$$\bar{n}(\nu, T)\, \mathrm{d}\nu = n(\nu_*, T_*) \left(\frac{\nu}{\nu_*}\right)^2 \mathrm{d}\nu = \frac{8\pi}{c^3} \frac{\nu^2}{\exp[h_\mathrm{P}\nu_*/(k_\mathrm{B}T_*)] - 1} \mathrm{d}\nu \tag{2.64}$$

を得る．ここで，光子の脱結合後の温度 T を，$\nu_*/T_* = \nu/T$ すなわち

$$T = T_* \frac{\nu}{\nu_*} = T_* \frac{a_*}{a} \tag{2.65}$$

と定義すると，(2.64) は

$$\bar{n}(\nu, T)\, \mathrm{d}\nu = \frac{8\pi}{c^3} \frac{\nu^2}{\exp[h_\mathrm{P}\nu/(k_\mathrm{B}T)] - 1}\, \mathrm{d}\nu \tag{2.66}$$

となる．このことは，光子の脱結合後の温度を (2.65) と定義することにより，数密度は熱平衡時の黒体輻射の形 (2.61) を保っていることを示す．なお，後の (2.78) で示すように，CMB 光子の温度は熱平衡状態においても，$T \propto a^{-1}$ のように a の増加に伴って減少していく．

エネルギー密度に関しても，(2.65) と (2.66) で与えられる脱結合後の温度 T と数密度 $\bar{n}(\nu, T)$ を用いて，$\bar{\varepsilon}(\nu, T)\, \mathrm{d}\nu = h_\mathrm{P}\nu\, \bar{n}(\nu, T)\, \mathrm{d}\nu$ と定義すれば，それは熱平衡状態でのプランク分布 (2.53) と同じになる．つまり，現在の CMB 光子の振動数を ν_0，温度を T_0 として，宇宙初期の黒体輻射の名残である CMB 光子のエネルギー密度は，$\varepsilon(\nu_0, T_0)$ として観測される．図 2.3 の右のパネル

が，COBE 衛星によって観測された CMB 光子のエネルギー密度の振動数に対する依存性である．左のパネルにあるように，温度によってエネルギー分布が変わるため，現在の宇宙の平均温度 T_0 を観測データから決定することができ，

$$T_0 = 2.725 \pm 0.002\ \mathrm{K} \tag{2.67}$$

と制限されている．図 2.3 の右のパネルにある，温度 $T_0 = 2.725$ K のプランク分布の理論曲線は CMB の観測データと高い精度で一致し，これによりビッグバン理論の正しさが決定づけられたのである [13].

次に，熱平衡状態の CMB 光子の温度 T が，スケール因子 a に反比例することを示そう．まずは光子の圧力 P とエネルギー密度 ε の関係を求めるために，3 次元空間に長さ L の立方体の空洞を考え，その中にある振動数が ν の光子 1 個に注目する．光子の運動量の大きさを p，速さを c とし，光子が立方体の一つの壁 S（面積 L^2）に衝突し，反射することを繰り返している状況を考える（図 2.4 を参照).

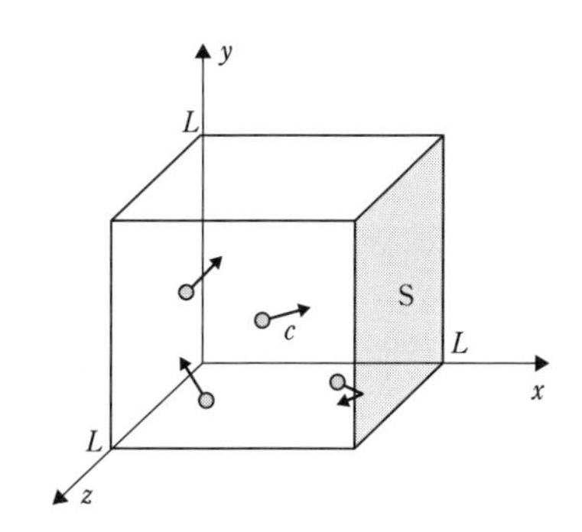

図 2.4 長さ L の立方体の中を運動する光子.

この壁に垂直な方向に x 軸をとり，光子の運動量と速度の x 方向成分の大きさをそれぞれ p_x, c_x とする．単位時間あたりに光子は壁 S に $c_x/(2L)$ 回衝突し，1 回の衝突ごとに運動量の x 成分が $2p_x$ だけ変化する．つまり，単位時間あたりの光子の運動量の x 方向成分の変化は，$2p_x \times c_x/(2L) = p_x c_x/L$ であり，これが光子によって壁 S に及ぼされる力 F_1 に等しい．光子による壁 S への圧力を P_1 とすると，$F_1 = P_1 L^2$ であるから，

$$P_1 = \frac{p_x c_x}{L^3} = \frac{p_x c_x}{V} \tag{2.68}$$

を得る．ここで，$V = L^3$ は立方体の体積である．光子の運動量の方向はその速度方向と一致しており，$p_x = pc_x/c$ であり，光量子仮説より $p = h_{\rm P}\nu/c$ である．よって

$$P_1 = \frac{h_{\rm P}\nu}{V}\frac{c_x^2}{c^2} \tag{2.69}$$

を得る．立方体の中には，振動数 ν の光子が N 個あるとすると，c_x の値は光子によって異なる．いま，その 2 乗平均値を $\langle c_x^2 \rangle$ とする．N 個の光子の運動を平均化して，それらが x, y, z 方向に等方的に運動しているとすると，$\langle c_x^2 \rangle = \langle c_y^2 \rangle = \langle c_z^2 \rangle$ であり，これと $c^2 = c_x^2 + c_y^2 + c_z^2$ から，

$$\langle c_x^2 \rangle = \frac{1}{3}c^2 \tag{2.70}$$

である．よって，N 個の光子が壁 S に及ぼす圧力は，

$$P = N\langle P_1 \rangle = \frac{Nh_{\rm P}\nu}{3V} \tag{2.71}$$

となる．一方，振動数 ν の N 個の光子のエネルギーの総和は $E = Nh_{\rm P}\nu$ であるから，エネルギー密度は，

$$\varepsilon = \frac{Nh_{\rm P}\nu}{V} \tag{2.72}$$

で与えられる．(2.71) と (2.72) から

$$P = \frac{1}{3}\varepsilon \tag{2.73}$$

が得られ，光子の状態方程式は $w = P/\varepsilon = 1/3$ であることが示された．(2.73) は決まった振動数 ν の光子に対して導いたが，$P_T = \int_0^\infty P(\nu)\mathrm{d}\nu$, $\varepsilon_T = \int_0^\infty \varepsilon(\nu)\mathrm{d}\nu$ のように全振動数に関して積分した圧力とエネルギー密度を定義すると，(2.73) から $P_T = \varepsilon_T/3$ が得られる．

状態方程式 w が一定の物質に関しては，宇宙膨張とともにエネルギー密度が (2.37) のように変化することを示した．上の議論のように，光子では $w = 1/3$ なので，そのエネルギー密度 ε_γ の変化は

$$\varepsilon_\gamma \propto a^{-4} \tag{2.74}$$

で与えられる．一方，熱平衡状態での光子のプランク分布 (2.53) を全ての振動数 ν について積分することで，CMB 光子の全エネルギー密度 ε_γ は，

$$\varepsilon_\gamma = \int_0^\infty \varepsilon(\nu, T)\mathrm{d}\nu = \frac{8\pi(k_\mathrm{B}T)^4}{(h_\mathrm{P}c)^3}\int_0^\infty \frac{x^3}{e^x - 1}\mathrm{d}x \tag{2.75}$$

と表せる．2 番目の等号で，$x = h_\mathrm{P}\nu/(k_\mathrm{B}T)$ と変数変換した．積分公式 $\int_0^\infty x^3/(e^x - 1)\,\mathrm{d}x = \pi^4/15$，および換算プランク定数

$$\hbar = \frac{h_\mathrm{P}}{2\pi} = 1.0546 \times 10^{-34}\ \mathrm{J\ s} \tag{2.76}$$

を用いると，

$$\varepsilon_\gamma = \frac{\pi^2}{15}\frac{k_\mathrm{B}^4}{(\hbar c)^3}T^4 \tag{2.77}$$

を得る．つまり ε_γ は T^4 に比例するので，(2.74) を用いると，

$$T \propto a^{-1} \tag{2.78}$$

を得る．このようにして，プランク分布に従う光子の温度 T が a に反比例することが示せた．光子の脱結合後も，温度 T を (2.78) の依存性を持つ量として定義すれば，プランク分布が保たれることはすでに示してある．

(2.77) より，現在の宇宙の光子の全エネルギー密度 $\varepsilon_\gamma^{(0)}$ は，観測されている宇宙の温度 T_0 から決まる．c, k_B, $\hbar$ の値はそれぞれ (1.2), (2.55), (2.76) で与えられているので，これらの値と観測値 $T_0 = 2.725$ K を用いると，

$$\varepsilon_\gamma^{(0)} = \frac{\pi^2}{15}\frac{k_\mathrm{B}^4}{(\hbar c)^3}T_0^4 = 4.17 \times 10^{-20}\ \mathrm{J\ cm^{-3}} \tag{2.79}$$

を得る．なお，現在の宇宙の全ての物質のエネルギー密度 ε_0 は (2.38) から評価できる．平坦な宇宙 ($K = 0$) の場合，ε_0 は現在の宇宙の膨張率 H_0 と

$$H_0^2 = \frac{8\pi G}{3c^2}\varepsilon_0 \tag{2.80}$$

と関係している．(1.20) の H_0，および (1.25) の重力定数 G の値を用いると，

$$\varepsilon_0 = \frac{3c^2H_0^2}{8\pi G} = 1.69 \times 10^{-15}\,h^2\ \mathrm{J\ cm^{-3}} \tag{2.81}$$

を得る．現在の光子のエネルギー密度 $\varepsilon_\gamma^{(0)}$ と全体のエネルギー密度 ε_0 の比

$\Omega_\gamma^{(0)}$ を，光子の**密度パラメータ**と呼び，

$$\Omega_\gamma^{(0)} = \frac{\varepsilon_\gamma^{(0)}}{\varepsilon_0} = 2.47 \times 10^{-5}\, h^{-2} \tag{2.82}$$

で与えられる．H_0 の観測データから，h は 0.7 程度なので，$\Omega_\gamma^{(0)} \simeq 5 \times 10^{-5}$ と評価できる．ただし，過去に遡ると温度 T は上昇していくため，(2.77) から光のエネルギー密度は T^4 に比例して大きくなっていく．

(2.81) の全エネルギー密度 ε_0 を，質量密度 ρ_0 に換算すると，$\varepsilon_0 = \rho_0 c^2$ より

$$\rho_0 = \frac{\varepsilon_0}{c^2} = 1.88 \times 10^{-29}\, h^2 \text{ g cm}^{-3} \tag{2.83}$$

となる．この現在の宇宙の平均の質量密度 ρ_0 は**臨界密度**と呼ばれ，10^{-29} g cm^{-3} 程度である．すでに第 1.5 節で触れたように，この ρ_0 のうちの 68％は暗黒エネルギー，27％は暗黒物質，5％は原子で占められており，本節で示したように，光の割合は 0.005% 程度である．光子は質量 0 の粒子であるが，第 2.4 節では質量を持つ粒子についての熱統計力学を考え，その状態方程式について議論する．

2.4 質量を持つ粒子の熱統計力学と状態方程式

質量を持つ粒子が熱平衡状態にあるとき，その粒子の分布は，ボース粒子かフェルミ粒子かによって異なる分布を示す．ボース粒子はそのスピン角運動量が換算プランク定数 $\hbar$ の整数倍であり，同一の量子状態をとる粒子数に制限がなく，**ボース・アインシュタイン分布**に従う．フェルミ粒子はそのスピン角運動量が $\hbar$ の半整数倍であり，2 個の粒子が同じ量子状態をとることが許されず，**フェルミ・ディラック分布**に従う．

質量 m の粒子が絶対温度 T の**熱平衡状態**にあるとする．化学ポテンシャルを μ として，この系の粒子数の変化 $\mathrm{d}N$ に起因する位置エネルギーの変化は $\mu\,\mathrm{d}N$ で与えられる．粒子の分布を統計的に扱うには，粒子の位置と運動量からなる位相空間において，1 つの量子状態を占める粒子数である**分布関数**を用いる．フェルミ粒子とボース粒子はそれぞれ，熱平衡状態で分布関数

$$f(\boldsymbol{p}) = \frac{1}{\exp[(E-\mu)/(k_{\rm B}T)] \pm 1} \tag{2.84}$$

に従い，この $+$ 符号はフェルミ・ディラック分布に，$-$ 符号はボース・アインシュタイン分布に相当する．E は粒子のエネルギー，$\boldsymbol{p}$ は粒子の運動量であり，特殊相対論におけるアインシュタインの関係式から

$$E^2 = p^2c^2 + m^2c^4 \tag{2.85}$$

という関係がある．ここで，$p = |\boldsymbol{p}|$ である．第 2.3 節で議論した光子では $m = 0$ であり，$E = pc$ であるが，質量を持つ粒子の場合には，運動量 $\boldsymbol{p}$ によるエネルギー以外にも，質量 m によるエネルギーを考慮する必要がある．

(2.84) に基づいて，単位体積あたりの粒子数（数密度）を求めるには，3 次元運動量空間 d^3p において $\boldsymbol{p}$ に関する積分を行えばよい．その位相空間の数は $\mathrm{d}^3p/(2\pi\hbar)^3$ であるから，スピンのような粒子の内部自由度 g_* を考慮して，粒子の数密度 n は

$$n = g_* \int \frac{\mathrm{d}^3p}{(2\pi\hbar)^3} f(\boldsymbol{p}) \tag{2.86}$$

で与えられる．エネルギー密度 ε に関しては，分布関数 $f(\boldsymbol{p})$ に個々の粒子のエネルギー $E(\boldsymbol{p})$ を掛けた量を運動量空間で積分すればよいので，

$$\varepsilon = g_* \int \frac{\mathrm{d}^3p}{(2\pi\hbar)^3} E(\boldsymbol{p})\, f(\boldsymbol{p}) \tag{2.87}$$

と表せる．

圧力に関しては，質量 m が 0 の光子の場合，長さ L の立方体の壁 S に及ぼす光子 1 個の圧力を (2.68) で求めた．質量 m を持つ粒子の場合，その運動量を $\boldsymbol{p}$，速度を $\boldsymbol{v}$ とし，図 2.4 のような立方体（体積 $V = L^3$）を考えたときの粒子の運動量と速度の x 成分をそれぞれ p_x, v_x とする．光子の場合と同様の議論により，1 つの粒子が壁 S に及ぼす圧力は

$$P_1 = \frac{p_x v_x}{V} \tag{2.88}$$

となる．特殊相対論から，質量 m の 1 つの粒子が速度 $\boldsymbol{v}$（速さ $v = |\boldsymbol{v}|$）で運動しているときの運動量とエネルギーはそれぞれ，

$$\boldsymbol{p} = \frac{m\boldsymbol{v}}{\sqrt{1-v^2/c^2}}, \qquad E = \frac{mc^2}{\sqrt{1-v^2/c^2}} \tag{2.89}$$

で与えられるので,

$$\boldsymbol{p} = \frac{E}{c^2}\boldsymbol{v} \tag{2.90}$$

が成り立つ．この x 成分についての関係式 $p_x = (E/c^2)v_x$ を用いて，(2.88) から v_x を消去すると,

$$P_1 = \frac{c^2 p_x^2}{EV} \tag{2.91}$$

となる．同じ運動量 $\boldsymbol{p}$ を持つ多数の粒子を考えたとき，運動量に関して空間 3 方向の等方性が成り立つとすると，$\langle p_x^2 \rangle = p^2/3$ であるから，1 つの粒子が壁 S に及ぼす単位体積 $(V=1)$ あたりの平均の圧力は

$$\langle P_1 \rangle = \frac{c^2 p^2}{3E} \tag{2.92}$$

となる．よって，様々な運動量を持つ粒子の集合による圧力は,

$$P = g_* \int \frac{\mathrm{d}^3 p}{(2\pi\hbar)^3} \frac{c^2 p^2}{3E} f(\boldsymbol{p}) \tag{2.93}$$

と表せる．

光子 $(m=0)$ の場合の ε と P との関係は第 2.3 節で求めたが，ここではまず，条件 $pc \gg mc^2$ を満たす $m \neq 0$ の相対論的粒子，すなわち

$$E \simeq pc \gg mc^2 \tag{2.94}$$

を満たす粒子に対して，n, ε, P を具体的に計算する．光子のプランク分布の数密度 (2.61) と，ボース・アインシュタイン分布 (2.84) を比較すると分かるように，光子の化学ポテンシャル μ は 0 であり，他の相対論的粒子に関しても $\mu = 0$ として計算する．(2.86), (2.87), (2.93) で $m \to 0$ の極限をとり，運動量の等方性 $(\mathrm{d}^3 p = 4\pi p^2 \mathrm{d}p)$ を用い，$x = pc/(k_\mathrm{B}T)$ とおいて積分を行うと,

$$\begin{aligned} n &= \frac{g_*(k_\mathrm{B}T)^3}{2\pi^2(\hbar c)^3} \int_0^\infty \mathrm{d}x \frac{x^2}{e^x \pm 1} \\ &= \frac{\zeta(3) g_* (k_\mathrm{B}T)^3}{\pi^2(\hbar c)^3} \times \begin{cases} 3/4 & (\text{フェルミ粒子}), \\ 1 & (\text{ボース粒子}), \end{cases} \end{aligned} \tag{2.95}$$

$$\varepsilon = \frac{g_*(k_{\rm B}T)^4}{2\pi^2(\hbar c)^3}\int_0^\infty {\rm d}x\frac{x^3}{e^x \pm 1}$$
$$= \frac{\pi^2 g_*(k_{\rm B}T)^4}{30(\hbar c)^3} \times \begin{cases} 7/8 & (\text{フェルミ粒子}), \\ 1 & (\text{ボース粒子}), \end{cases} \tag{2.96}$$

$$P = \frac{1}{3}\varepsilon \tag{2.97}$$

を得る．ここで，$\zeta(x)$ はゼータ関数という特殊関数で，$\zeta(3) = 1.202...$ である．光子は質量 0 のボース粒子であり，そのスピン角運動量の向きが光子の進行方向と同じ（右巻き）または逆（左巻き）の 2 種類あることに付随した内部自由度 2 を持つ．(2.96) のボース粒子の結果に $g_* = 2$ を代入することで，光子のエネルギー密度 ε_γ は (2.77) と一致することが確認できる．

質量 m を持つ粒子であっても，条件 (2.94) を満たしていれば相対論的粒子として振る舞う．(2.95) と (2.96) を用いて，相対論的粒子 1 個の平均のエネルギー $\bar{E}$ は $\bar{E} = \varepsilon/n$ から求まり，

$$\bar{E} = \begin{cases} 3.15 k_{\rm B}T & (\text{フェルミ粒子}), \\ 2.70 k_{\rm B}T & (\text{ボース粒子}) \end{cases} \tag{2.98}$$

となる．つまり，どちらの場合であっても $\bar{E}$ は $k_{\rm B}T$ 程度のオーダーであるため，相対論的粒子の条件 (2.94) は，

$$k_{\rm B}T \simeq pc \gg mc^2 \tag{2.99}$$

と解釈できる．ビッグバン理論においては，宇宙の温度 T は宇宙膨張とともに減少していくが，与えられた質量 m の粒子に対しては静止エネルギー mc^2 は一定である．粒子が相対論的状態から非相対論的状態に移行するときの温度 $T_{\rm NR}$ は，$k_{\rm B}T_{\rm NR} = mc^2$，すなわち

$$T_{\rm NR} = \frac{mc^2}{k_{\rm B}} \tag{2.100}$$

である．温度 T が $T_{\rm NR}$ より大きい領域では，粒子は相対論的粒子として振る舞っている．(2.97) から，相対論的粒子の状態方程式は $w = 1/3$ であり，そのエネルギー密度は (2.74) と同じく，$\varepsilon \propto a^{-4}$ のように減少する．

$T_{\rm NR}$ の値は，粒子の質量によって異なる．例えば，電子の質量は $m_{\rm e} = 9.1094 \times 10^{-31}$ kg であり，これをエネルギー換算すると，

$$m_{\rm e}c^2 = 0.511 \text{ MeV} \tag{2.101}$$

となる．ここで，

$$1 \text{ MeV} = 10^6 \text{ eV} = 1.6022 \times 10^{-13} \text{ J} \tag{2.102}$$

であることを用いた．よって，電子が非相対論的になるときの温度 $T_{\rm NR,e}$ は

$$T_{\rm NR,e} = 5.930 \times 10^9 \text{ K} \tag{2.103}$$

である．電子より質量が大きい粒子では，より高温で非相対論的になる．

温度 T が $mc^2/k_{\rm B}$ 以下に下がると，mc^2 が pc を上回り，近似的に

$$E \simeq mc^2 \gg pc \tag{2.104}$$

となり，粒子は非相対論的粒子として振る舞い始める．μ は高々 $k_{\rm B}T$ 程度であるとすると，(2.104) の領域では，$(E-\mu)/(k_{\rm B}T) \simeq mc^2/(k_{\rm B}T) \gg 1$ である．つまり，分布関数 (2.84) においてボース粒子とフェルミ粒子のどちらの場合でも，$\exp[(E-\mu)/(k_{\rm B}T)] \gg 1$ となる．非相対論的粒子に対しては，アインシュタインの関係式 (2.85) が

$$E = mc^2\left(1 + \frac{p^2}{m^2c^2}\right)^{1/2} \simeq mc^2\left(1 + \frac{p^2}{2m^2c^2}\right) = mc^2 + \frac{p^2}{2m} \tag{2.105}$$

と近似できることを用いると，(2.86) の数密度に関して，

$$\begin{aligned} n &\simeq g_* \frac{4\pi}{(2\pi\hbar)^3} e^{-(mc^2-\mu)/(k_{\rm B}T)} \int_0^\infty {\rm d}p\, p^2\, e^{-p^2/(2\,mk_{\rm B}T)} \\ &= \frac{g_*}{2\pi^2\hbar^3} e^{-(mc^2-\mu)/(k_{\rm B}T)} (2mk_{\rm B}T)^{3/2} \int_0^\infty {\rm d}x\ x^2 e^{-x^2} \\ &= g_* \left(\frac{mk_{\rm B}T}{2\pi\hbar^2}\right)^{3/2} e^{-(mc^2-\mu)/(k_{\rm B}T)} \end{aligned} \tag{2.106}$$

を得る．ただし，2 行目において $x = p/\sqrt{2\,mk_{\rm B}T}$ とおき，3 行目では $\int_0^\infty {\rm d}x\ x^2 e^{-x^2} = \sqrt{\pi}/4$ を用いた．(2.87) の ε については，(2.106) の第 1

行目の積分の中の項に $E \simeq mc^2 + p^2/(2m)$ が掛かるが，これについては mc^2 と近似してよく，結果的に (2.106) の全体に mc^2 が掛かるので，

$$\varepsilon \simeq nmc^2 \tag{2.107}$$

を得る．(2.93) の圧力については，$c^2p^2/(3E) \simeq p^2/(3m)$ と近似できるので，積分 $\int_0^\infty \mathrm{d}x\, x^4 e^{-x^2} = 3\sqrt{\pi}/8$ を用いて，

$$\begin{aligned} P &\simeq \frac{g_*}{6\pi^2\hbar^3 m} e^{-(mc^2-\mu)/(k_\mathrm{B}T)} \int_0^\infty \mathrm{d}p\, p^4\, e^{-p^2/(2\,mk_\mathrm{B}T)} \\ &= g_* \left(\frac{mk_\mathrm{B}T}{2\pi\hbar^2}\right)^{3/2} e^{-(mc^2-\mu)/(k_\mathrm{B}T)} k_\mathrm{B}T \end{aligned} \tag{2.108}$$

を得る．これは，(2.106) と (2.107) を用いて，

$$P \simeq nk_\mathrm{B}T \simeq \frac{k_\mathrm{B}T}{mc^2}\varepsilon \tag{2.109}$$

と表せる．よって，状態方程式 $w = P/\varepsilon$ は，

$$w = \frac{k_\mathrm{B}T}{mc^2} \tag{2.110}$$

となる．いまは $k_\mathrm{B}T$ が mc^2 より小さい非相対論的領域を考えており，温度の低下とともに $k_\mathrm{B}T \ll mc^2$ となるので，w は 0 に近づく．(2.37) より，$w \simeq 0$ の非相対論的粒子のエネルギー密度の変化は $\varepsilon = nmc^2 \propto a^{-3}$ で与えられる．非相対論的粒子の数密度 n は，その密度 $\rho = nm$ と同様に，$n \propto a^{-3}$ のように減少する（この領域では粒子が熱平衡から外れて，(2.106) の n は有効でない）．なお相対論的粒子に関しては，(2.95) より $n \propto T^3 \propto a^{-3}$ であり，非相対論的粒子の n と同じ a 依存性を持つ．

2.5 素粒子の標準模型

第 2.4 節の議論から，質量 m を持つ粒子は，温度が $T > mc^2/k_\mathrm{B}$ では相対論的であり，そのエネルギー密度は $\varepsilon \propto a^{-4}$ と変化し，$T < mc^2/k_\mathrm{B}$ の領域に入ると非相対論的になり，エネルギー密度は $\varepsilon \propto a^{-3}$ のように a の増加とともに

に，よりゆっくりと減少する．このことから，初期に相対論的粒子が宇宙のエネルギー密度を支配していても，温度が下がるにつれて，非相対論的粒子のエネルギー密度が支配する時期に入ることが分かる．その詳細は第 3 章で調べることにして，ここでは**素粒子の標準模型**で現れる粒子について考察していく．

素粒子の中で最初に発見されたのは電子（1897 年）であり，さらに陽子と中性子がそれぞれ 1919 年と 1932 年に発見され，その後も様々な素粒子が見つかり，その過程の中で素粒子の標準模型が完成していった．標準模型によると，物質はフェルミ・ディラック統計に従うフェルミ粒子から構成され，そのフェルミ粒子間の力（相互作用）を媒介する粒子が，ボース・アインシュタイン統計に従うボース粒子である．フェルミ粒子は，**クォーク**と**レプトン**の 2 種類に大別され，それらは全て，換算プランク定数 $\hbar$ を単位としたスピン 1/2 を持つ．

ボース粒子は整数スピン $\hbar$ を持ち，電磁気力，弱い相互作用，強い相互作用の 3 つの力を媒介する．なお，自然界には重力というもう一つの相互作用が存在するが，素粒子の標準模型は重力を含まない理論である．電荷を持つ電子などのフェルミ粒子間に働く電磁気力を媒介とする粒子が，質量 0 の**光子**である．また，フェルミ粒子間の弱い相互作用を媒介する粒子は，質量 $M_{\mathrm{W}} \simeq 80\ \mathrm{GeV}/c^2$ で正負の電荷を持つ **W ボソン** $\mathrm{W}^{\pm}$ と，質量 $M_{\mathrm{Z}} \simeq 90\ \mathrm{GeV}/c^2$ で中性の $\mathbf{Z^0}$ **ボソン**である．強い相互作用は**グルーオン**という質量 0，電荷 0 の粒子によって媒介され，グルーオンの持つ閉じ込めという性質によって，短距離力となる．

クォークが持つ相互作用は，電磁気力，弱い力，強い力である．クォークは 6 種類見つかっており，それらは，アップ (u)，ダウン (d)，チャーム (c)，ストレンジ (s)，トップ (t)，ボトム (b) と名付けられている．電気素量を $e = 1.602176634 \times 10^{-19}$ C として，u, c, t クォークは正電荷 $+2e/3$ を持ち，d, s, b クォークは負電荷 $-e/3$ を持つ．それらの質量の実験値は，表 2.1 に与えられている．それぞれのクォークには，質量とスピンは等しいが，電荷の正負が逆の反粒子が存在し，例えば反アップクォークは $\bar{\mathrm{u}}$ と表記する．クォーク間に働く強い相互作用を記述する量子色力学に基づくと，それぞれのクォークは色荷と呼ばれる量を持ち，三原色の赤，緑，青と対応づけられた 3 種類の色荷を持つ．反クォークの色荷は，それぞれの色の補色（反赤，反緑，反青）に相当する反色荷である．

	粒子	電荷	反粒子	質量	平均寿命
クォーク	u	$+2e/3$	$\bar{\mathrm{u}}$	$1.7 \sim 3.1\ \mathrm{MeV}/c^2$	全て単独では存在しない
	d	$-e/3$	$\bar{\mathrm{d}}$	$4.1 \sim 5.7\ \mathrm{MeV}/c^2$	
	c	$+2e/3$	$\bar{\mathrm{c}}$	$1.29^{+0.05}_{-0.11}\ \mathrm{GeV}/c^2$	
	s	$-e/3$	$\bar{\mathrm{s}}$	$100^{+30}_{-20}\ \mathrm{MeV}/c^2$	
	t	$+2e/3$	$\bar{\mathrm{t}}$	$172.0 \pm 2.2\ \mathrm{GeV}/c^2$	
	b	$-e/3$	$\bar{\mathrm{b}}$	$4.19^{+0.18}_{-0.06}\ \mathrm{GeV}/c^2$	
レプトン	e^-	$-e$	e^+	$0.511\ \mathrm{MeV}/c^2$	安定
	ν_e	0	$\bar{\nu}_\mathrm{e}$	$< 2.5\ \mathrm{eV}/c^2$	安定
	μ^-	$-e$	μ^+	$105.66\ \mathrm{MeV}/c^2$	2.197×10^{-6} s
	ν_μ	0	$\bar{\nu}_\mu$	$< 0.17\ \mathrm{MeV}/c^2$	安定
	τ^-	$-e$	τ^+	$1.777\ \mathrm{GeV}/c^2$	2.956×10^{-13} s
	ν_τ	0	$\bar{\nu}_\tau$	$< 18\ \mathrm{MeV}/c^2$	安定

表 2.1 クォーク，レプトンに属するフェルミ粒子とそれらの反粒子．これらは全て，半整数スピン $\hbar/2$ を持つ．なお，$1\ \mathrm{MeV} = 10^6\ \mathrm{eV}$, $1\ \mathrm{GeV} = 10^9\ \mathrm{eV}$ である．

一般に，クォークまたは反クォークが 2 個または 3 個集まることで，**ハドロン**という複合粒子が構成される．クォークと反クォークの 2 個からなる**メソン**は，3 種の色荷のうちのどれかの色とその補色によって構成されるスピン 0 のボース粒子で，白色である．クォーク 3 個からなる**バリオン**は，赤，緑，青の 3 種の色荷の混成からなるスピンが $\hbar/2$ か $3\hbar/2$ のフェルミ粒子であり，これも白色である．つまり，全体として無色になるようなクォークの組み合わせのみが粒子として出現する．このようにクォークが自然界に単独で存在しないのは，強い相互作用を媒介するグルーオンも 8 種類の色荷を持ち，クォーク間の距離が大きくなっても強い力の大きさが変わらず，エネルギーが距離に比例して大きくなるためである．距離がある程度大きくなると，クォークと反クォークの対を真空から生成する方がエネルギーが低くて済むので，クォークは無色の複合粒子を構成する方を選ぶのである．

メソンは中間子とも呼ばれ，$\mathrm{u\bar{d}}$ から成る π^+ 中間子や，$\mathrm{u\bar{s}}$ から成る K^+ 中間子など，多くの種類がある．それらの質量は $10^2 \sim 10^4\ \mathrm{MeV}/c^2$ の範囲にあり，平均寿命は最大で 10^{-8} s のオーダーで他の粒子に崩壊する．バリオンにも多数の種類が存在する．その中で代表的なものは**陽子** (p) と**中性子** (n) であり，それらのクォークの構成は，

$$陽子:\ \mathrm{uud}\,, \qquad 中性子:\ \mathrm{udd} \tag{2.111}$$

のようになっており，電荷はそれぞれ $+e, 0$ である．陽子と中性子の質量をそれぞれエネルギー換算すると，

$$m_{\mathrm{p}}c^2 = 938.272\ \mathrm{MeV}\,, \tag{2.112}$$

$$m_{\mathrm{n}}c^2 = 939.565\ \mathrm{MeV} \tag{2.113}$$

である．中性子は陽子よりわずかに重く，その差は

$$Q = (m_{\mathrm{n}} - m_{\mathrm{p}})\,c^2 = 1.293\ \mathrm{MeV} \tag{2.114}$$

である．裸の中性子は，弱い相互作用を媒介とするベータ崩壊

$$\mathrm{n} \to \mathrm{p} + \mathrm{e}^- + \bar{\nu}_{\mathrm{e}} \tag{2.115}$$

によって，平均寿命 $t = 887$ s で，陽子 (p)，電子 (e^-)，反電子ニュートリノ ($\bar{\nu}_{\mathrm{e}}$) に崩壊する．標準模型では陽子は安定であり，寿命は無限である．陽子と中性子以外のバリオン，例えば uds から構成される Λ^0 粒子，uus から構成される Σ^+ 粒子などの多くは $10^3 \sim 10^4\ \mathrm{MeV}/c^2$ の範囲の質量を持ち，平均寿命は最大でも 10^{-10} s 程度であり，不安定である．

レプトンは，ハドロンと比べて軽粒子であり，それが持つ相互作用は電磁気力と弱い力である．表 2.1 にあるように，自然界には 6 種類のレプトンとそれらの反粒子が存在する．**電子** (e^-), **ミュー粒子** (μ^-)，**タウ粒子** (τ^-) は全て負電荷 $-e$ を持ち，それらの反粒子は全て正電荷 $+e$ を持っている．このような荷電レプトンの中で安定な粒子は，電子とその反粒子の陽電子だけである．ミュー粒子とタウ粒子は電子と比べて質量が大きく，それぞれの平均寿命は 10^{-6} s, 10^{-13} s 程度である．

電子，ミュー粒子，タウ粒子が起こす核反応に付随して現れる，3 世代の**電子ニュートリノ** (ν_{e}), **ミューニュートリノ** (ν_μ), **タウニュートリノ** (ν_τ) とそれらの反粒子は，中性で弱い相互作用のみを持つ．実験的に，ニュートリノのスピン角運動量が左巻きで，反ニュートリノは右巻きであることが分かっている．素粒子の標準模型が構築された当初は，ニュートリノの質量は 0 であると考えられていた．しかし，もし質量があるとすると，異なる世代間でニュート

リノが周期的に変化する**ニュートリノ振動**と呼ばれる現象が予言される．1998年に，神岡鉱山のスーパーカミオカンデによる大気ニュートリノの観測によって，ニュートリノ振動が発見された [22]．それ以外にも，太陽内部の核反応で生じるニュートリノにも振動現象が起こることが知られている．ニュートリノ振動の実験からその質量そのものは決まらないが，異なる世代のニュートリノの質量の 2 乗差 Δm^2 に対して制限がつく．大気ニュートリノで起こる ν_μ と ν_τ の間の振動に関する観測データから，それらの質量の固有状態での質量の 2 乗差について，

$$\Delta m_{23}^2 \simeq 2.4 \times 10^{-3}\ \mathrm{eV}^2/c^2 \tag{2.116}$$

という制限が得られている．このことから，少なくとも重い方のニュートリノの質量は，$m > 0.05\ \mathrm{eV}/c^2$ を満たしている必要がある．この質量の下限値は，電子に対して 10^{-7} 倍程度と非常に小さい．ただし小さな質量であっても，ニュートリノが宇宙進化の過程で非相対論的になれば，それは現在の非相対論的物質の量に影響を与えるので，このことからニュートリノの質量に対して上限がつく．これについては第 2.7 節で解説する．

素粒子の標準理論は，**ゲージ不変性**という対称性に基づいた理論であり，例えば電磁相互作用を媒介する電磁場はこの対称性を満たすベクトル場として自然に現れ，これを量子化したスピン 1 のボース粒子が光子である．光子の質量は，U(1) というゲージ対称性を持つ要請から 0 と決まる．このように，ゲージ対称性に付随して現れる，力を媒介する整数スピンの粒子を一般にゲージ粒子と呼ぶ．弱い相互作用と強い相互作用は，それぞれ SU(2), SU(3) というゲージ対称性によって記述される．電磁相互作用と弱い相互作用を統一的に記述する**電弱統一理論**は，1960 年代にグラショー (Sheldon Glashow)，ワインバーグ (Steven Weinberg)，サラム (Abdus Salam) によって完成され，この 3 人は 1979 年度のノーベル物理学賞を受賞した．

初期宇宙では，電弱の 2 つの力は SU(2)×U(1) という群の持つゲージ対称性によって一つになっているが，エネルギースケールが 200 GeV 程度になると，**ヒッグス機構**と呼ばれる自発的対称性の破れが起こり，2 つの力に分岐する．この機構が働くためには，ヒッグス場というスカラー場の導入が必要となり，ヒッグス場とゲージ場が相互作用することによって，弱い力を媒介する

$W^{\pm}$ ボソンと Z^0 ボソンが質量を獲得する．このようなヒッグス場による自発的対称性の破れが起こると，真空の相転移によりヒッグス場で真空が満たされる．このヒッグス場の海の中を，クォークやレプトンが動く際に抵抗を受け，それらは質量のある粒子のように振る舞うことになる．自発的対称性の破れの後も，電磁相互作用に関しては U(1) 対称性が残り，光子の質量は 0 である．上記のような粒子の質量の獲得の機構は，1964 年にヒッグス (Peter Higgs)，アングレール (Francois Englert) らによって提唱され，ヒッグス粒子は 2012 年に CERN の大型ハドロン衝突型加速器で発見された [23]．これにより，素粒子の標準理論の枠組みに含まれる全ての粒子の存在が実験的に検証され，ヒッグスとアングレールは 2013 年度のノーベル物理学賞を受賞した．

2.6 バリオン

第 2.5 節で述べたように，ヒッグス機構が起こる以前の宇宙では，素粒子の標準模型で現れる粒子は質量を獲得していないので，それらは全て相対論的な状態にある．この時期はエネルギースケールで言うと，$E \gtrsim 10^3$ GeV $= 1$ TeV であり，1 個の相対論的粒子が持つ平均のエネルギーが $E \approx k_{\mathrm{B}} T$ [(2.98) を参照] であることを用いると，温度では $T \gtrsim 10^{16}$ K に相当する．このような超高温では，クォークと反クォークはハドロンを形成せず，グルーオンとともに自由に運動する**クォーク・グルーオンプラズマ**という状態になっていたと考えられる．

宇宙の温度が $T \approx 200$ GeV$/k_{\mathrm{B}} \approx 10^{15}$ K 程度に下がり，ヒッグス機構が起こると，光子とグルーオン以外の素粒子が質量を獲得する．これは宇宙開闢からの時刻で $t \approx 10^{-10}$ s 程度であり，これよりも平均寿命の短いタウ粒子や，質量の大きい s, t, b クォーク，$W^{\pm}$ ボソン，Z^0 ボソンは不安定で消滅していく．温度が $T \approx 100$ MeV$/k_{\mathrm{B}} \approx 10^{12}$ K 程度に下がると，クォークは単独では存在できなくなり，ハドロンの状態で存在するようになる．この状態変化を，**クォーク・ハドロン相転移**と呼び，時刻では $t \approx 10^{-4}$ s 頃である．この相転移後には，陽子，中性子以外の不安定なバリオン，メソン，ミュー粒子が消滅し，その頃の宇宙に残っている粒子は，ゲージ粒子では光子，バリオンでは陽子と中性子，レプトンでは電子，陽電子，3 世代のニュートリノと反ニュートリノである．なお，光子の反粒子は光子そのものであるが，陽子と中性子の反粒子である反陽子と反中性子も存在する．しかし，我々の宇宙にはバリオン数が反バリオン数よりも桁違いに大きいことが観測から分かっており，反陽子と反中性子のような反バリオンは，宇宙線や加速器においてのみ生成される．このバリオンと反バリオンの非対称性の問題，すなわち**バリオン数の起源の問題**は，素粒子の標準模型では説明が困難であり，宇宙初期にバリオンを反バリオンよりも過剰に生成した何らかの機構が働いたと考えられている．

宇宙の温度が $T \approx 1\ \mathrm{MeV}/k_{\mathrm{B}} \approx 10^{10}\ \mathrm{K}$ 程度まで下がると，中性子と陽子の質量差 (2.114) によって，陽子の数密度が中性子のそれよりも上回り始める．同じ時期に，中性子と陽子から，重水素という新たな原子核が生成され始め，さらにリチウムまでの軽い原子核を作る**ビッグバン元素合成**が進行する．この時期の温度は，$10^8\ \mathrm{K} \lesssim T \lesssim 10^{10}\ \mathrm{K}$ 程度であり，10 分程度で軽元素合成がほぼ完了する．最終的に生成される原子核の約 75％ は水素核（陽子），約 25％ がヘリウム核であり，それ以外に微量の軽い原子核ができるが，その詳細については第 5.3 節で解説する．(2.103) で求めたように，電子は，温度 $T_{\mathrm{NR,e}} = 5.930 \times 10^9\ \mathrm{K}$ で非相対論的になる．第 2.7 節で解説するように，3 種類のニュートリノの質量の和について，$\sum m_\nu < 0.12\ \mathrm{eV}/c^2$ という宇宙論からの上限がついているため，ビッグバン元素合成の時期にはニュートリノは相対論的である．

宇宙の温度が $T \simeq 0.32\ \mathrm{eV}/k_{\mathrm{B}} \approx 4 \times 10^3\ \mathrm{K}$ 程度まで下がると，それまで自由に運動していた電子が，水素核やヘリウム核に捕獲され，原子を構成するようになる．原子核を構成する陽子または中性子 1 個の質量は，電子 1 個の 1840 倍程度であり，電子を吸収して原子になっても，それらの質量自体はほとんど変わらない．そのため，宇宙に存在する原子の量を評価する際には，電子の寄与を無視しても問題がなく，電子を含めた陽子と中性子全体（つまり原子）をバリオンと呼ぶことが多い．以下では断りがない限り，その流儀に従うとする．宇宙の晴れ上がりは温度 $T \approx 3000\ \mathrm{K}$ 頃に起こるが，それ以降の宇宙に存在する，素粒子の標準模型での粒子は，原子，光子，3 種のニュートリノと反ニュートリノである．それ以外に，暗黒物質と暗黒エネルギーという標準理論の枠組みを超えた未知の成分も存在するが，それらについては第 3.1 節で説明する．

宇宙初期に存在する陽子と中性子の量によって，ビッグバン元素合成でできる原子核の量の理論値も変わってくるので，いくつかの軽元素の水素核に対する質量比を観測から調べることにより，バリオン量を見積もることができる．始源的な重水素 D の水素核 H に対する質量比は，遠方のクエーサーの水素雲の吸収線から評価でき，その観測値を用いると，現在の宇宙において物質密度 $\rho_b^{(0)}$ のバリオンが全体の物質密度 ρ_0 に対して占める割合 $\Omega_b^{(0)} = \rho_b^{(0)}/\rho_0$ は，

$$\Omega_b^{(0)} h^2 = 0.0223 \pm 0.0009 \tag{2.117}$$

の範囲にある．ここで h は，(1.20) にあるハッブル定数を無次元化した値である．$h = 0.7$ を用いると，(2.117) の中心値に対して $\Omega_b^{(0)} = 0.0455$ となり，現在のバリオン量は全体の 5 % 程度である．

電子が陽子に捕獲されて水素原子を作り始める前の時期では，電子と陽子はクーロン散乱を繰り返し，互いに強く結合したバリオン流体として運動していた．さらに宇宙の晴れ上がり前までは，光子と電子がトムソン散乱をして強く結合し，これらは**光子・バリオン流体**として一体となって運動していた．この光子・バリオン流体の揺らぎは，その音速と関係した音響振動をするが，それが始まる時期は揺らぎの波長によって異なる．この振動は CMB の温度揺らぎに痕跡を残し，バリオンの量が変化すると，温度揺らぎのスペクトル（波長依存性）の形が変化する．WMAP や Planck 衛星によって，温度揺らぎのスペクトルの詳細なデータが得られており，それからバリオン量を評価できる．Planck グループによる 2018 年のデータ解析 [6] では，

$$\Omega_b^{(0)} h^2 = 0.0224 \pm 0.0001 \tag{2.118}$$

という値が得られている．これはビッグバン元素合成からの制限 (2.117) と整合的であり，2 つの独立した観測が同じ結果を与えており，それだけ現在のバリオン量の不定性が小さいことを示している．

本節の最後に，バリオンの数密度 n_b と光子の数密度 n_γ の比を求めておく．第 2.4 節で述べたように，バリオンが非相対論的になった後は，n_b と n_γ はともに a^{-3}（または T^3）に比例して減少するので，その比 n_b/n_γ は一定となる．バリオンの質量の大半は陽子と中性子で占められるので，陽子の質量を $m_{\rm p}$，

現在のバリオンの数密度を $n_b^{(0)}$ として，その現在の質量密度と密度パラメータはそれぞれ，$\rho_b^{(0)} = n_b^{(0)} m_\mathrm{p}$, $\Omega_b^{(0)} = n_b^{(0)} m_\mathrm{p}/\rho_0$ で与えられる．よって，絶対温度 T でのバリオンの数密度は

$$n_b = n_b^{(0)} \left(\frac{T}{T_0}\right)^3 = \Omega_b^{(0)} \frac{\rho_0}{m_\mathrm{p}} \left(\frac{T}{T_0}\right)^3 \tag{2.119}$$

と表せる．一方 (2.95) より，温度 T での光子の数密度は $n_\gamma = 2\zeta(3)(k_\mathrm{B}T)^3/(\pi^2\hbar^3c^3)$ で与えられるので，**バリオン・光子比** n_b/n_γ は

$$\eta_b \equiv \frac{n_b}{n_\gamma} = \frac{\pi^2\rho_0}{2\zeta(3)m_\mathrm{p}} \frac{(\hbar c)^3}{(k_\mathrm{B}T_0)^3} \Omega_b^{(0)} \tag{2.120}$$

となる．$m_\mathrm{p} = 1.673 \times 10^{-27}$ kg, $T_0 = 2.725$ K, (2.83) の ρ_0 を代入し，

$$\eta_b = 2.7 \times 10^{-8} \Omega_b^{(0)} h^2 \tag{2.121}$$

を得る．観測からの制限 (2.118) の中心値 $\Omega_b^{(0)} h^2 = 0.0224$ を代入すると，$\eta_b \simeq 6 \times 10^{-10}$ 程度である．つまり，バリオンの数密度は光子のそれと比べて桁違いに小さい．

2.7 ニュートリノ

ニュートリノは，その質量が電子に対して最大でも 10^{-7} 倍程度の粒子であり，宇宙の温度が少なくとも 10^3 K 程度以下に下がるまでは，相対論的粒子として振る舞う．ニュートリノが過去から現在（温度 $T_0 = 2.725$ K）まで相対論的である条件は，その質量を m_ν として，

$$m_\nu < \frac{k_\mathrm{B}T_0}{c^2} = 1.7 \times 10^{-4}\ \mathrm{eV}/c^2 \tag{2.122}$$

で与えられる．このような場合，光子のときと同様に，**ニュートリノ背景輻射**として輻射のエネルギー密度に寄与する．以下では，光子とニュートリノの温度の違いについて考察してみよう．

宇宙の温度が $T_{\mathrm{NR,e}} = 5.930 \times 10^9$ K より高く，電子が相対論的粒子として振る舞っていた時期には，反応

$$e^- + e^+ \leftrightarrow \gamma + \gamma \tag{2.123}$$

は平衡状態にあった．電子が非相対論的になると，電子と陽電子 1 個あたりの静止エネルギーがともに $m_e c^2$ で固定される一方，光子 1 個の平均エネルギー $\bar{E} = 2.70 k_B T$ は温度 T とともに減少していく．つまり，光子 2 個の状態の方が電子と陽電子の状態よりもエネルギーが低くなり，$T < T_{NR,e}$ では反応 (2.123) が右側に急激に進行する．なお，バリオン非対称性と同様に，電子は陽電子よりも数が多いという非対称性が存在し，(2.123) の対消滅反応で陽電子の大部分が消滅するが，電子に関しては完全に消滅せず，自由電子として残る．

反応 (2.123) が右側に進行し，電子と陽電子が持っていたエントロピーが光子に流入することで，光子の温度に影響を与える．その一方で，ニュートリノと反ニュートリノに関しては，

$$e^- + e^+ \leftrightarrow \nu_e + \bar{\nu}_e \tag{2.124}$$

のような弱い相互作用による電子と陽電子との反応が，温度が

$$T_D = 1.7 \times 10^{10}\ \mathrm{K} \tag{2.125}$$

以下になると，**脱結合**する（その詳細は，第 5.2.1 小節で説明する）．脱結合とは，粒子間の反応率 Γ が宇宙の膨張率 H よりも小さくなり，宇宙膨張に消されて (2.124) のような反応が起こらなくなることである．(2.125) の T_D は，電子が非相対論的になるときの温度 $T_{NR,e}$ より大きいため，(2.123) の対消滅反応が起こっても，ニュートリノと反ニュートリノはすでに脱結合しており，エントロピー流入の影響を受けない．そのため，宇宙の温度が $T_{NR,e}$ 以下になると，光子の温度 T_γ とニュートリノの温度 T_ν に違いが生じる．

具体的に，(2.124) の電子と陽電子の対消滅反応の前後でのエントロピーの保存から，T_γ と T_ν の関係を求めてみよう．そのためにまず，具体的なエントロピーの表式を求める．熱平衡状態での分布関数 (2.84) において，$E \gg \mu$ すなわち，$f \simeq [e^{E/(k_B T)} \pm 1]^{-1}$ の場合を考える．$E = \sqrt{p^2c^2 + m^2c^4}$ を用いて，f をそれぞれ T, p で偏微分すると，

$$\frac{\partial f}{\partial T} = -\frac{E}{k_B T^2}\frac{e^{E/(k_B T)}}{[e^{E/(k_B T)} \pm 1]^2}, \qquad \frac{\partial f}{\partial p} = \frac{c^2 p}{k_B T E}\frac{e^{E/(k_B T)}}{[e^{E/(k_B T)} \pm 1]^2} \tag{2.126}$$

となるから，関係式

$$\frac{\partial f}{\partial T} = -\frac{1}{T}\frac{E^2}{c^2 p}\frac{\partial f}{\partial p} \tag{2.127}$$

が得られる．これを用いると，(2.93) で与えられる圧力 P の T についての偏微分は，

$$\frac{\partial P}{\partial T} = -\frac{g_*}{3T}\int_0^\infty \frac{4\pi \mathrm{d}p}{(2\pi\hbar)^3}\, p^3 E \frac{\partial f}{\partial p} = \frac{g_*}{3T}\int_0^\infty \frac{4\pi \mathrm{d}p}{(2\pi\hbar)^3}\frac{\partial}{\partial p}\left(p^3 E\right) f \tag{2.128}$$

となる．1 つ目の等号では $\mathrm{d}^3 p = 4\pi p^2 \mathrm{d}p$ を用い，2 つ目の等号では p についての部分積分を行い，分布関数 f の性質から，部分積分で現れる表面項が $p = 0$ と $p \to \infty$ で 0 になることを用いた．(2.128) で p についての偏微分を具体的に行い，運動量に関する 3 次元積分に戻すことで，

$$\frac{\partial P}{\partial T} = \frac{g_*}{T}\int \frac{\mathrm{d}^3 p}{(2\pi\hbar)^3}\left(Ef + \frac{c^2 p^2}{3E} f\right) = \frac{\varepsilon + P}{T} \tag{2.129}$$

を得る．

熱力学第 1 法則 (2.4) において，$U = \varepsilon V$ であるから，エントロピー変化は

$$\mathrm{d}S = \frac{1}{T}\left[\mathrm{d}(\varepsilon V) + P\mathrm{d}V\right] = \frac{1}{T}\left[\mathrm{d}\{(\varepsilon + P)V\} - V\mathrm{d}P\right] \tag{2.130}$$

と書ける．(2.129) より，温度が $\mathrm{d}T$ だけ変化したときの圧力変化は $\mathrm{d}P = (\varepsilon + P)\mathrm{d}T/T$ であるから，(2.130) は

$$\mathrm{d}S = \frac{1}{T}\mathrm{d}\left[(\varepsilon + P)V\right] - \frac{\mathrm{d}T}{T^2}(\varepsilon + P)V = \mathrm{d}\left[\frac{(\varepsilon + P)V}{T}\right] \tag{2.131}$$

となる．つまり，エントロピーの表式として，$S = (\varepsilon + P)V/T$ が得られる．よって，単位体積あたりのエントロピーである**エントロピー密度**は，

$$s = \frac{S}{V} = \frac{\varepsilon + P}{T} \tag{2.132}$$

となる．熱平衡状態にある相対論的粒子の場合は，(2.96) と (2.97) から，

$$s = \frac{2\pi^2 g_* k_{\mathrm{B}}^4 T^3}{45(\hbar c)^3} \times \begin{cases} 7/8 & (\text{フェルミ粒子}) \\ 1 & (\text{ボース粒子}) \end{cases} \tag{2.133}$$

であり，s は g_* と T^3 に比例する．非相対論的粒子の場合には，(2.106)–(2.108)

より，

$$s = \frac{mc^2 g_*}{T}\left(\frac{mk_{\mathrm{B}}T}{2\pi\hbar^2}\right)^{3/2}\left(1+\frac{k_{\mathrm{B}}T}{mc^2}\right)e^{-(mc^2-\mu)/(k_{\mathrm{B}}T)} \tag{2.134}$$

であり，非相対論的領域 $(mc^2 \gg k_{\mathrm{B}}T)$ では，温度の低下に伴い s は指数関数的に減少する．

反応 (2.123) において，電子と陽電子の対消滅の前には，光子 $(g_* = 2)$，電子 $(g_* = 2)$，陽電子 $(g_* = 2)$，$\nu_{\mathrm{e}}, \nu_\mu, \nu_\tau, \bar{\nu}_{\mathrm{e}}, \bar{\nu}_\mu, \bar{\nu}_\tau$（それぞれ，$g_* = 1$）が相対論的状態にあり，光子はボース粒子でそれ以外はフェルミ粒子である．光子とニュートリノの対消滅直前の温度を T_1，宇宙のスケール因子を a_1 とすると，上記の全ての粒子によるエントロピーは，(2.131) の体積として $V = a_1^3$ を取り，

$$S(a_1) = \frac{2\pi^2 k_{\mathrm{B}}^4 T_1^3}{45(\hbar c)^3}\left[2+\frac{7}{8}(2+2+6)\right]a_1^3 = \frac{43\pi^2 k_{\mathrm{B}}^4 T_1^3 a_1^3}{90(\hbar c)^3} \tag{2.135}$$

となる．電子と陽電子の対消滅後には，光子の温度 T_γ とニュートリノの温度 T_ν は異なる．対消滅後に残された非相対論的な電子のエントロピーを無視すると，対消滅直後（スケール因子 a_2）における粒子のエントロピーは，

$$S(a_2) = \frac{2\pi^2 k_{\mathrm{B}}^4}{45(\hbar c)^3}\left(2T_\gamma^3 + \frac{7}{8}\cdot 6T_\nu^3\right)a_2^3 \tag{2.136}$$

である．エントロピーの保存から $S(a_1) = S(a_2)$ が成り立つので，

$$43T_1^3 a_1^3 = \left(8T_\gamma^3 + 21T_\nu^3\right)a_2^3 \tag{2.137}$$

を得る．ニュートリノの温度 T のスケール因子 a に対する依存性は，対消滅前後で $Ta =$ 一定 で変わらないことから，

$$T_1 a_1 = T_\nu a_2 \tag{2.138}$$

が成り立つ．これを (2.137) に代入して，

$$\frac{T_\nu}{T_\gamma} = \left(\frac{4}{11}\right)^{1/3} \tag{2.139}$$

を得る．つまり，電子と陽電子の対消滅後は，ニュートリノの温度は光子に

対して $(4/11)^{1/3} \simeq 0.714$ 倍になる．ニュートリノが現在まで相対論的である場合，現在の光子の温度 $T_\gamma^{(0)} = 2.725$ K に対して，ニュートリノの温度は $T_\nu^{(0)} = 1.945$ K である．

温度 T_ν の相対論的であるニュートリノと反ニュートリノのエネルギー密度の総和は，(2.96) から

$$\varepsilon_\nu = \frac{7\pi^2 (k_\mathrm{B} T_\nu)^4}{120(\hbar c)^3} N_\mathrm{eff} \tag{2.140}$$

である．ここで，N_eff はニュートリノの相対論的自由度で，3 世代のニュートリノでは $N_\mathrm{eff} = 3$ である．一方，光子のエネルギー密度 ε_γ は (2.77) で与えられる．電子と陽電子の対消滅後は，関係式 (2.139) が成り立っていることを用いて，ε_ν と ε_γ は

$$\varepsilon_\nu = \frac{7}{8}\left(\frac{4}{11}\right)^{4/3} N_\mathrm{eff}\, \varepsilon_\gamma \tag{2.141}$$

と関係する．この結果は，電子と陽電子の対消滅が瞬間的に起こることを仮定したエントロピー保存則からの帰結であるが，ニュートリノ振動の効果を含めた連続的な対消滅に基づく詳細な計算によると，その評価に数 % 程度のずれが生じる．このわずかなずれを (2.141) の N_eff に組み込むと，$N_\mathrm{eff} = 3.045$ となる．

有効自由度 N_eff の相対論的ニュートリノが現在の宇宙に残っている場合，現在の相対論的粒子のエネルギー密度は，(2.79) の光子による寄与 $\varepsilon_\gamma^{(0)}$ とニュートリノによる寄与 $\varepsilon_\nu^{(0)} = (7/8)\,(4/11)^{4/3}\, N_\mathrm{eff}\, \varepsilon_\gamma^{(0)}$ を加えたものになる．この場合，現在の輻射の密度パラメータ（輻射の全体に対する割合）は

$$\Omega_r^{(0)} = \Omega_\gamma^{(0)}(1 + 0.2271 N_\mathrm{eff}) \tag{2.142}$$

であり，$\Omega_\gamma^{(0)}$ は (2.82) で与えられている．$N_\mathrm{eff} = 3.045$ で $h = 0.7$ の場合，$\Omega_r^{(0)} = 8.53 \times 10^{-5}$ であり，輻射の割合は全体の 0.01 % にも満たない．

ここまでは，ニュートリノが現在まで相対論的な場合を考えてきたが，ニュートリノ振動の実験から，少なくとも 1 世代のニュートリノの質量は 0.05 eV より大きいことが分かっている．以下では，ニュートリノの質量が

$$1.7 \times 10^{-4}\ \mathrm{eV}/c^2 \ll m_\nu \ll 1.5\ \mathrm{MeV}/c^2 \tag{2.143}$$

の範囲にあり，脱結合時から現在までに非相対論的になる場合を考えよう．光

子が宇宙の晴れ上がり時に脱結合した後も，温度依存性 $T_\gamma \propto a^{-1}$ を課すことで，初期の熱平衡時の光子の数密度の分布が保たれていた．ニュートリノに対しても同様で，$T_\mathrm{D} = 1.7 \times 10^{10}$ K すなわち $k_\mathrm{B} T_\mathrm{D} = 1.5$ MeV の脱結合時の 1 世代のニュートリノと反ニュートリノの数密度の和

$$n_\nu(T_\mathrm{D}) = \frac{3\zeta(3)(k_\mathrm{B} T_\mathrm{D})^3}{2\pi^2(\hbar c)^3} \tag{2.144}$$

が，脱結合以降には a^{-3} に比例して減少する．ニュートリノが非相対論的になった後も，その数密度は質量密度 ρ_ν に比例し，$n_\nu = \rho_\nu / m_\nu \propto a^{-3}$ のように減少していく．よって，現在のニュートリノと反ニュートリノの数密度の和 $n_\nu^{(0)}$ は，$T_\nu^{(0)} = 1.945$ K を用いて具体的に計算すると，

$$n_\nu^{(0)} = \frac{3\zeta(3)(k_\mathrm{B} T_\nu^{(0)})^3}{2\pi^2(\hbar c)^3} = 112 \text{ cm}^{-3} \tag{2.145}$$

となる．2 世代以上の非相対論的ニュートリノが現在の宇宙に存在する可能性を考慮すると，その質量密度の総和は $\rho_\nu^{(0)} = \sum n_\nu^{(0)} m_\nu$ である．これと現在の全質量密度 (2.83) との比をとると，

$$\Omega_{\nu,\mathrm{NR}}^{(0)} = \frac{\rho_\nu^{(0)}}{\rho_0} = \frac{\sum m_\nu}{94 \text{ eV}/c^2} \tag{2.146}$$

となる．$\Omega_{\nu,\mathrm{NR}}^{(0)}$ は現在の非相対論的物質の割合である 0.32 よりも小さい必要がある．具体的には CMB の温度揺らぎの観測から，ニュートリノの質量の総和に上限がつく．Planck 衛星のデータに基づく 2018 年の解析から，$\sum m_\nu < 0.12$ eV$/c^2$ という制限が得られている [6].

第3章

宇宙の歴史

第2章では，宇宙を支配する物質の状態方程式によって，宇宙進化にどのような違いが現れるかという点と，素粒子の標準模型に基づく物質の種類について議論した．現在の宇宙におけるバリオンと輻射の密度パラメータは，それぞれ (2.118) と (2.142) で与えられ，$\Omega_b^{(0)} + \Omega_r^{(0)}$ は 0.05 程度である．また，ニュートリノが現在までに非相対論的になったとしても，CMB の観測による質量和の制限 $\sum m_\nu < 0.12\ \mathrm{eV}/c^2$ から，現在のニュートリノの密度パラメータ (2.146) は，$\Omega_{\nu,\mathrm{NR}}^{(0)} < 1.3 \times 10^{-3}$ と制限される．つまり，現在の宇宙の全エネルギーのうちの約 95% が，素粒子の標準模型の枠組では現れない物質またはエネルギーである．それらが暗黒物質と暗黒エネルギーであり，それぞれ宇宙の大規模構造の形成と宇宙の加速膨張を引き起こす．本章ではまず，これらの暗黒成分が宇宙の進化に与える影響について考え，次に宇宙の膨張史を詳細に調べていく．

3.1 暗黒物質と暗黒エネルギー

暗黒物質は，重力以外の自然界の 3 つの相互作用（電磁気力，弱い力，強い力）が極めて小さい物質である．光子を媒介とした電磁相互作用がほとんど働かないので，光を通して暗黒物質を直接見ることが難しい．しかし第 1.5 節ですでに述べたように，暗黒物質の存在は，円盤銀河の周囲の水素ガスの回転運動，重力レンズの観測などの，重力が関係する観測から実証されている．暗黒物質は重力で集まることができるため，宇宙の構造形成に重要な役割を果たす．実際に，バリオンだけでは観測されている宇宙の銀河分布を説明できないことが知られている．

暗黒物質の起源は現状で不明であるが，素粒子の標準模型を超えた理論で現れる素粒子，もしくは宇宙初期に形成された原始ブラックホールのような光で観測できない天体が候補として挙げられる．前者の例として，自然界の 4 つの力を統一する試みの中で提唱された超対称性理論があり，この理論では，ボース粒子とフェルミ粒子を対称的に扱う超対称性が存在する [24]．そのような対称性に付随して現れる，ボース粒子とフェルミ粒子のパートナー（それぞれがフェルミ粒子とボース粒子）を**超対称性粒子**と呼ぶ．その中でも，光子，Z^0 粒子，ヒッグス粒子のそれぞれの超対称性パートナーの混合状態である**ニュートラリーノ**が暗黒物質になり得る性質を備えている．ニュートラリーノは電気的に中性なフェルミ粒子であり，重力以外に極めて弱い相互作用を持ち，質量は 100 GeV/c^2 以上と考えられている．それ以外にも，強い相互作用を記述する量子色力学における CP 対称性が，実験的にほとんど破れていないことを説明するために導入された**アキシオン**という中性の素粒子もある [25]．CP 対称性とは，粒子を反粒子に反転させかつ鏡像を作る，CP 変換という入れ替えに関する対称性である．量子色力学だけでなく，超対称性理論においてもアキシオンは現れ，もし質量 m が $10^{-5}\ \mathrm{eV}/c^2 \lesssim m \lesssim 10^{-2}\ \mathrm{eV}/c^2$ の範囲にあれば，有効な暗黒物質の候補となる．アキシオンは微弱ながらも電磁場との相互作用を持つので，その検出を目指したレーザー実験なども進められている．現状では，素粒子としての暗黒物質は検出されておらず，宇宙初期に生成され得る原始ブラックホールを暗黒物質の候補とする研究も行われている．

暗黒物質の起源が素粒子であり，その速度分散が大きく自由運動していると，重力で粒子が集まりにくく，構造形成の種となる物質揺らぎが減衰する**自由流減衰**という現象が起こる．重力収縮による宇宙の構造形成の過程の中で，この自由流減衰が効く暗黒物質を，**熱い暗黒物質** (Hot Dark Matter; **HDM**) と呼ぶ．それに対して，自由流減衰が無視できる暗黒物質を，**冷たい暗黒物質** (Cold Dark Matter; **CDM**) と呼ぶ．

宇宙の大規模構造の重力による成長は，輻射と物質のエネルギー密度が同じになる等密度期以降に起こり始めるが，HDM の場合には粒子の自由運動（あるスケール以下で起こる）のため，小スケールの揺らぎが減衰する．この場合，等密度期以降に大スケールの揺らぎが重力収縮でまず成長し，ある程度揺らぎが大きくなった後，非線形効果で小スケールの構造も成長するという**トップダウン型構造形成**のシナリオとなる．HDM の代表例として質量を持つニュートリノがあるが，自由流減衰が大きく，このトップダウン型のシナリオでは実際の銀河分布を説明できない．しかも，銀河はその集合体である銀河団よりも早期から存在したことが観測的に分かっており，HDM によるトップダウン型構造形成ではこの観測結果と矛盾する．

それに対して CDM の場合には，等密度期に粒子がすでに非相対論的になっており，小スケールでの揺らぎの減衰が起こっていないため，まずは小さなスケールにおいて，CDM の揺らぎが等密度期以降に成長を始める．このような局所構造が作られるとさらにそれらが重力で集まり，より大きな構造を作る．このシナリオを**ボトムアップ型構造形成**と呼び，宇宙の大規模構造の観測と整合的である．CDM が暗黒物質の大部分を担うというのが，標準的な構造形成のシナリオである．CDM と HDM が共存する場合には，HDM が CDM に対して数 % 以下でないと，大規模構造の観測と矛盾することが構造形成のシュミレーションから分かっている．CDM の揺らぎは，CMB の温度揺らぎと関係しており，後者の観測データによって CDM の量に対する制限がつく．Planck グループの 2018 年のデータ解析から，現在の CDM の物質密度 $\rho_c^{(0)}$ が全体の物質密度 ρ_0 に対して占める割合 $\Omega_c^{(0)}=\rho_c^{(0)}/\rho_0$ は，

$$\Omega_c^{(0)}h^2=0.120\pm0.001 \tag{3.1}$$

程度である [6]．この中心値で $h=0.7$ のとき，$\Omega_c^{(0)}=0.245$ である．

CDM とバリオンを合わせても現在の宇宙の全エネルギーの 30 % 程度であり，残りの約 70 % が**暗黒エネルギー**である．暗黒エネルギーの存在によって宇宙は加速膨張するが，その事実は 1998 年の Ia 型超新星の観測から最初に発見され [16, 17]，その後の CMB[14] やバリオン音響振動 [18] の観測とも整合的であった．CDM とは異なり，暗黒エネルギーは重力とは逆向きの負の圧力 P を持ち，状態方程式 $w=P/\varepsilon$ は $-1/3$ より小さい．暗黒エネルギーの起源は不明であるが，標準的な模型は $w=-1$ の**宇宙項**であり，この項が宇宙のエネルギーを支配すると，スケール因子は (2.52) のように指数関数的に増加する．宇宙項が暗黒エネルギーの起源である場合，その現在の物質密度 $\rho_{\rm DE}^{(0)}$ と全体の物質密度 ρ_0 との比 $\Omega_{\rm DE}^{(0)}=\rho_{\rm DE}^{(0)}/\rho_0$ は，CMB の 2018 年の温度揺らぎの観測データから，

$$\Omega_{\rm DE}^{(0)}=0.679\pm0.013 \tag{3.2}$$

と制限されている [6].

暗黒エネルギーの起源が宇宙項でない可能性を考慮して，その状態方程式 w をスケール因子 a の関数として

$$w(a) = w_0 + (1-a)\,w_a \tag{3.3}$$

という形で与えて，定数 w_0 と w_a に制限を与える研究もある．ここでスケール因子は，現在の値を $a=1$ としている．CMB，Ia 型超新星，バリオン音響振動のデータに基づく 2018 年の統合解析から，これらの定数に

$$w_0 = -0.957 \pm 0.080\,, \qquad w_a = -0.29^{+0.32}_{-0.26} \tag{3.4}$$

という制限がついている [6]．このことから，宇宙項 ($w_0=-1$, $w_a=0$) 以外の w が時間変化する場合でも，観測的に許容される模型が存在する．

暗黒エネルギーの起源が宇宙項 (Λ) で，暗黒物質の起源が冷えた暗黒物質 (CDM) である場合を，**ΛCDM 模型**と呼び，宇宙の 2 つの暗黒成分に関する標準的な模型として扱われている．ただし，暗黒エネルギーの起源が宇宙項以外の可能性もあるため，今後の観測によっては，宇宙項とは異なる模型が宇宙論の標準模型となる可能性も否定できない．

3.2 密度パラメータの変化

現在の宇宙に存在する物質として，光とニュートリノを合わせた輻射，バリオンと CDM を合わせた非相対論的物質，暗黒エネルギーの 3 種類あることを述べた．宇宙の過去の進化を調べる際に，スケール因子 a の代わりにしばしば用いられるのが，赤方偏移である．赤方偏移 z（スケール因子 a）にある天体から波長 λ の光が出て，同じ光を現在（$z=0$ でスケール因子 a_0）観測するときの波長を λ_0 とすると，$\lambda/\lambda_0 = a/a_0$ であるから，(1.12) より，

$$1+z = \frac{a_0}{a} \tag{3.5}$$

である．

輻射のエネルギー密度は $\varepsilon_r \propto a^{-4}$ と変化するので，これを物質密度

$\rho_r = \varepsilon_r/c^2$ に換算し，その現在の値を $\rho_r^{(0)}$ とすると，赤方偏移 z での ρ_r は，

$$\rho_r = \rho_r^{(0)}\left(\frac{a}{a_0}\right)^{-4} = \rho_r^{(0)}(1+z)^4 \tag{3.6}$$

で与えられる．バリオンと CDM が非相対論的になった以降（物質と輻射の等密度期よりも前の時期）では，これらの状態方程式は $w \simeq 0$ となり，物質密度は $\rho_m \propto a^{-3}$ と変化する．よって，ρ_m の現在の値を $\rho_m^{(0)}$ として，赤方偏移 z における ρ_m は

$$\rho_m = \rho_m^{(0)}\left(\frac{a}{a_0}\right)^{-3} = \rho_m^{(0)}(1+z)^3 \tag{3.7}$$

である．暗黒エネルギーについては，その起源が分かっていないのでその状態方程式 w_{DE} の時間変化は不明であるが，w_{DE} が一定の場合を考えてみよう．この場合 (2.37) より，赤方偏移 z での暗黒エネルギーの物質密度 ρ_{DE} は，その現在の値を $\rho_{\mathrm{DE}}^{(0)}$ として，

$$\rho_{\mathrm{DE}} = \rho_{\mathrm{DE}}^{(0)}\left(\frac{a}{a_0}\right)^{-3(1+w_{\mathrm{DE}})} = \rho_{\mathrm{DE}}^{(0)}(1+z)^{3(1+w_{\mathrm{DE}})} \tag{3.8}$$

である．宇宙膨張を記述するフリードマン方程式 (2.38) は，赤方偏移 z での宇宙の全ての物質の密度 $\rho = \varepsilon/c^2 = \rho_r + \rho_m + \rho_{\mathrm{DE}}$ を用いて，

$$H^2 = \frac{8\pi G}{3}\left(\rho_r + \rho_m + \rho_{\mathrm{DE}}\right) - \frac{Kc^2}{a^2} \tag{3.9}$$

と表せる．ここで，各物質と空間曲率 K についての密度パラメータを，

$$\Omega_I = \frac{8\pi G\rho_I}{3H^2}, \qquad \Omega_K = -\frac{Kc^2}{a^2H^2} \tag{3.10}$$

と定義する．添字 I は，r, m, DE のいずれかを表す．このとき (3.9) から

$$\Omega_r + \Omega_m + \Omega_{\mathrm{DE}} + \Omega_K = 1 \tag{3.11}$$

が得られ，任意の時刻で各密度パラメータの総和が 1 であることを示す．(3.9) に (3.6), (3.7), (3.8) を代入し，その両辺を，現在の宇宙の膨張率 H_0 の 2 乗で割ると，

$$\frac{H^2}{H_0^2} = \Omega_r^{(0)}(1+z)^4 + \Omega_m^{(0)}(1+z)^3 + \Omega_{\mathrm{DE}}^{(0)}(1+z)^{3(1+w_{\mathrm{DE}})} + \Omega_K^{(0)}(1+z)^2 \tag{3.12}$$

を得る．ここで，$\Omega_I^{(0)} = 8\pi G\rho_I^{(0)}/(3H_0^2)$, $\Omega_K^{(0)} = -Kc^2/(a_0^2H_0^2)$ はそれぞれの密度パラメータの現在の値である．CMB の観測によって，$\Omega_r^{(0)}$, $\Omega_m^{(0)}$, $\Omega_{\rm DE}^{(0)}$ の値がそれぞれ 10^{-4}, 0.3, 0.7 前後に制限されることはすでに述べた．空間曲率 K の現在の密度パラメータ $\Omega_K^{(0)}$ は，2018 年の Planck グループの解析 [6] によって

$$\Omega_K^{(0)} = 0.001 \pm 0.002 \tag{3.13}$$

と制限されており，空間的に平坦な宇宙に近い．

(3.12) を用いると，赤方偏移が過去に z のときの宇宙の膨張率 H が分かる．以下では空間的に平坦な宇宙 $(\Omega_K = 0)$ を考えると，(3.10) と (3.12) より，赤方偏移 z でのそれぞれの物質の密度パラメータは，

$$\Omega_r(z) = \frac{\Omega_r^{(0)}(1+z)^4}{\Omega_r^{(0)}(1+z)^4 + \Omega_m^{(0)}(1+z)^3 + \Omega_{\rm DE}^{(0)}(1+z)^{3(1+w_{\rm DE})}}, \tag{3.14}$$

$$\Omega_m(z) = \frac{\Omega_m^{(0)}(1+z)^3}{\Omega_r^{(0)}(1+z)^4 + \Omega_m^{(0)}(1+z)^3 + \Omega_{\rm DE}^{(0)}(1+z)^{3(1+w_{\rm DE})}}, \tag{3.15}$$

$$\Omega_{\rm DE}(z) = \frac{\Omega_{\rm DE}^{(0)}(1+z)^{3(1+w_{\rm DE})}}{\Omega_r^{(0)}(1+z)^4 + \Omega_m^{(0)}(1+z)^3 + \Omega_{\rm DE}^{(0)}(1+z)^{3(1+w_{\rm DE})}} \tag{3.16}$$

となる．現在の宇宙では，3 つの密度パラメータのうち $\Omega_{\rm DE}^{(0)}$ が一番大きく暗黒エネルギーが支配的であるが，その状態方程式 $w_{\rm DE}$ は -1 に近いため，(3.14)–(3.16) の分母の中で $\Omega_{\rm DE}^{(0)}(1+z)^{3(1+w_{\rm DE})}$ の項は一番緩やかに変化する．特に $w_{\rm DE} = -1$ のときは，この項は $\Omega_{\rm DE}^{(0)}$ で一定で，過去に遡っても増加しない．その一方で，現在の輻射の割合 $\Omega_r^{(0)}$ は 10^{-4} 程度で小さいものの，過去に遡るほど (3.14)–(3.16) の分母の中で $\Omega_r^{(0)}(1+z)^4$ の項が一番急激に増加する．つまり，宇宙の初期には輻射が支配する**輻射優勢期**が存在し，この時期には $\Omega_r \simeq 1$ であった．

現在の非相対論的物質の割合 $\Omega_m^{(0)}$ は，0.3 程度で輻射よりもずっと大きく，(3.14)–(3.16) の分母の中の項 $\Omega_m^{(0)}(1+z)^3$ は，輻射による項と比べて，z が増えるにつれてゆっくりと増加する．このことから，輻射と非相対論的物質の密度が同じになる**輻射物質等密度期**が存在し，そのときの赤方偏移を $z_{\rm eq}$ とすると，$\Omega_r^{(0)}(1+z_{\rm eq})^4 = \Omega_m^{(0)}(1+z_{\rm eq})^3$ より，

$$z_{\rm eq} = \frac{\Omega_m^{(0)}}{\Omega_r^{(0)}} - 1 \tag{3.17}$$

を得る．(2.142) において，(2.82) の $\Omega_\gamma^{(0)}$ の値と $N_{\rm eff} = 3.045$ を代入すると，$\Omega_r^{(0)}h^2 = 4.18 \times 10^{-5}$ であり，$\Omega_m^{(0)}h^2$ に対しては，(2.118) と (3.1) それぞれの中心値を取ることにより，$\Omega_m^{(0)}h^2 = \Omega_b^{(0)}h^2 + \Omega_c^{(0)}h^2 = 0.142$ であるから，$z_{\rm eq} = 3400$ 程度と評価できる．赤方偏移が $z > z_{\rm eq}$ では宇宙は輻射優勢期 ($\Omega_r \simeq 1$) であり，$z < z_{\rm eq}$ になると非相対論的物質が輻射の量を上回り，**物質優勢期** ($\Omega_m \simeq 1$) に移行する．

暗黒エネルギーの密度は非相対論的物質と比べてゆっくりと変化するので，宇宙はやがて**暗黒エネルギー優勢期**に入る．両者の密度が同じになるときの赤方偏移を $z_{\rm eq,2}$ とすると，$\Omega_m^{(0)}(1 + z_{\rm eq,2})^3 = \Omega_{\rm DE}^{(0)}(1 + z_{\rm eq,2})^{3(1+w_{\rm DE})}$ より，

$$z_{\rm eq,2} = \left(\frac{\Omega_m^{(0)}}{\Omega_{\rm DE}^{(0)}}\right)^{1/(3w_{\rm DE})} - 1 \tag{3.18}$$

を得る．例えば，宇宙項 ($w_{\rm DE} = -1$) で $\Omega_{\rm DE}^{(0)} = 0.68$, $\Omega_m^{(0)} = 0.32$ のとき，$z_{\rm eq,2} = 0.29$ である．

また，宇宙が加速膨張期に入るときの赤方偏移は，(3.18) の $z_{\rm eq,2}$ とは異なる．スケール因子 a の時間 t による 2 階微分 $\ddot{a}$ は，(2.51) すなわち，

$$\frac{\ddot{a}}{a} = -\frac{4\pi G}{3}\rho\,(1 + 3w_{\rm eff}) \tag{3.19}$$

を満たす．ここで，ρ は宇宙に存在する全ての物質による物質密度であり，

$$w_{\rm eff} = \frac{P}{\rho c^2} \tag{3.20}$$

は**実効的な状態方程式**である．P は全ての物質による圧力である．宇宙後期の進化では，輻射の量は非相対論的物質と暗黒エネルギーの量と比べて無視できる．非相対論的物質の圧力は 0，暗黒エネルギーの圧力は $P_{\rm DE} = w_{\rm DE}\,\rho_{\rm DE}c^2$ であるから，(3.19) は

$$\frac{\ddot{a}}{a} = -\frac{4\pi G}{3}\left(\rho_m + \rho_{\rm DE} + 3w_{\rm DE}\,\rho_{\rm DE}\right) \tag{3.21}$$

となる．物質優勢期 ($\rho_m \gg \rho_{\rm DE}$) では $\ddot{a} < 0$ であるが，ρ_m が減少し，$\rho_{\rm DE}$ と

同じオーダーになってくると，(3.21) の右辺で負の項 $3w_{\rm DE}\,\rho_{\rm DE}$ が効き始め，やがて $\ddot{a} > 0$ となる．宇宙が減速膨張から加速膨張に転じる際の赤方偏移 $z_{\rm ac}$ は，(3.21) で $\ddot{a} = 0$ となるときであり，(3.7) と (3.8) を用いて，

$$\rho_m^{(0)}(1+z_{\rm ac})^3 + \rho_{\rm DE}^{(0)}(1+z_{\rm ac})^{3(1+w_{\rm DE})}\,(1+3w_{\rm DE}) = 0\,, \tag{3.22}$$

すなわち

$$z_{\rm ac} = \left[-\frac{1}{1+3w_{\rm DE}}\frac{\Omega_m^{(0)}}{\Omega_{\rm DE}^{(0)}}\right]^{1/(3w_{\rm DE})} - 1 \tag{3.23}$$

である．$w_{\rm DE} = -1$, $\Omega_{\rm DE}^{(0)} = 0.68$, $\Omega_m^{(0)} = 0.32$ のとき，$z_{\rm ac} = 0.62$ である．$z_{\rm ac} > z_{\rm eq,2}$ であるから，宇宙が加速膨張期に入るのは，非相対論的物質と暗黒エネルギーの密度が同じになる時期と比べて，より過去である．

なお，(3.19) とフリードマン方程式 $3H^2 = 8\pi G\rho$，および $H = \dot{a}/a$ の時間微分が $\dot{H} = \ddot{a}/a - H^2$ であることを用いると，実効的な状態方程式は

$$w_{\rm eff} = -1 - \frac{2\dot{H}}{3H^2} \tag{3.24}$$

と表せる．(3.20) の $w_{\rm eff}$ の定義より，輻射優勢期では $w_{\rm eff} = 1/3$，物質優勢期では $w_{\rm eff} = 0$，暗黒エネルギー優勢期では $w_{\rm eff} = w_{\rm DE}$ である．よって (3.24) より，輻射優勢期で $\dot{H}/H^2 = -2$，物質優勢期で $\dot{H}/H^2 = -3/2$ であり，H は時間とともに減少する．暗黒エネルギー優勢期では，$\dot{H}/H^2 = -(3/2)(w_{\rm DE}+1)$ であり，$w_{\rm DE}$ が -1 に近く $w_{\rm DE} > -1$ のとき，H はゆっくりと減少する．宇宙項 ($w_{\rm DE} = -1$) のときには H は一定であり，この場合は (2.52) で示したように，宇宙は指数関数的に加速膨張する．$w_{\rm DE} < -1$ のときには H は増加するが，一般相対論の枠組みで $w_{\rm DE} < -1$ となる暗黒エネルギー模型は**ゴースト**と呼ばれ，一般に理論的な問題点を持つ．

図 3.1 に，各物質の密度パラメータ $\Omega_r, \Omega_m, \Omega_{\rm DE}$ と $w_{\rm eff}$ の時間変化の典型例を示す．この図の右側ほど過去の宇宙に対応し，赤方偏移 z が増えていく．最初は輻射優勢期 ($\Omega_r \simeq 1$, $w_{\rm eff} \simeq 1/3$) であり，その後は輻射物質等密度期を経て，物質優勢期 ($\Omega_m \simeq 1$, $w_{\rm eff} \simeq 0$) に移行する．やがて暗黒エネルギーの量が非相対論的物質の量を上回るようになり，現在（$\Omega_{\rm DE}^{(0)} = 0.68$ 程度）に至っている．図 3.1 は宇宙項 ($w_{\rm DE} = -1$) の場合であり，最終的に宇宙の全エ

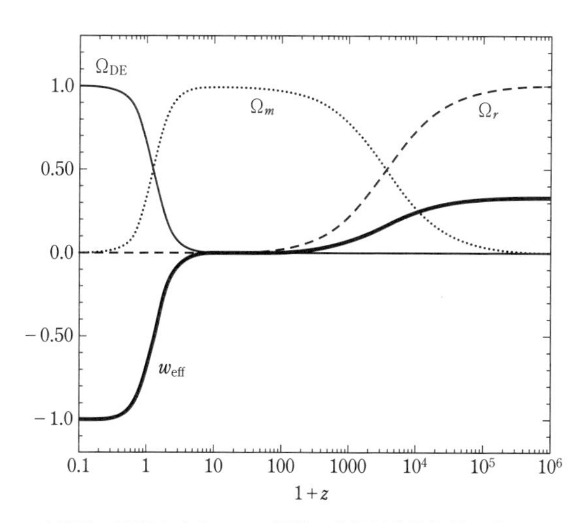

図 3.1 空間的に平坦な宇宙での，輻射，非相対論的物質，暗黒エネルギー（$w_{\rm DE} = -1$ の宇宙項）それぞれの密度パラメータ Ω_r, Ω_m, $\Omega_{\rm DE}$ と実効的な状態方程式 $w_{\rm eff}$ の変化．横軸は赤方偏移 z に 1 を加えた量 $1 + z$ に関する対数スケールである．このプロットでは，現在 $(z = 0)$ において，$\Omega_r^{(0)} = 8.5 \times 10^{-5}$, $\Omega_m^{(0)} = 0.32$, $\Omega_{\rm DE}^{(0)} = 0.68$ である．

ネルギーは暗黒エネルギーに支配され $(\Omega_{\rm DE} \simeq 1)$，$w_{\rm eff}$ は -1 に近づいていく．暗黒エネルギーの起源によっては，$w_{\rm eff}$ が -1 以外の値に近づく模型もあるが，それについては第 9 章で解説する．

3.3 宇宙年齢

宇宙の膨張率 H が，(3.12) のように赤方偏移 z の関数として与えられている場合，それを用いて宇宙年齢 t_0 を計算することができる．第 3.2 節の議論と同じように，輻射，非相対論的物質，$w_{\rm DE} = -1$ の暗黒エネルギー（宇宙項）が宇宙に存在する場合に，具体的に t_0 を計算してみよう．そのためにまず，(3.5) を時間 t で微分したときに得られる関係式

$$\frac{{\rm d}z}{{\rm d}t} = -\frac{a_0}{a}\frac{\dot{a}}{a} = -(1+z)H \tag{3.25}$$

を用いる．これより，${\rm d}t/{\rm d}z = -1/[(1+z)H]$ であるから，宇宙年齢は

$$t_0 = \int_0^{t_0} \mathrm{d}t = -\int_\infty^0 \frac{1}{(1+z)H}\mathrm{d}z = \frac{1}{H_0}\int_0^\infty \frac{1}{(1+z)E}\mathrm{d}z \tag{3.26}$$

となる．ここで，$t \to 0$ が $z \to \infty$ に，$t = t_0$ が $z = 0$ に対応することを用いている．また

$$E \equiv \frac{H}{H_0} = \sqrt{\Omega_r^{(0)}(1+z)^4 + \Omega_m^{(0)}(1+z)^3 + \Omega_{\mathrm{DE}}^{(0)} + \Omega_K^{(0)}(1+z)^2} \tag{3.27}$$

という無次元量を定義し，(3.12) で $w_{\mathrm{DE}} = -1$ としている．(3.26) は，現在から $z \to \infty$ までの積分であるが，その主要な寄与は $z \lesssim 10$ の低赤方偏移での積分値である．そこで以下では，(3.27) の中の輻射による寄与 $\Omega_r^{(0)}(1+z)^4$ を無視して t_0 を計算する．

空間的に平坦な宇宙 ($\Omega_K^{(0)} = 0$) の場合をまず考えよう．(3.27) において輻射の寄与を無視するので，現在 ($z = 0$ かつ $H = H_0$) において，$\Omega_{\mathrm{DE}}^{(0)} = 1 - \Omega_m^{(0)}$ であり，この関係を用いて宇宙年齢 (3.26) を計算すると，

$$t_0 = \frac{1}{H_0}\int_0^\infty \frac{1}{(1+z)\sqrt{\Omega_m^{(0)}(1+z)^3 + 1 - \Omega_m^{(0)}}}\mathrm{d}z \tag{3.28}$$

$$= \frac{1}{3H_0\sqrt{1-\Omega_m^{(0)}}}\log\left(\frac{1+\sqrt{1-\Omega_m^{(0)}}}{1-\sqrt{1-\Omega_m^{(0)}}}\right) \tag{3.29}$$

となる．もし暗黒エネルギーが全く存在せず，(3.28) で $\Omega_m^{(0)} = 1$ のときは，

$$t_0 = \frac{1}{H_0}\int_0^\infty \frac{1}{(1+z)^{5/2}}\mathrm{d}z = \frac{2}{3H_0} \tag{3.30}$$

であり，これは (3.29) において $\Omega_m^{(0)} \to 1$ の極限を取っても得られる．ハッブル定数 H_0 の逆数 H_0^{-1} は時間の次元を持ち，(1.22) で与えられている．Planck グループによる，CMB の温度揺らぎのデータを用いた 2018 年の解析から，無次元の定数 h について，$h = 0.6736^{+0.0054}_{-0.0054}$ という観測的な制限が得られている．この下限値 $h = 0.6682$ を用いても，暗黒エネルギーがない場合の宇宙年齢 (3.30) は $t_0 = 97.6$ 億年であり，100 億年以下である．その一方で，星の進化モデルに基づいて計算した最古の球状星団の年齢 t_g は，最低でも 110 億年から 120 億年はあることが知られている [26]．つまり，暗黒エネル

ギーがない空間的に平坦な宇宙では，宇宙年齢の方が最古の球状星団の年齢よりも小さいという矛盾があり，宇宙の加速膨張が発見される 1998 年以前にも，この問題点が指摘されていた．

もし暗黒エネルギーが存在すると，$\Omega_m^{(0)}$ は 1 より小さく，このときの (3.29) の t_0 の値は $2/(3H_0)$ よりも大きくなる．図 3.2 の実線 (i) にあるように，この場合の t_0 は $\Omega_m^{(0)} = 1 - \Omega_{\rm DE}^{(0)}$ の減少とともに増加し，$\Omega_m^{(0)} \to 0$ の極限で $t_0 \to \infty$ となる．Planck グループによる 2018 年の解析では，$\Omega_m^{(0)}$ の値に対して $\Omega_m^{(0)} = 0.315 \pm 0.007$ という制限がついており [6]，この中心値と $h = 0.674$ を用いて (3.29) の宇宙年齢を計算すると，

$$t_0 = 138.1\ \text{億年} \tag{3.31}$$

となる（図 3.2 で，$H_0 t_0 = 0.951$ の太い実線に相当）．これは最古の球状星団の年齢よりも大きい．つまり，暗黒エネルギーの存在によって宇宙年齢が長くなり，これによって上記の問題点が解決されたのである．暗黒エネルギーがあると，過去に遡ったときに宇宙の膨張率 H が低赤方偏移でゆっくりと増加するため，(3.28) の積分の分母が小さくなり，それだけ宇宙年齢が増加するのである．

次に，空間曲率 K が 0 でなく，暗黒エネルギーがない場合 ($\Omega_{\rm DE}^{(0)} = 0$) を考える．このとき $\Omega_K^{(0)} = 1 - \Omega_m^{(0)}$ であり，開いた宇宙 ($K < 0$) で $\Omega_K^{(0)} > 0$ なので，$\Omega_m^{(0)}$ は $0 < \Omega_m^{(0)} < 1$ の範囲にある．宇宙年齢は

$$t_0 = \frac{1}{H_0} \int_0^\infty \frac{1}{(1+z)\sqrt{\Omega_m^{(0)}(1+z)^3 + (1-\Omega_m^{(0)})(1+z)^2}} {\rm d}z \tag{3.32}$$

$$= \frac{1}{H_0(1-\Omega_m^{(0)})} \left[1 + \frac{\Omega_m^{(0)}}{2\sqrt{1-\Omega_m^{(0)}}} \log \left(\frac{1-\sqrt{1-\Omega_m^{(0)}}}{1+\sqrt{1-\Omega_m^{(0)}}} \right) \right] \tag{3.33}$$

であり，図 3.2 の点線 (ii) が，この場合の $H_0 t_0$ を $\Omega_m^{(0)}$ の関数としてプロットしたものである．最古の球状星団からの宇宙年齢の制限 $t_0 > t_g = 110$ 億年を満たすには，$\Omega_m^{(0)} < 0.34$ すなわち $\Omega_K^{(0)} > 0.66$ を満たす必要がある．しかし，CMB の温度揺らぎの観測による制限 (3.13) から，$\Omega_K^{(0)}$ は 0.003 以下であり，宇宙年齢を最古の球状星団の年齢より大きくすることはできない．このように

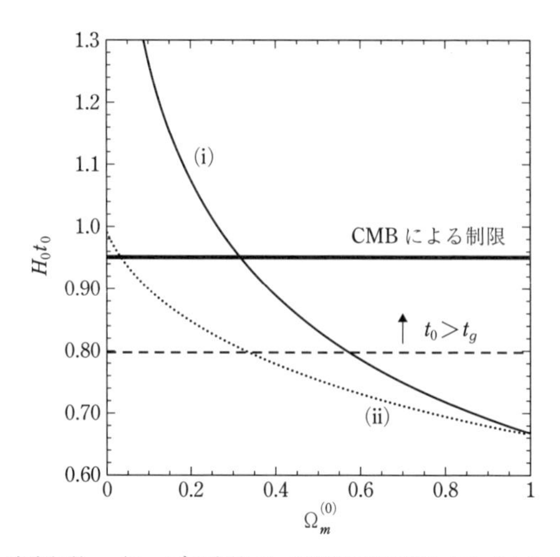

図 3.2 宇宙年齢 t_0（ハッブル定数 H_0 の逆数で規格化している）と $\Omega_m^{(0)}$ の関係．(i) の実線は空間的に平坦な宇宙 ($\Omega_K^{(0)} = 0$) で暗黒エネルギーがある場合 ($0 < \Omega_{\mathrm{DE}}^{(0)} < 1$)，(ii) の点線は開いた宇宙 ($\Omega_K^{(0)} > 0$) で暗黒エネルギーがない場合 ($\Omega_{\mathrm{DE}}^{(0)} = 0$) を表す．また，最古の球状星団の年齢の下限（$t_g > 110$ 億年）を太い波線で，CMB の温度揺らぎの観測 [6] からの宇宙年齢の最適値 $t_0 = 138.1$ 億年を太い実線で示してある．

現在の宇宙は空間的に平坦に近いため，宇宙年齢の問題を解決するには，暗黒エネルギーの存在がどうしても必要になるのである．

3.4 粒子的地平線

我々は通常，光を用いて宇宙を観測するが，その伝搬速度は (1.2) のように有限である．また宇宙年齢 (3.31) も有限であり，我々が観測できる領域も限られている．本節では，光によって到達可能な距離，すなわち事象が因果関係を持つ領域について考察する．

3 次元空間を光が速度 c で伝搬する場合を考える．特殊相対論で学ぶように，静的で空間曲率 K が 0 の平坦な空間を表すミンコフスキー時空の線素は，

$$\mathrm{d}s^2 = -c^2\mathrm{d}t^2 + \mathrm{d}x^2 + \mathrm{d}y^2 + \mathrm{d}z^2 \tag{3.34}$$

で与えられる．ここで，$\mathrm{d}t$ は時間 t の微小変化，$(\mathrm{d}x, \mathrm{d}y, \mathrm{d}z)$ は位置 (x, y, z) の微小変化を表し，光の経路は $\mathrm{d}s^2 = 0$ を満たしている．

宇宙が空間の各方向に等方的に膨張している場合，(3.34) の共動距離の 2 乗 $\mathrm{d}x^2$, $\mathrm{d}y^2$, $\mathrm{d}z^2$ のそれぞれにスケール因子 $a(t)$ の 2 乗 $a^2(t)$ が掛かり，空間的に平坦な時空（図 2.2 の中央の場合）の線素は

$$\mathrm{d}s^2 = -c^2\mathrm{d}t^2 + a^2(t)\left(\mathrm{d}x^2 + \mathrm{d}y^2 + \mathrm{d}z^2\right) \tag{3.35}$$

で与えられる．この時空でも，光の経路は $\mathrm{d}s^2 = 0$ で与えられる．光が動径方向（r 方向）に進む場合を考えると，微小時間 $\mathrm{d}t$ の間の光の共動変位を $\mathrm{d}r$ として，

$$0 = -c^2\mathrm{d}t^2 + a^2(t)\mathrm{d}r^2 \tag{3.36}$$

が成り立つ．時間変化 $\mathrm{d}t > 0$ に対して $\mathrm{d}r > 0$ の場合を考えると，$\mathrm{d}r/\mathrm{d}t = c/a(t)$ が成り立つ．この関係を用いると，時刻 $t = 0$ で $r = 0$ を出発した光が，時刻 t までに進んだ共動距離は，

$$r_{\mathrm{H}}(t) = \int_0^{r_{\mathrm{H}}} \mathrm{d}r = \int_0^t \frac{\mathrm{d}r}{\mathrm{d}\tilde{t}}\mathrm{d}\tilde{t} = \int_0^t \frac{c}{a(\tilde{t})}\mathrm{d}\tilde{t} \tag{3.37}$$

である．この $r_{\mathrm{H}}(t)$ に，時刻 t でのスケール因子 $a(t)$ を掛けた物理的距離

$$d_{\mathrm{H}}(t) = a(t)r_{\mathrm{H}}(t) = a(t)\int_0^t \frac{c}{a(\tilde{t})}\mathrm{d}\tilde{t} \tag{3.38}$$

を**粒子的地平線**と呼び，光によって因果律を持つ領域を表す．

輻射優勢期の始まりを $t = 0$ とすると，輻射優勢期のスケール因子と宇宙の膨張率の変化はそれぞれ，$a(t) \propto t^{1/2}$，$H = 1/(2t)$ で与えられるので，(3.38) を積分することにより，時刻 t での粒子的地平線は

$$d_{\mathrm{H}}(t) = 2ct = cH^{-1} \tag{3.39}$$

となる．輻射と非相対論的物質の量が同じになる等密度期の時刻を t_{eq} とすると，物質優勢期で $t \gg t_{\mathrm{eq}}$ の時刻には，(3.38) の積分で $t = 0$ から t_{eq} までの寄与は無視できる．この時期には $a(t) \propto t^{2/3}$，$H = 2/(3t)$ であるから，近似的に

$$d_{\mathrm{H}}(t) = 3ct = 2cH^{-1} \tag{3.40}$$

を得る．輻射優勢期と物質優勢期の両方で，$d_{\rm H}(t)$ は時刻 t の経過とともに増加する．粒子的地平線はともに cH^{-1} のオーダーであり，

$$L_H = cH^{-1} \tag{3.41}$$

のことを**ハッブル半径**と呼ぶ．L_H は光で情報が伝わる長さの目安，すなわち事象が因果律を持つ領域の尺度を表す．宇宙は赤方偏移 z が 0.6 程度になると加速膨張期に入るが，この時期から現在までスケール因子は 1.6 倍程度しか増加せず，物質優勢期の終わりのハッブル半径のオーダーは，現在の値 cH_0^{-1} とほぼ同程度である．(1.23) で求めたように，cH_0^{-1} は 10^{26} m 程度であり，CMB で観測されている最大のスケールに対応する．

3.5 ビッグバン理論の諸問題

ビッグバン理論は，高温・高密度の輻射優勢期から宇宙が始まり，やがて物質優勢期に移行することを前提としており，現在近くで起こる加速膨張期を除いて，宇宙進化の大半は減速膨張期であったとする理論である．しかしこの理論に基づく宇宙進化の場合，地平性問題や平坦性問題などの問題点を抱えている．本節では具体的にこの 2 つの問題について解説し，第 4 章において，宇宙初期のインフレーションでこれらが解決できることを示す．

3.5.1 地平線問題

CMB の観測では，現在のハッブル半径 $cH_0^{-1} \simeq 10^{26}$ m 内のあらゆる領域から，平均温度 $T_0 = 2.725$ K の光が観測者に届いている．場所ごとの温度の平均値からのずれ δT は，$|\delta T/T_0| \simeq 10^{-5}$ 程度と非常に小さく，この事実は，スケール 10^{26} m の内部の領域が因果関係を持っていることを意味する．CMB は，赤方偏移 $z_{\rm dec} \simeq 1090$（物質優勢期）で起こった宇宙の晴れ上がり時の光の黒体輻射が観測者に届いたものであり，$z < z_{\rm dec}$ での粒子的地平線は近似的に (3.40) で与えられるとしてよい（現在近くでの加速膨張期を無視する）．$d_{\rm H}(t)$ は時間 t に比例して増大するので，宇宙の晴れ上がり時 $(t = t_{\rm dec})$ での粒子的地平線は，現在時刻を t_0 として，

$$d_{\mathrm{H}}(t_{\mathrm{dec}}) \simeq d_{\mathrm{H}}(t_0)\frac{t_{\mathrm{dec}}}{t_0} \tag{3.42}$$

と見積もれる．$z < z_{\mathrm{dec}}$ でのスケール因子の変化は，$a(t) \propto t^{2/3}$ で与えられるので，

$$d_{\mathrm{H}}(t_{\mathrm{dec}}) \simeq d_{\mathrm{H}}(t_0)\left[\frac{a(t_{\mathrm{dec}})}{a(t_0)}\right]^{3/2} = d_{\mathrm{H}}(t_0)\,(1+z_{\mathrm{dec}})^{-3/2} \tag{3.43}$$

を得る．

一方，スケール因子が $a(t)$ のときの共動長さ λ に対応する物理的波長は $\lambda_{\mathrm{p}} = \lambda a$ で与えられ，a に比例して増加する．このことから，現在観測可能な距離である $d_{\mathrm{H}}(t_0) \simeq cH_0^{-1}$ は，晴れ上がりの時期には，物理的長さ

$$\lambda_{\mathrm{p}}(t_{\mathrm{dec}}) = d_{\mathrm{H}}(t_0)\frac{a(t_{\mathrm{dec}})}{a_0} = d_{\mathrm{H}}(t_0)\,(1+z_{\mathrm{dec}})^{-1} \tag{3.44}$$

に対応する．(3.43) の粒子的地平線と (3.44) の物理的長さの比は，

$$\frac{d_{\mathrm{H}}(t_{\mathrm{dec}})}{\lambda_{\mathrm{p}}(t_{\mathrm{dec}})} = \frac{1}{(1+z_{\mathrm{dec}})^{1/2}} \simeq 0.03 \tag{3.45}$$

である．これを体積に換算すると $0.03^3 \simeq 3 \times 10^{-5}$ 程度であり，晴れ上がり時に因果関係を持っていたはずの領域が，非常に小さかったことになる．別の言い方をすると，現在の宇宙は，宇宙の晴れ上がり時に $1/0.03^3 = 37000$ 個の因果関係のない領域から成り立っていたということである．しかし CMB の観測では，現在観測可能な領域の全域から，ほぼ等方的な温度で光が観測者に到着している．つまり，晴れ上がり時には因果関係を持っていなかったはずの領域が，実際にはほぼ同じ温度を示しており，この問題を**地平線問題**という．

地平線問題は，宇宙の膨張が減速的であるときに存在する．スケール因子の時間変化が

$$a(t) = a_i t^p \tag{3.46}$$

で与えられる場合を考える（a_i と p は正の定数）．このとき $H = p/t$ であるから，ハッブル半径は，

$$L_H = cH^{-1} = \frac{c}{p}t \propto a^{1/p} \tag{3.47}$$

のように変化する．それに対して，共動長さ λ に対応する物理的長さ $\lambda_{\mathrm{p}} = a\lambda$

は,

$$\lambda_{\mathrm{p}} \propto a \propto t^{p} \tag{3.48}$$

と変化する．宇宙が減速膨張している場合，$0 < p < 1$ であるから，λ_{p} の方が L_H よりもゆっくりと増加する．宇宙が加速膨張しているときは，$p > 1$ であるから，逆に L_H の方が λ_{p} よりもゆっくりと増加する．

図 3.3 に，現在 $(a = a_0)$ ちょうど $\lambda_{\mathrm{p}} = L_H \simeq cH_0^{-1}$ となるスケール λ_{p} の過去の時間変化を，L_H とともに示す．第 3.2 節で示したように，赤方偏移 $z \lesssim 0.6$ すなわち $a \gtrsim 0.6a_0$ で宇宙は後期加速膨張期に入るため，この時期には L_H は λ_{p} よりもゆっくりと変化し，$L_H > \lambda_{\mathrm{p}}$ の範囲にある．物質優勢期 $(p = 2/3)$ では，$L_H \propto a^{3/2}$ は $\lambda_{\mathrm{p}} \propto a$ よりも速く変化するために，過去に遡ると $L_H < \lambda_{\mathrm{p}}$ の領域に入る．輻射優勢期 $(p = 1/2)$ では，$L_H \propto a^2$ は $\lambda_{\mathrm{p}} \propto a$ よりもさらに速く変化するために，L_H は λ_{p} に対してますます小さくなっていく．つまり，過去に遡るほど，因果関係を持っていた領域 L_H は，λ_{p} と比べて相対的に小さくなっていき，宇宙がなぜ現在，ハッブル半径 $cH_0^{-1} \simeq 10^{26}$ m に渡るスケールで因果関係を持っているのかを合理的に説明できないのである．上の議論から分かるように，地平線問題は，宇宙の過去の進化の大部分が減速的な膨張である場合に存在する問題である．

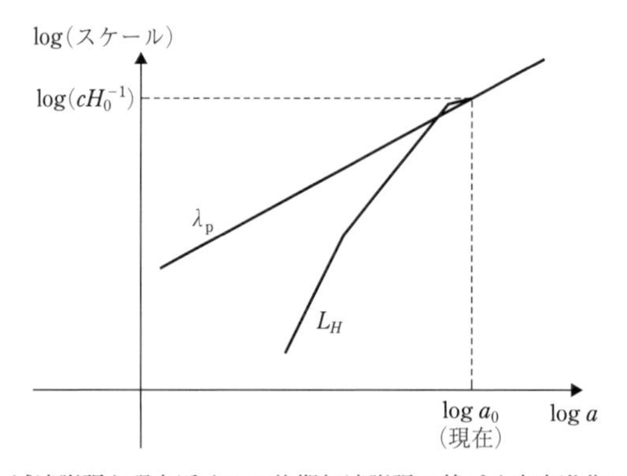

図 3.3 減速膨張と現在近くでの後期加速膨張に基づく宇宙進化の場合の，ハッブル半径 $L_H = cH^{-1}$ と物理的長さ $\lambda_{\mathrm{p}} = \lambda a$ の変化．この λ_{p} は，現在ちょうどハッブル半径 cH_0^{-1} と等しくなるスケールに対応する．横軸は $\log a$ で，縦軸は L_H と λ_{p} を対数スケールで取っている．

3.5.2 平坦性問題

CMB の温度揺らぎの観測から，現在の宇宙の空間曲率 K の割合は (3.13) のように制限され，平坦に非常に近い宇宙である．宇宙のスケール因子が (3.46) で表される減速膨張 $(0 < p < 1)$ をしている場合，空間曲率 K に関する密度パラメータの絶対値は，

$$|\Omega_K| = \frac{|K|c^2}{a^2 H^2} = \frac{|K|c^2}{a_i^2 p^2} t^{2(1-p)} \tag{3.49}$$

のように時間変化する．$0 < p < 1$ の減速膨張の宇宙では，$|\Omega_K|$ は常に増加し，輻射優勢期には $|\Omega_K| \propto t \propto a^2$，物質優勢期には $|\Omega_K| \propto t^{2/3} \propto a$ のように増加する．現在近くの加速膨張期では $|\Omega_K|$ は減少するが，その期間は短いので，物質優勢期の終わり頃の $|\Omega_K|$ の上限は，$|\Omega_K^{(0)}|$ の観測的な上限 0.003 のオーダーとほとんど変わらない．

輻射物質等密度期（赤方偏移 $z_{\rm eq} = a_0/a_{\rm eq} - 1 \simeq 3400$）における $|\Omega_K|$ の値は，観測的な制限 $|\Omega_K^{(0)}| \leq 0.003$ を用いると，

$$|\Omega_K^{\rm eq}| \simeq |\Omega_K^{(0)}| \frac{a_{\rm eq}}{a_0} = \frac{|\Omega_K^{(0)}|}{1 + z_{\rm eq}} \lesssim 10^{-6} \tag{3.50}$$

という上限値を持つ．さらに，それ以前の輻射優勢期でスケール因子が a のときの $|\Omega_K|$ は，

$$|\Omega_K| \lesssim 10^{-6} \left(\frac{a}{a_{\rm eq}}\right)^2 \tag{3.51}$$

と制限される．過去に遡るにつれて $|\Omega_K|$ は小さくなり，$a \ll a_{\rm eq}$ の初期には，$|\Omega_K|$ は非常に高い精度で 0 に近かったことになる．宇宙初期に，なぜこのように極めて高い精度で宇宙が空間的に平坦に近かったのかという問題を，**平坦性問題**という．つまり，現在の平坦に近い宇宙を実現するには，非常に不自然な初期条件の微調整が必要とされるのである．平坦性問題は地平線問題と同様に，過去の宇宙膨張が大部分の時期で減速的である場合に存在する，ビッグバン理論の問題点である．

第 4 章

インフレーション理論

第 3.5 節で述べたビッグバン理論の諸問題は，宇宙初期にインフレーションという急激な加速膨張期が存在すれば解決が可能である．本章では，量子宇宙の話から出発して，インフレーション理論が誕生した背景，その機構および具体的な模型について解説していく．

4.1 量子宇宙

第 2.5 節で触れたように，自然界には重力，強い相互作用，弱い相互作用，電磁気力の 4 つの力が存在し，弱い相互作用と電磁気力は宇宙初期には統一されていたが，エネルギースケールが $E_{\rm EW} = 200$ GeV 程度に下がると，ヒッグス機構が起こり 2 つの力に分岐した．電弱力をさらに強い相互作用と統一しようとする試みが**大統一理論**である [27]．大統一理論にはいくつかの候補があり，その中で最初に提唱されたものは SU(5) ゲージ群の対称性に基づくものである．これは，エネルギースケールが $E_{\rm GUT} = 10^{15}$ GeV 程度で SU(5) 対称性が破れて，SU(3) 群に基づく強い相互作用と SU(2)×U(1) 群に基づく電弱力に分岐したという理論である．この場合，半減期が約 10^{30} 年の陽子崩壊を予言するが，実験的にこの崩壊が見つからなかったことから，SU(5) 大統一理論は有効な理論とは考えられなくなった．しかし，SO(10) などの他のゲージ対称性に基づく大統一理論も提唱されており，その場合には陽子の寿命を伸ばすことも可能である．

大統一理論では，$E_{\rm GUT}$ が $E_{\rm EW}$ に比べて 10^{13} 倍程度と桁違いに大きく，エネルギースケールの**階層性問題**が存在する．この問題は，大統一理論の典型的なエネルギースケールが $E_{\rm GUT} = 10^{15}$ GeV と高いために，ヒッグス粒子の裸の質量に対する量子補正が大きくなり，ヒッグス粒子の質量がなぜ

$E_{\mathrm{EW}} = 200$ GeV に近い小さな値であるかを自然に説明できないのである．そのような階層性問題を改善するために提唱されたのが**超対称性理論**であり，ボース粒子とフェルミ粒子の間の超対称性によって，ヒッグス粒子の質量に対する量子補正の和は相殺する [24]．この理論では，素粒子の標準模型の粒子のそれぞれに超対称性パートナーが存在するが，そのような超対称性粒子は現状で発見されていない．しかし第 3.1 節で述べたように，超対称性粒子の組み合わせであるニュートラリーノなどが暗黒物質の候補になり得ることから，超対称性理論は階層性問題の解決以外にも長所を有している．

自然界の 4 つの力のうち，重力が一番相互作用が小さく，エネルギースケールが $E_{\mathrm{pl}} \simeq 10^{19}$ GeV 程度で他の 3 つの力と分岐したと考えられている．重力を超対称化した理論を**超重力理論**と呼び，この場合，重力を伝搬するスピン 2 のゲージ粒子である重力子（グラビトン）の超対称性粒子であるスピン 3/2 のグラビティーノがゲージ粒子として存在する．超重力理論は，重力の量子化を目指す**量子重力理論**の構築への足掛かりを与えたが，重力が関係する物理量の発散を，繰り込みという通常の量子場の理論の手法で除去することができない．

物質を構成する基本的な単位を，点粒子ではなく広がりを持つ弦であると考え，これに超対称性を加えることによって構築された**超弦理論**は，量子重力理論の有力な候補の一つと考えられている [28]．弦の基本的な長さの単位は，本節の最後の方で解説するプランク長 $l_{\mathrm{pl}} \simeq 10^{-35}$ m 程度と考えられており，弦には開弦と閉弦の 2 種類が存在する．開弦は，光子，W ボソンのようなスピン 1 のゲージ粒子を含み，閉弦はスピン 2 の重力子を含むために，重力相互作用を自然に内包する．超弦理論は，その理論の整合性の要請から，我々の住む 4 次元時空以外に 6 次元の余剰次元の存在を予言する．さらに，10 次元時空の中に **D ブレーン**と呼ばれる様々な次元の広がりを持つソリトンが存在する．超弦理論は現在でも発展途上であり，4 つの力の統一にはまだ成功していない．さらに，余剰次元の存在が検証されていないだけでなく，その兆候を探るのに必要なエネルギースケールが，地上の素粒子実験で現在までに到達している 10^3 GeV 程度と比べて遥かに大きいため，実験的にその正しさが検証されていない．

ここで，重力の量子化が必要とされるエネルギースケール E_{pl} を評価してみよう．初期に宇宙を占める物質が，エネルギー密度 ε，圧力 P の物質であるとし，状態方程式 $w = P/\varepsilon$ は -1 より大きく一定であるとする．空間的に平坦な宇宙を考えると，フリードマン方程式は

$$H^2 = \frac{8\pi G}{3c^2}\varepsilon \sim \frac{G}{c^2}\varepsilon \tag{4.1}$$

である．ここで，オーダーが 1 を越えない係数は 1 と近似している．$p = 2/[3(1+w)]$ として，スケール因子は $a(t) \propto t^p$，宇宙の膨張率は $H = p/t$ と時間変化する．p は高々オーダー 1 であるとし，以下では $H \sim 1/t$ と近似する．ハッブル半径 $L_H = cH^{-1}$ を 3 辺とする立方体を考えると，この体積に相当する領域が，その時期に光によって因果関係を持っていた領域である．その立方体の内部の物質のエネルギーは，

$$E = \varepsilon L_H^3 \sim \frac{c^2H^2}{G}\frac{c^3}{H^3} \sim \frac{c^5}{G}t \tag{4.2}$$

と評価できる．不確定性原理による量子効果が無視できなくなるエネルギースケールを $E_{\rm pl}$，時刻を $t_{\rm pl}$ とすると，換算プランク定数を $\hbar$ として，

$$E_{\rm pl}t_{\rm pl} = \hbar \tag{4.3}$$

を満たす．(4.2) をこの式に代入することにより，

$$t_{\rm pl} = \sqrt{\frac{\hbar G}{c^5}} = 5.3911 \times 10^{-44}\ \mathrm{s}, \tag{4.4}$$

$$E_{\rm pl} = \sqrt{\frac{\hbar c^5}{G}} = 1.2209 \times 10^{19}\ \mathrm{GeV} \tag{4.5}$$

を得る．ここで，(1.2), (1.25), (2.76) を用いて，$t_{\rm pl}$ と $E_{\rm pl}$ を具体的に数値計算した．$t_{\rm pl}$ を**プランク時間**と呼び，$t_{\rm pl}$ に光速を掛けた

$$l_{\rm pl} = ct_{\rm pl} = \sqrt{\frac{\hbar G}{c^3}} = 1.6162 \times 10^{-35}\ \mathrm{m} \tag{4.6}$$

のことを**プランク長**という．また，$E_{\rm pl}$ を**プランクエネルギー**，$E_{\rm pl} = m_{\rm pl}c^2$ で定義される量 $m_{\rm pl}$ を**プランク質量**と呼び，

$$m_{\rm pl} = \sqrt{\frac{\hbar c}{G}} = 2.1765 \times 10^{-8}\ \mathrm{kg} \tag{4.7}$$

で与えられる．

宇宙時刻 t が t_{pl} よりも小さかった頃の宇宙では，重力を量子的に取り扱う必要があり，これはエネルギースケールで $E > E_{\mathrm{pl}}$ に相当する．超弦理論では，この重力の量子化に成功していないため，時刻 $t < t_{\mathrm{pl}}$ の頃の宇宙進化を正確に予言できない．量子重力理論の中には，時空に原子のような最小単位が存在するという立場から，重力の量子化を試みるループ量子重力理論という体系もある．そのような枠組みでは，宇宙が収縮から膨張に転じる特異点のない解も存在することが知られている．しかし，ループ量子重力理論も発展途上の理論であり，宇宙初期の特異点が本当に回避可能かについては，理論の更なる進展を待たねばならない．

つまり現状では，プランクエネルギー $E_{\mathrm{pl}} \simeq 10^{19}$ GeV よりも高いエネルギースケールの物理は完全に解明されておらず，別の言い方をすると，宇宙の開闢時の物理現象を正しく記述する統一理論を我々はまだ手にしていない．しかし，エネルギースケールが $E \lesssim E_{\mathrm{pl}}$ の領域では，重力が他の 3 つの力から分岐し，一般相対論もしくは拡張重力理論を用いて重力相互作用を記述できるようになる．宇宙初期のインフレーションが起こる典型的なエネルギースケールは，E_{pl} より低い $E = 10^{16}$ GeV 程度であり，その詳細は第 4.2 節以降で解説していく．

4.2 インフレーションによる諸問題の解決

第 3.5 節でビッグバン理論の 2 つの問題点を述べたが，これは過去のほとんどの時期で宇宙が減速膨張をしている場合に存在した．もし，輻射優勢期の前に宇宙が加速膨張するインフレーション期が存在したとし，この時期のスケール因子の変化が

$$a(t) = a_i t^p \,, \qquad p > 1 \tag{4.8}$$

で与えられる場合を考える（a_i と p は定数）．このとき，地平線問題と平坦性問題がどのように解決されるかを示してみよう．

4.2.1 地平線問題の解決

(4.8) を用いると，宇宙の膨張率の時間変化は $H = p/t$ で与えられるから，

ハッブル半径 L_H は

$$L_H = cH^{-1} = \frac{c}{p}t \propto a^{1/p} \tag{4.9}$$

と変化する．インフレーションが始まった時に，ハッブル半径の内部の領域は因果関係を持っている．この最初の時期のハッブル半径の大きさは，インフレーションの開始時刻 t_i に依存するが，もし $t_i \sim 10^5 t_{\rm pl} = 5 \times 10^{-39}$ s 程度の場合，ハッブル半径は $L_H = ct_i \sim 10^{-30}$ m 程度と非常に小さい．このハッブル半径内にある 2 点の共動距離を λ とすると，対応する物理的距離は $\lambda_{\rm p} = \lambda a$ であり，宇宙膨張とともに

$$\lambda_{\rm p} = \lambda a \propto a \tag{4.10}$$

のように増加する．

$p > 1$ のインフレーション期には，(4.10) の $\lambda_{\rm p}$ は (4.9) の L_H よりも速く増加する．特に $p \gg 1$ で加速膨張が急激に起こる場合には，(4.9) の $a^{1/p}$ の項が a の関数として緩やかに変化するため，ハッブル半径はゆっくりと増加する．インフレーションの始まりには $\lambda_{\rm p} < L_H$ であるが，やがて $\lambda_{\rm p} = L_H$ となり，このときを 1 回目の**ハッブル半径の横断**と呼ぶ．共動距離 λ の逆数である共動波数 $k = 1/\lambda$ を用いると，このハッブル半径の横断の瞬間には，$a/k = cH^{-1}$ すなわち

$$ck = aH \tag{4.11}$$

を満たす．この横断後には $\lambda_{\rm p} > L_H$ となるため，インフレーションの開始時にハッブル半径の中にあり因果関係を持っていた長さ $\lambda_{\rm p}$ の領域は，インフレーション期にハッブル半径の外側に広がるようになる．つまり，ハッブル半径を超えて因果律を持つようになる．

図 4.1 に示したように，2 つの物理的波長 $\lambda_{\rm p_1}$ と $\lambda_{\rm p_2}$ はともに，インフレーションの始まりの時期には L_H より小さかったが，1 回目のハッブル半径の横断後に L_H より大きくなる．インフレーション中にいつ 1 回目のハッブル半径の横断が起こるかはスケール $\lambda_{\rm p}$ に依存し，$\lambda_{\rm p}$ が小さいほどより後の時期に起こる．このことは，図 4.1 で 2 つのスケール $\lambda_{\rm p_1}$ と $\lambda_{\rm p_2}$ $(< \lambda_{\rm p_1})$ の変化から確認できる．インフレーションの期間が十分に長ければ，初期に $\lambda_{\rm p} \ll L_H$ の非常に小さなスケール $\lambda_{\rm p}$ でも，ハッブル半径を超えて因果関係を持つことができるのである．

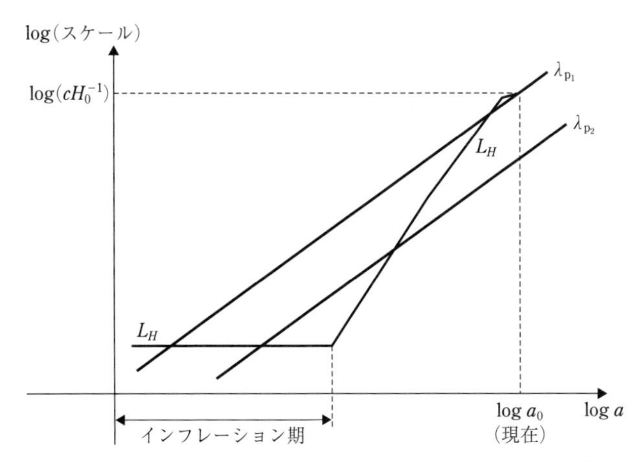

図 4.1 宇宙初期にインフレーション期が存在する場合の，ハッブル半径 $L_H = cH^{-1}$ と 2 つの物理的距離 $\lambda_{p_1} = \lambda_1 a$ と $\lambda_{p_2} = \lambda_2 a$ ($\lambda_1 > \lambda_2$) の変化．横軸は $\log a$ で，縦軸は L_H と λ_{p_1}, λ_{p_2} を対数スケールで取っている．

インフレーションが終了すると，宇宙は減速膨張期に移行する．スケール因子 $a(t)$ の時間変化が，$a(t) \propto t^p$（定数 p は $0 < p < 1$）で与えられる減速膨張の宇宙では，(3.47) の L_H は，(3.48) の物理的距離 λ_p よりも速く変化する．つまり，インフレーション直後に $\lambda_\mathrm{p} > L_H$ となっても，やがて L_H が追いついてきて再び $\lambda_\mathrm{p} = L_H$ となる 2 回目のハッブル半径の横断が起こる．その横断後は，$\lambda_\mathrm{p} < L_H$ となり，λ_p はハッブル半径の中に再び入る．

図 4.1 の λ_{p_1} は，ちょうど現在，ハッブル半径 cH_0^{-1} と等しくなるスケールに対応している．過去に遡ると，第 3.5.1 小節の図 3.3 の場合とは異なり，スケール λ_{p_1} はインフレーション期に $\lambda_{\mathrm{p}_1} < L_H$ の領域に入り，初期に因果関係を持っていたことになる．つまり，現在のハッブル半径 cH_0^{-1} に及ぶ大スケールで過去に因果関係があり，これによって地平線問題が解決される．図 3.3 とは異なり，初期に L_H が λ_{p_1} と比べてゆっくりと変化するインフレーション期の存在で，このような因果関係を持つことが可能になるのである．なお，宇宙の後期加速膨張期の存在のために，現在付近では L_H は λ_{p_1} よりもゆっくりと変化している．そのため，図 4.1 から見て取れるように，λ_{p_1} に対して 2 回目のハッブル半径の横断が起こるのは，現在に近い過去であり，3 回目のハッブル半径の横断が起こる現在以降では $\lambda_{\mathrm{p}_1} > L_H$ となる．図 4.1 の λ_{p_2} は，λ_{p_1}

よりスケールが小さく，その場合には，インフレーション後の 2 回目のハッブル半径の横断はより早い時期に起こる．

地平線問題が解決されるために，どの程度のインフレーションが起こればよいかについて調べてみよう．そのために，インフレーション中の任意の時刻 t から終了時刻 t_f までの **e-foldings 数**

$$N(t) = \log \frac{a(t_f)}{a(t)} \tag{4.12}$$

を定義する（対数は自然対数）．CMB で観測されている最大スケールは，$cH_0^{-1} \simeq 10^{26}$ m 程度であり，このハッブル半径に等しい物理的スケール $\lambda_{p_1} = \lambda_1 a_0$ が，インフレーション中に 1 回目のハッブル半径の横断をしたときの e-foldings 数 $N_{\rm CMB}$ を評価してみよう．このスケールは，共動波数 $k_1 = 1/\lambda_1$ では $cH_0^{-1} = a_0/k_1$，すなわち $ck_1 = a_0 H_0$ に対応する．1 回目のハッブル半径の横断時のスケール因子を $a_{\rm inf}$，宇宙の膨張率を $H_{\rm inf}$ とすると，$ck_1 = a_{\rm inf} H_{\rm inf}$ であるから，

$$1 = \frac{ck_1}{a_0 H_0} = \frac{a_{\rm inf} H_{\rm inf}}{a_0 H_0} = \frac{a_{\rm inf}}{a_f} \frac{a_f}{a_{\rm eq}} \frac{a_{\rm eq}}{a_0} \frac{H_{\rm inf}}{H_0} \tag{4.13}$$

が成り立つ．a_f と $a_{\rm eq}$ はそれぞれ，インフレーションの終わりと輻射物質等密度時のスケール因子を表す．ここで $N_{\rm CMB} = \log(a_f/a_{\rm inf})$ であるから，$a_{\rm inf}/a_f = e^{-N_{\rm CMB}}$ であり，(4.13) の自然対数を取ると，

$$N_{\rm CMB} = \log \frac{a_f}{a_{\rm eq}} + \log \frac{a_{\rm eq}}{a_0} + \log \frac{H_{\rm inf}}{H_0} \tag{4.14}$$

を得る．インフレーション終了直後に，再加熱期という減速膨張の時期が存在する．再加熱期の存在を無視して，インフレーションの終わりから輻射物質等密度時までのスケール因子の変化が $a(t) \propto t^{1/2}$ で与えられるとすると，$a_f/a_{\rm eq} \simeq (t_f/t_{\rm eq})^{1/2}$ である．また，輻射物質等密度時の赤方偏移を $z_{\rm eq}$ とすると，$a_{\rm eq}/a_0 = 1/(1+z_{\rm eq})$ であるから，(4.14) は

$$N_{\rm CMB} \simeq \frac{1}{2} \log \frac{t_f}{t_{\rm eq}} - \log(1+z_{\rm eq}) + \log \frac{H_0^{-1}}{H_{\rm inf}^{-1}} \tag{4.15}$$

となる．ここで $t_{\rm eq}$ は，等密度時の宇宙の膨張率 $H_{\rm eq}$ の逆数のオーダーである．(3.27) において，等密度時には $\Omega_r^{(0)}(1+z_{\rm eq})^4 = \Omega_m^{(0)}(1+z_{\rm eq})^3$ であり，

この時期には暗黒エネルギーと空間曲率の $H_{\rm eq}$ への寄与は無視できることを用いると，

$$H_{\rm eq} = H_0\sqrt{2\Omega_m^{(0)}(1+z_{\rm eq})^3} \tag{4.16}$$

を得る．CMB の観測データによる最適値 $H_0^{-1} = 1.45 \times 10^{10}$ year, $\Omega_m^{(0)} = 0.315$, $z_{\rm eq} = 3400$ を用いると，

$$t_{\rm eq} \sim H_{\rm eq}^{-1} \sim 10^{12}\ {\rm s} \tag{4.17}$$

と評価できる．また第 6.4 節で述べるように，CMB の温度揺らぎの振幅から $H_{\rm inf}$ に対する制限がつく．この逆数 $H_{\rm inf}^{-1}$ は，インフレーションが起こり始める時刻を特徴づけており，典型的には $H_{\rm inf}^{-1} \simeq 10^{-38}$ s 程度である．インフレーションが終了する時刻は $H_{\rm inf}^{-1}$ の 100 倍程度が典型的な値なので，$t_f = 10^{-36}$ s として (4.15) を具体的に計算すると，

$$N_{\rm CMB} \simeq 65 \tag{4.18}$$

程度になる．つまり，インフレーションの始まりから終わりまでの e-foldings 数 N が

$$N > 65 \tag{4.19}$$

を満たしていれば，現在の CMB で観測されている最大スケール 10^{26} m に及ぶ領域まで過去に因果関係を持っていたことになり，地平線問題が解決できる．図 4.1 の物理的長さ $\lambda_{\rm p_2}$ のように，$\lambda_{\rm p_1}$ よりもスケールが小さい場合，1 回目のハッブル半径の横断を起こしてからインフレーションが終了するまでの e-foldings 数は 65 より小さい．なお，(4.18) の $N_{\rm CMB}$ の値は再加熱期の存在を無視した評価であり，またインフレーションの模型によっては $H_{\rm inf}$ が上の議論と異なる場合もあり，$N_{\rm CMB}$ は通常は 55 から 65 程度である．

4.2.2 平坦性問題の解決

ビッグバン理論の平坦性問題は，過去に遡るにつれて空間曲率の密度パラメータ $\Omega_K = -Kc^2/(a^2H^2)$ の絶対値が小さくなり，現在の $\Omega_K^{(0)}$ の観測値を説明するには，初期の Ω_K の値が不自然に高い精度で 0 に近い必要があるという問題であった．この問題もインフレーション期の存在によって解決できる．

スケール因子が (4.8) で与えられる加速膨張をしているとき，$|\Omega_K|$ は (3.49) で与えられるが，いまは $p > 1$ なので，$|\Omega_K| \propto t^{-2(p-1)}$ のように時間 t とともに減少する．特に $p \gg 1$ の場合，$|\Omega_K|$ はインフレーション期に急激に減少するので，加速膨張の直後に $|\Omega_K|$ は 0 に非常に近い値になる．インフレーション後には，宇宙は減速膨張期に入るので $|\Omega_K|$ は増加するが，十分なインフレーションが起これば，現在の Ω_K の観測的な制限 $|\Omega_K^{(0)}| \leq 0.003$ を満たすことが可能である．

インフレーションの開始時刻を t_i，終了時刻を t_f として，e-folding 数を (4.12) と同様に，$N = \log[a(t_f)/a(t_i)]$ と定義する．$p \gg 1$ の場合，(4.9) のハッブル半径および宇宙の膨張率 H は，a の関数としてゆっくりと変化する．インフレーション期において，近似的に H は一定とすると，Ω_K の変化は，$|\Omega_K| \propto 1/(a^2H^2) \propto 1/a^2$ で与えられる．よって，インフレーション終了直後（時刻 t_f）の $|\Omega_K|$ は，

$$|\Omega_K(t_f)| = \left(\frac{a(t_i)}{a(t_f)}\right)^2 |\Omega_K(t_i)| = e^{-2N}|\Omega_K(t_i)| \tag{4.20}$$

となる．以下では，インフレーション開始時に $|\Omega_K(t_i)| = \mathcal{O}(1)$ である場合に，平坦性問題を解決できるための N の最小値を求める．

CMB の観測による $|\Omega_K^{(0)}|$ への制限から，輻射優勢期でスケール因子が a のときの $|\Omega_K|$ の上限は (3.51) で与えられる．インフレーション後にすぐに輻射優勢期 ($a(t) \propto t^{1/2}$) に移行したとすると，(3.51) の制限は，$t = t_f$ では

$$|\Omega_K(t_f)| < 10^{-6}\frac{t_f}{t_{\rm eq}} \tag{4.21}$$

となる．第 4.2.1 節の議論のように，$t_{\rm eq} = 10^{12}$ s, $t_f = 10^{-36}$ s とすると，(4.21) は

$$|\Omega_K(t_f)| < 10^{-54} \tag{4.22}$$

となる．(4.20) で $|\Omega_K(t_i)| = 1$ とすると，$e^{-2N} < 10^{-54}$ すなわち

$$N > 62 \tag{4.23}$$

であれば，平坦性問題を解決できる．これと地平線問題を解決するための条件 (4.19) と合わせると，$N > 65$ であれば 2 つの問題を同時に解決できる．つま

り 10^{-38} s $\lesssim t \lesssim 10^{-36}$ s の間に，スケール因子が初期の値の $e^{65} \simeq 10^{28}$ 倍以上に膨れ上がる急激なインフレーションが起こればよい．スケールで言うと，最初 10^{-30} m 程度のハッブル半径の中にあった領域が，インフレーション直後には 1 cm 以上にまで膨張する．

4.3 インフレーションの模型

第 4.2 節では，インフレーション期の存在により，ビッグバン理論のいくつかの問題点が解決されることを示したが，それでは具体的にどのような機構によって加速膨張が起こるのであろうか？ 最初のインフレーション模型は，スタロビンスキー (Alexei Starobinsky) が 1980 年 1 月に提唱したものであり，これは高次の時空の曲率項によるものである [29]．重力を記述する一般相対論の基礎方程式 (1.24) は，解析力学と同様な最小作用の原理に基づいて導出することができる．光速を c，時間座標を t として，$x^0 = ct$ を定義し，時空点 $x^\mu = (x^0, x^1, x^2, x^3)$ に付随した 4 次元時空の微小線素を

$$\mathrm{d}s^2 = \sum_{\mu,\nu=0}^{3} g_{\mu\nu} \mathrm{d}x^\mu \mathrm{d}x^\nu = g_{\mu\nu} \mathrm{d}x^\mu \mathrm{d}x^\nu \tag{4.24}$$

と書く．$g_{\mu\nu}$ は計量というテンソル量であり，時空構造を特徴づけている．(4.24) の 2 つ目の等号は，下付きと上付きの同じギリシャ文字が現れた場合は，それらについて 0 から 3 までの和を取ること（アインシュタインの縮約）を意味する．例えば，一様等方で平坦な宇宙を記述する線素は (3.35) で与えられるが，(4.24) で $x^0 = ct$, $x^1 = x$, $x^2 = y$, $x^3 = z$ と対応させると，線素 (3.35) の 0 でない計量テンソルの成分は，

$$g_{00} = -1\,, \qquad g_{11} = g_{22} = g_{33} = a^2(t) \tag{4.25}$$

である．付録 A にあるように，時空の歪み具合を表すスカラー量である**スカラー曲率** R は，$g_{\mu\nu}$ の 2 階微分までを含み，計量の成分が与えられれば具体的に計算できる．一般相対論の作用積分は，この R の線形項しか含まず，

$$\mathcal{S} = \int \mathrm{d}^4 x \sqrt{-g} \frac{c^4}{16\pi G} R + \mathcal{S}_m \tag{4.26}$$

で記述される．ここで，$g = \det(g_{\mu\nu})$ は計量 $g_{\mu\nu}$ の行列式であり，$\mathcal{S}_m$ は物質場の作用である．なお，4 次元体積要素 $\mathrm{d}^4 x = c\,\mathrm{d}t \mathrm{d}x^1 \mathrm{d}x^2 \mathrm{d}x^3$ に $\sqrt{-g}$ が掛かるのは，一般座標変換 $x^\mu \to \tilde{x}^\mu$ に対して値を変えない量が，不変体積要素 $\mathrm{d}^4 x \sqrt{-g}$ であるためである．スカラー曲率 R の $g_{\mu\nu}$ に関する変分を取ると，アインシュタインテンソル $G_{\mu\nu}$ が得られる．さらに，$\mathcal{S}_m$ の $g_{\mu\nu}$ に関する変分によってエネルギー運動量テンソル $T_{\mu\nu}$ が定義される．このようにして，作用 (4.26) からアインシュタイン方程式が導出されるのである※2.

スタロビンスキー模型は，R の線形項に加えて 2 次の曲率項 R^2 を考慮したものであり，その作用は

$$\mathcal{S} = \int \mathrm{d}^4 x \sqrt{-g} \frac{c^4}{16\pi G} \left(R + \alpha R^2\right) \tag{4.27}$$

で与えられる（α は正の定数）．作用 $\mathcal{S}_m$ に相当する物質場が存在しなくても，この模型では αR^2 が R を上回る高曲率の領域で宇宙の加速膨張が起こり，αR^2 が R を下回るとインフレーションが終了する．その直後の再加熱期には，αR^2 を起源とするエネルギーが輻射に転換され，宇宙は熱い火の玉になり，やがて輻射優勢期へと移行する．この模型は，2021 年現在までの CMB の温度揺らぎの観測とも整合的である．スタロビンスキー模型では，スカラー場に相当する自由度が現れ，このスカラー場が αR^2 の項を由来とする重力的なエネルギーを持つことでインフレーションが起こる．

スカラー場とは，時空の各点において値が決まっており，特定の方向を持たない場であり，その代表的な例は素粒子の標準模型で現れるヒッグス場である．場の量子論に基づくと，粒子の位置と運動量の不確定性に起因して，真空でもスカラー場に付随した真空のエネルギーが現れる．これは，宇宙が膨張してもその値が変わらないエネルギーであるが，その場合，スケール因子は (2.52) のように指数関数的に増加する．しかしこの場合は加速膨張が終了せず，その後に再加熱期，さらには輻射優勢期へと移行しないため，現実的なインフレー

※2 ……一般相対論の作用からのアインシュタイン方程式の導出について詳しく知りたい読者は，相対性理論（佐藤勝彦著，岩波書店），相対性理論（小玉英雄著，培風館）などを参照.

ションのシナリオにはならない．十分なインフレーションを起こしてそれが終了するには，スカラー場が持つエネルギーが時間的に変化して，最終的にエネルギーがほぼ0の真空にスカラー場が落ち着くような機構が必要である．スタロビンスキー模型では，スカラー場の真空のエネルギーではなく，時間変化する高次の曲率項 αR^2 が R より小さくなると，自動的にインフレーションが終了する．

CMBの観測から，インフレーションが起こったと考えられている典型的なエネルギースケールは 10^{16} GeV 程度であり，これは素粒子の標準模型の電弱スケールの 10^2 GeV 程度より桁違いに大きい．そのため，素粒子の標準模型の枠組みで，ヒッグス場が持つような真空のエネルギーによって現実的なインフレーションを起こすことが難しい．しかし，強い力と電弱力の統一を試みる大統一理論では，エネルギースケールが 10^{15} GeV 程度で強い力の分岐が起こるために，インフレーションと同程度のエネルギースケールの物理を記述する．

この観点から，SU(5) 大統一理論で現れるヒッグス場が持つ真空のエネルギーに基づく**古いインフレーション**模型が，佐藤 (Katsuhiko Sato)[30]，カザナス (Demosthenes Kazanas)[31]，グース (Alan Guth)[32] らによって1980年に提唱された．この模型では，高温においてスカラー場 ϕ は正のエネルギー密度 ρ_V を持つ偽の真空 ($\phi = 0$) に静止しているが，温度が下がるにつれて，ϕ の持つ有効ポテンシャル $V(\phi)$ の形が，図4.2の左側の図のように変化して

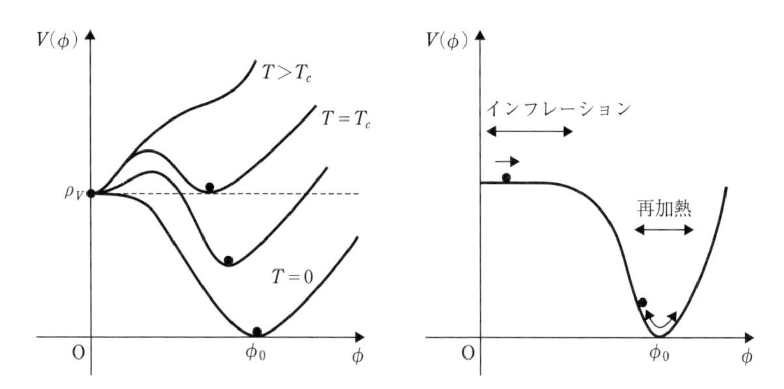

図 4.2 古いインフレーション（左）と新しいインフレーション（右）における，スカラー場 ϕ のポテンシャル $V(\phi)$.

いく．臨界温度 T_c を下回ると，ポテンシャルが $\phi \neq 0$ の位置に最小値を持つようになる．しかし，しばらくはポテンシャル障壁が存在するため，$\phi = 0$ にある準安定状態から場が遷移せず，一定のエネルギー密度 ρ_V によってインフレーションが起こる．やがてトンネル効果でスカラー場が障壁を越えて，一次相転移によって $\phi \neq 0$ の最小値に遷移し，最終的に温度が十分に下がると，$V(\phi_0) = 0$ となる真の真空 $\phi = \phi_0$ で場が落ち着く．この相転移に基づく真空のエネルギーによるインフレーションでは，過冷却によって真空泡が発生し，それらが衝突することで再加熱が起こる．しかし，その泡同士の衝突によって，宇宙の大域的な一様等方性を保証するのに必要な，十分に長い加速膨張が起こらないという問題点があった．

この問題点を改善するため，リンデ (Andrei Linde)[33] および，アルブレヒト (Andreas Albrecht) とスタインハート (Paul Steinhardt)[34] は独立に，ヒッグス場がゆっくりとポテンシャル上を転がるときに宇宙の加速膨張が起こるという，**新しいインフレーション**模型を提唱した．この模型では，宇宙の温度が十分に下がるとポテンシャル障壁が存在しなくなることを用いて，図 4.2 の右側の図のように，スカラー場が $\phi = 0$ 付近をゆっくり動く際のポテンシャルエネルギー $V(\phi)$ によってインフレーションが実現する．ポテンシャルの坂が急になり，場の運動が速くなると加速膨張は終了し，その後は場が $\phi = \phi_0$ の周りを振動する再加熱期に入る．この再加熱期には，スカラー場の持つポテンシャルエネルギーが輻射のエネルギーに転換される．なお，この新しいインフレーション模型での遷移は，準安定状態の存在しない 2 次相転移であり，宇宙全体が泡の中に入っており，古いインフレーションでの再加熱の問題点は改善されている．しかし，大統一理論の枠組みの模型では，ポテンシャルがほぼ平坦な部分で起こるインフレーション期に生成される原始密度揺らぎが大きくなりすぎて，CMB の観測と矛盾するという問題があり，最初に提案された新しいインフレーション模型は棄却されている．

その一方で，新しいインフレーション模型の提唱は，スカラー場がほぼ平坦なポテンシャルに沿ってゆっくりと運動するときに宇宙の加速膨張が起こるという，**スローロール・インフレーション**という枠組みを提供した．大統一理論の代わりに，超弦理論や超重力理論のような自然界の 4 つの力の統一を試みる理論で現れる量子場とそれらに付随したポテンシャルエネルギー，もしくはスタロビンスキー模型のように一般相対論を拡張した重力理論に基づくインフレーション模型の研究が，1980 年代から現在まで活発に行われてきた．その大部分は，スカラー場またはスカラー自由度に基づくスローロール・インフレーションであり，数多くの模型が存在している．その中で幾つかの代表的な模型を以下で挙げる．

図 4.2 にあるようなインフレーション模型は，初期に存在していた $\phi=0$ での対称性が自発的に破れて安定な真空に落ち着くことを利用している．一般に，大域的な U(1) 対称性を持つワインボトル型のスカラー場のポテンシャルは，自発的対称性の破れが起こった後に，動径方向の質量を持つ場 χ と，ワインボトルの底の円の接線方向の質量が 0 の南部・ゴールドストーン (NGB) 場 ϕ を生成する．この NGB 場が，あるエネルギースケール μ で対称性の破れを起こして質量を獲得したとき，この場を**擬南部・ゴールドストーン (pNGB) 場**と呼ぶ．pNGB 場の代表例は，第 3.1 節でも触れたアキシオンであり，強い相互作用における CP 対称性の破れが小さいことを説明するために最初に導入された．アキシオンは超弦理論でもその存在が予言され，その場合，幅広い範囲の質量を持つことが可能である．pNGB ボソンに基づく**ナチュラルインフレーション**模型は，フリーズ (Katherine Freese) らによって 1990 年に提唱され，そのポテンシャルは

$$V(\phi)=\mu^4\left[1+\cos\left(\frac{\phi}{f}\right)\right] \tag{4.28}$$

という形を持つ [35]．ここでの定数 f は，大域的な自発的対称性の破れのスケールを表す．ポテンシャル (4.28) は，スカラー場 ϕ に関して周期 $2\pi f$ を持つ．図 4.2 の右側の新しいインフレーション模型と同様に，$\phi=0$ 付近のポテンシャルが平坦な領域で加速膨張が起こり，$\phi=\pi f$ の周りで pNGB 場が振動を始めると再加熱期に移行する．

上記のようないくつかの模型よりも単純化された，**カオス的インフレーション**というシナリオが 1983 年にリンデ (Andrei Linde) によって提唱された [36]．そのポテンシャルは

$$V(\phi)=\lambda_n\phi^n \tag{4.29}$$

で与えられ，$\phi=0$ に最小値を持つ（λ_n と n は正の定数）．この模型では，ス

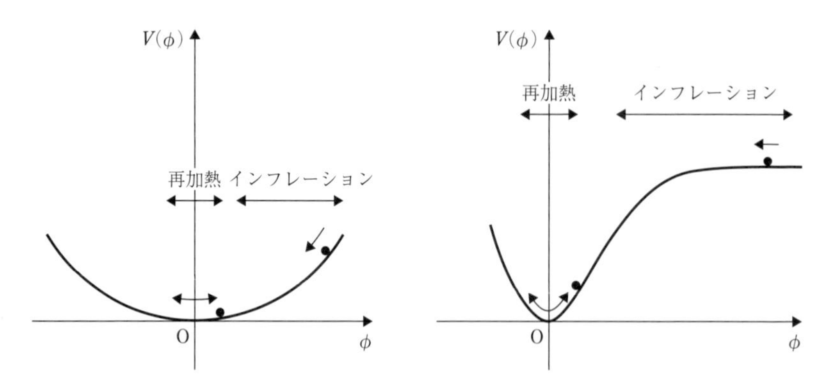

図 4.3 左の図は，カオス的インフレーションのポテンシャル (4.29) で $n=2$ のときに相当する．右の図は，スタロビンスキーインフレーションのスカラー自由度 ϕ の有効ポテンシャルであり，(4.30) で $\alpha=1$ に対応する．

カラー場の初期値は宇宙の領域によって異なり，ϕ が大きな期待値を持っている領域では (4.29) のポテンシャルエネルギーが大きく，そこでインフレーションが始まる（図 4.3 の左側を参照）．そのようなスカラー場が大きな領域で加速膨張が起こり，やがて場が $\phi=0$ のポテンシャルの極小値に近づき振動を始めると，再加熱のプロセスが進行する．

また，スタロビンスキー模型 (4.27) では，αR^2 の項の存在によって重力的なスカラー自由度が現れる．その場合，共形変換という計量に関する変換を作用 (4.27) に施すことによって，アインシュタイン系と呼ばれる作用 (4.26) に移ることができる．その系では，スカラー自由度 ϕ は第 4.4 節で議論するような正準運動エネルギー項を持ち，ポテンシャルは

$$V(\phi)=V_0\left[1-\exp\left(-\sqrt{\frac{2}{3\alpha}}\frac{\phi}{cM_{\rm pl}}\right)\right]^2 \tag{4.30}$$

で与えられる [37]．スタロビンスキー模型は $\alpha=1$ に相当し，V_0 は定数で，$M_{\rm pl}$ は

$$M_{\rm pl}=\frac{c}{\sqrt{8\pi G}} \tag{4.31}$$

である．$\alpha=1$ に限らず，任意の正の定数 α を持つポテンシャル (4.30) に基づくシナリオを，**α-アトラクター模型**と呼び，超重力理論の枠組みで (4.30) の形のポテンシャルを導出する試みが行われている [38]．(4.30) において，$\phi\to\infty$

で $V(\phi) \to V_0$ であるから，ϕ が大きな値を持つ領域でポテンシャルは平坦に近く，その領域で十分なインフレーションが実現する（図 4.3 の右側を参照）．$\phi = 0$ 付近では，ポテンシャル (4.30) は $V(\phi) \propto \phi^2$ という依存性を持ち，スカラー場が $\phi = 0$ の周りで振動を始めると，再加熱期に移行する．カオス的インフレーションとの違いは，ポテンシャル (4.30) の曲率が，ϕ が大きい領域で上に凸である点である．

インフレーションを起こすスカラー場の起源は，現在まで特定されていないが，CMB の温度揺らぎの観測によって数多くの模型を選別することが可能であり，すでに棄却された模型も数多くある．上で挙げたいくつかの模型の観測からの選別については第 6.4 節で詳しく行うことにして，第 4.4 節ではインフレーションのダイナミックスについて議論していく．

4.4 加速膨張の機構

インフレーションを起こす起源である場を一般に**インフラトン**と呼び，以下ではインフラトンが実スカラー場 ϕ である場合を考える．時空点 x^μ ($\mu = 0, 1, 2, 3$) に付随した 4 次元時空の計量を $g_{\mu\nu}$ とすると，ϕ に依存するポテンシャルエネルギー $V(\phi)$ を持つスカラー場の作用積分は，

$$\mathcal{S}_m = \int \mathrm{d}^4 x \sqrt{-g}\, \mathcal{L}\,, \qquad \mathcal{L} = -\frac{1}{2} g^{\mu\nu} \partial_\mu \phi \partial_\nu \phi - V(\phi) \tag{4.32}$$

で与えられる．ここで，$\partial_\mu \phi = \partial\phi / \partial x^\mu$ である．ラグランジュ密度 $\mathcal{L}$ は，場の運動エネルギー $\mathcal{K} = -(1/2) g^{\mu\nu} \partial_\mu \phi \partial_\nu \phi$ からポテンシャルエネルギー V を引いた $\mathcal{K} - V$ に相当する．$\mathcal{L}$ はスカラー量であり，(4.32) の作用は座標系に依らない共変的な形をしている．

一般にスカラー場は時刻 t と位置 x^i ($i = 1, 2, 3$) の関数であるが，線素 (3.35) で与えられる一様等方宇宙では，ϕ は x^i には依存せず，t のみの関数で

$$\phi = \phi(t) \tag{4.33}$$

で与えられる．第 4.2.2 節で示したように，初期に 0 でない空間曲率項 K が存在しても，インフレーションが始まるとその項はすぐに無視できるようになる

ので，以下では線素 (3.35) の下でインフレーションの機構を考える．共変計量テンソル $g_{\mu\nu}$ の 0 でない成分は，(4.25) で与えられるので，$\sqrt{-g} = \sqrt{a^6} = a^3$ である．また，反変と共変の計量テンソルの間の関係

$$g^{\mu\nu} g_{\nu\lambda} = \delta^{\mu}_{\lambda} \tag{4.34}$$

を用いる（クロネッカーのデルタ δ^{μ}_{λ} は，$\mu = \lambda$ のとき 1 で，それ以外は 0）ことにより，反変計量テンソル $g^{\mu\nu}$ のうち 0 でないものは

$$g^{00} = -1, \qquad g^{11} = g^{22} = g^{33} = \frac{1}{a^2(t)} \tag{4.35}$$

で与えられる．場 ϕ が $x^0 = ct$ による依存性のみを持つことに注意して，作用 (4.32) は

$$\mathcal{S}_m = \int \mathrm{d}^4 x\, L, \qquad L = \sqrt{-g}\,\mathcal{L} = a^3 \left[\frac{1}{2c^2}\dot{\phi}^2 - V(\phi) \right] \tag{4.36}$$

となる．ただし，$\dot{\phi} = c\,\partial_0 \phi = \partial\phi/\partial t$ である．スカラー場の運動方程式は，L の ϕ に関する変分により得られる．これは，解析力学での質点のラグランジュ方程式において，一般化座標 q を ϕ に読み替えた式

$$\frac{\mathrm{d}}{\mathrm{d}t}\left(\frac{\partial L}{\partial \dot{\phi}} \right) - \frac{\partial L}{\partial \phi} = 0 \tag{4.37}$$

に相当する．(4.36) を (4.37) に代入すると，

$$\ddot{\phi} + 3H\dot{\phi} + c^2 V_{,\phi}(\phi) = 0 \tag{4.38}$$

を得る．ここで，$H = \dot{a}/a$, $V_{,\phi}(\phi) = \mathrm{d}V(\phi)/\mathrm{d}\phi$ である．(4.38) において，$c^2 V_{,\phi}(\phi)$ はポテンシャルの勾配によってスカラー場に働く力を表し，ポテンシャルが平坦であるほどこの力は小さくなり，場はゆっくりと運動する．また $3H\dot{\phi}$ は，スカラー場の速度 $\dot{\phi}$ に比例した摩擦力を表し，ニュートン力学で学んだ空気抵抗力のように運動を妨げる働きを持つ．

なお，(4.36) のラグランジアン L から得られる共役運動量は，$p = \partial L/\partial\dot{\phi} = a^3\dot{\phi}/c^2$ で与えられるので，ハミルトニアンは

$$\mathcal{H} = p\dot{\phi} - L = a^3 \left[\frac{1}{2c^2}\dot{\phi}^2 + V(\phi) \right] \tag{4.39}$$

である．この $\mathcal{H}$ を 3 次元体積要素 a^3 で割った，

$$\varepsilon_\phi = \frac{\mathcal{H}}{a^3} = \frac{1}{2c^2}\dot{\phi}^2 + V(\phi) \tag{4.40}$$

がスカラー場のエネルギー密度を表す．(4.40) を t で微分し，(4.38) を用いると

$$\dot{\varepsilon}_\phi = -3H\frac{\dot{\phi}^2}{c^2} \tag{4.41}$$

を得る．ここで，スカラー場の圧力を

$$P_\phi = \frac{1}{2c^2}\dot{\phi}^2 - V(\phi) \tag{4.42}$$

と定義すると，(4.41) によって，通常の物質場と同じ形の連続方程式

$$\dot{\varepsilon}_\phi + 3H(\varepsilon_\phi + P_\phi) = 0 \tag{4.43}$$

が成り立つ．(4.36) から，場のラグランジアン密度 $\mathcal{L}$ は圧力 P_ϕ に等しい．

スカラー場の運動方程式 (4.38) を解くには，宇宙の膨張率 H についての情報も必要になる．重力相互作用については一般相対論で記述されるとし，その作用は (4.26) で与えられるとする．ただし，$\mathcal{S}_m$ はスカラー場の作用 (4.32) である．このときアインシュタイン方程式から，(2.38) と (2.51) において $\varepsilon \to \varepsilon_\phi$, $w \to P_\phi/\varepsilon_\phi$ とした式が成り立ち，いまは $K = 0$ の場合を考えているので

$$3H^2 M_{\rm pl}^2 = \frac{1}{2c^2}\dot{\phi}^2 + V(\phi)\,, \tag{4.44}$$

$$\frac{\ddot{a}}{a} = \frac{1}{3M_{\rm pl}^2}\left[V(\phi) - \frac{\dot{\phi}^2}{c^2}\right] \tag{4.45}$$

を得る．なお，$M_{\rm pl}$ は (4.31) で定義される定数である．インフレーションが起こる条件は，(4.45) で $\ddot{a} > 0$ すなわち

$$V(\phi) > \frac{\dot{\phi}^2}{c^2} \tag{4.46}$$

であり，この下でスカラー場の圧力 (4.42) は負である．この条件は，ポテンシャル $V(\phi)$ が十分に平坦な領域を持ち，スカラー場がその領域をゆっくり動く場合に実現する．特に $V(\phi) \gg \dot{\phi}^2/c^2$ であるとき効率的にインフレーショ

ンが起こり，そのとき (4.38) において 2 階微分 $\ddot{\phi}$ は他の項に比べて無視でき，近似的に

$$3H\dot{\phi} + c^2 V_{,\phi}(\phi) \simeq 0 \tag{4.47}$$

が成り立つ．このことは，ポテンシャルの勾配によってスカラー場に働く力 $-c^2 V_{,\phi}(\phi)$ と宇宙膨張による摩擦力 $3H\dot{\phi}$ がほぼ釣り合っていることを示す．さらに (4.44) でも，$\dot{\phi}^2/(2c^2)$ は $V(\phi)$ に比べて無視できるので，

$$3H^2 M_{\rm pl}^2 \simeq V(\phi) \tag{4.48}$$

となる．この式を t で微分し，(4.47) を用いると

$$\dot{H} \simeq -\frac{\dot{\phi}^2}{2c^2 M_{\rm pl}^2} \tag{4.49}$$

を得る．(4.47)–(4.49) の導出の際に用いた，スカラー場の運動エネルギーがポテンシャルエネルギーに対して十分小さいという近似を，**スロー ロール近似**と呼ぶ．この近似の下で，インフレーション期の e-foldings 数 (4.12) をスカラー場のポテンシャルを使って表してみよう．(4.12) を時間 t で微分すると，$\dot{N} = -\dot{a}/a = -H$ であるから，N は

$$N = -\int_{t_f}^{t} H {\rm d}\tilde{t} = -\int_{\phi_f}^{\phi} \frac{H}{\dot{\tilde{\phi}}} {\rm d}\tilde{\phi} \tag{4.50}$$

と表せる．ここで ϕ と ϕ_f はそれぞれ，インフレーション中の時刻 t と終わりの時刻 t_f でのスカラー場の値である．スローロール近似による 2 つの式 (4.47) と (4.48) を用いると，$H/\dot{\phi} \simeq -V/(c^2 M_{\rm pl}^2 V_{,\phi})$ が成り立つから，

$$N \simeq \frac{1}{c^2 M_{\rm pl}^2} \int_{\phi_f}^{\phi} \frac{V}{V_{,\tilde{\phi}}} {\rm d}\tilde{\phi} \tag{4.51}$$

を得る．つまり，ポテンシャル $V(\phi)$ が与えられれば，N は ϕ の関数として表せる．そのためには，インフレーション終了時のスカラー場の値 ϕ_f も知る必要がある．

宇宙の加速膨張の条件は，(3.24) で与えられる実効的な状態方程式 $w_{\rm eff}$ が $-1/3$ より小さいことである．ここで，

$$\epsilon_H = -\frac{\dot{H}}{H^2} \tag{4.52}$$

で定義される**スロ－ロールパラメータ**を導入すると，$w_{\rm eff} = -1 + 2\epsilon_H/3$ と表される．インフレーションが起こる条件は，$w_{\rm eff} < -1/3$ すなわち $\epsilon_H < 1$ である．特に，$\epsilon_H \ll 1$ すなわち $w_{\rm eff} \simeq -1$ の領域では，$a(t)$ の時間変化が指数関数に近い急激な加速膨張が起こる．インフレーションが終わりに近づくと ϵ_H は増加し，$\epsilon_H = 1$ になると加速膨張期は終了する．スローロール近似の式 (4.47)–(4.49) を用いると，

$$\epsilon_H \simeq \frac{3\dot{\phi}^2}{2c^2 V} \simeq \frac{c^2 V_{,\phi}^2}{6H^2 V} \simeq \frac{c^2 M_{\rm pl}^2}{2}\left(\frac{V_{,\phi}}{V}\right)^2 \tag{4.53}$$

を得る．インフレーション終了時のスカラー場の値 ϕ_f は，条件 $\epsilon_H = 1$ から求めることができる．

カオス的インフレーションのポテンシャル (4.29) の場合に，具体的に (4.51) と (4.53) から N と ϵ_H を計算すると，

$$N = \frac{\phi^2 - \phi_f^2}{2c^2 M_{\rm pl}^2 n}, \qquad \epsilon_H = \frac{c^2 M_{\rm pl}^2 n^2}{2\phi^2} \tag{4.54}$$

を得る．$\phi > 0$ の領域でインフレーションが起こる場合を考えると，加速膨張の終了時の ϕ の値は，$\epsilon_H = 1$ から，$\phi_f = cM_{\rm pl}n/\sqrt{2}$ と求まる．以上から，インフレーション中の ϕ と N の関係は，

$$\phi(N) = \sqrt{2n\left(N + \frac{n}{4}\right)}\, cM_{\rm pl} \tag{4.55}$$

となる．例えば $n = 2$ のポテンシャルのとき，条件 $N > 65$ は $\phi > 16.2cM_{\rm pl}$ に相当するので，このような大きなスカラー場の値からインフレーションが始まれば，地平線問題と平坦性問題を同時に解決できる．なお $N \gg 1$ の領域では，(4.54) の N において，ϕ_f^2 が ϕ^2 と比べて無視できるので，

$$\epsilon_H \simeq \frac{n}{4N} \tag{4.56}$$

を得る．$n = 2, 4$ のとき，$N = 65$ で ϵ_H は 10^{-2} 程度のオーダーである．インフレーションが進行して N が小さくなるにつれて ϵ_H は増加していき，$\epsilon_H = 1$ になると加速膨張が終了する．

次に (4.30) のポテンシャルで $\alpha > 0$ のとき，(4.51) と (4.53) の N と ϵ_H を計算すると，

$$N = \frac{3}{4}\alpha\left(\frac{1}{y} - \frac{1}{y_f} + \log\frac{y}{y_f}\right), \qquad \epsilon_H = \frac{4y^2}{3\alpha(1-y)^2} \tag{4.57}$$

となる．ただし，

$$y = e^{-\sqrt{2/(3\alpha)}\,\phi/(cM_{\rm pl})} \tag{4.58}$$

である．インフレーション終了時の y の値 y_f (>0) は，$\epsilon_H = 1$ として，

$$y_f = \frac{2\sqrt{3\alpha} - 3\alpha}{4 - 3\alpha} \tag{4.59}$$

である．

スタロビンスキー模型のアインシュタイン系でのポテンシャルは，(4.30) で $\alpha = 1$ であり，この場合を考えてみよう．このとき $y_f = 0.464$ であり，条件 $N > 65$ は $\phi > 5.55cM_{\rm pl}$ に相当し，このスカラー場の最小値はカオス的インフレーションのときよりも小さい．$N \gg 1$ の領域では $0 < y \ll 1$ であるから，(4.57) の N と ϵ_H は

$$N \simeq \frac{3}{4y}, \qquad \epsilon_H \simeq \frac{4y^2}{3} \tag{4.60}$$

と近似でき，両者は

$$\epsilon_H \simeq \frac{3}{4N^2} \tag{4.61}$$

と関係している．$N = 65$ で ϵ_H は 10^{-4} 程度のオーダーであり，カオス的インフレーションの場合の ϵ_H と比べて小さい．これは，スタロビンスキー模型のスカラー自由度の有効ポテンシャル $V(\phi)$ が，ϕ が大きい領域で平坦に近づくためである．このような，スローロールパラメータの値の違いは，CMB の温度揺らぎの観測量に影響を与える．それによってどのような模型が観測的に好まれるかを調べることができるが，その詳細は第 6.4 節で議論する．

第5章

物質の進化

インフレーションの直後，宇宙は再加熱期に入り，この時期にスカラー場の持つエネルギーが輻射に転換され，宇宙は熱い火の玉になったと考えられている．この時期に，素粒子の標準模型で存在する粒子が生成され，それらは最初は全て相対論的に振る舞っていた．宇宙の膨張とともに温度 T が下がっていき，やがて 10^{10} K 程度になると，中性子と陽子から重水素やヘリウムの原子核を作る元素合成が進行し始める．本章では，再加熱の機構とビッグバン元素合成について説明していく．なお，本章以降では，光速 c と換算プランク定数 $\hbar$ をともに 1 とする**自然単位系**

$$c = 1\,, \qquad \hbar = 1 \tag{5.1}$$

を用いる※3．このとき，(4.4)–(4.7) と (4.31) は，

$$E_{\rm pl} = m_{\rm pl} = \frac{1}{l_{\rm pl}} = \frac{1}{t_{\rm pl}} = \sqrt{8\pi} M_{\rm pl} = \frac{1}{\sqrt{G}} \tag{5.2}$$

となる．ここで $M_{\rm pl}$ を**換算プランク質量**と呼び，

$$M_{\rm pl} = \frac{E_{\rm pl}}{\sqrt{8\pi}} = 2.435 \times 10^{18}\ {\rm GeV} \tag{5.3}$$

である．自然単位系の下では，エネルギーと質量は等価であり，それらは長さと時間とは逆の次元を持つ．なお，c と $\hbar$ を陽に書いた方が議論が明確になる場合は，それらを明示することにする．

※3……この単位系が，“自然” に感じられない方々もいると思う．実際，筆者が修士課程 1 年生の頃は，単位が明確に分かるように全ての物理量に $c, \hbar$ をつけて書いていた．しかしその後，具体的な初期宇宙の研究を始めると，これらをいちいち書くのは冗長で，数値計算などで必要な時だけそれらを復活させればよいことを実感したのである．

5.1 再加熱

インフレーションが始まったときの宇宙の温度は不明であるが，絶対温度 T はスケール因子 a に反比例するため，急激な加速膨張のためにインフレーションが終わる頃の温度は限りなく 0 に近づく．スカラー場 ϕ の持つポテンシャルエネルギー $V(\phi)$ によってインフレーションが引き起こされるとすると，$V(\phi)$ の勾配が緩やかな領域で加速膨張が起こり，場がポテンシャルの極小値に近づいて (4.53) の ϵ_H が 1 程度になるとインフレーションが終了する．

インフラトン場 ϕ のポテンシャル $V(\phi)$ が $\phi = \phi_0$ に極小値 0 を持つ場合，$V(\phi_0) = 0$, $V_{,\phi}(\phi_0) = 0$ を満たす．これらを用いて，$V(\phi)$ を $\phi = \phi_0$ の周りでテーラー展開すると，近似的に $V(\phi) \simeq (1/2)V_{,\phi\phi}(\phi_0)(\phi - \phi_0)^2$ となる．ここで $V_{,\phi\phi}$ は，V の ϕ による 2 階微分 $\mathrm{d}^2V/\mathrm{d}\phi^2$ を表す．図 5.1 の左側の図の場合のように，特に $\phi_0 = 0$ とおいて一般性を失わないので，スカラー場の極小値の周りでのポテンシャルが，

$$V(\phi) = \frac{1}{2}m^2\phi^2 \tag{5.4}$$

で与えられるとき，再加熱の機構について調べていく．ここで，$m^2 = V_{,\phi\phi}(0)$ は場の質量の 2 乗に相当する．(5.4) はカオス的インフレーションのポテンシャル (4.29) で $n = 2$ に相当し，その場合は第 6 章で考察する CMB の温

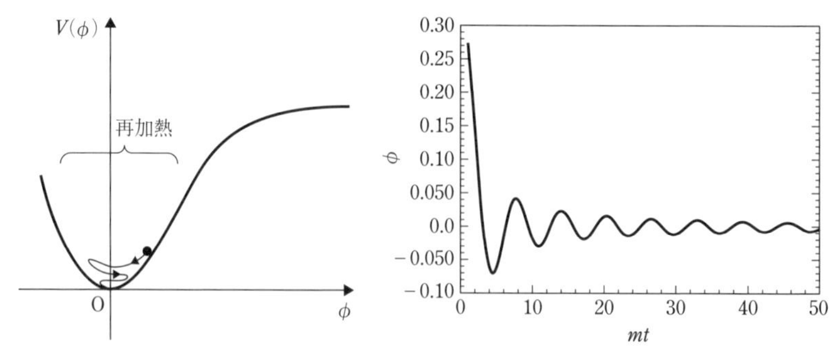

図 5.1 (左) ポテンシャル $V(\phi)$ の極小値 ($\phi_0 = 0$) の周りでのスカラー場 ϕ の振動．(右) 再加熱期のスカラー場 ϕ の時間 t に関する依存性．

度揺らぎの観測データから，$m \simeq 10^{13}$ GeV 程度になる．宇宙の膨張率 H はインフレーション中は典型的に 10^{14} GeV 程度であるが，再加熱期には質量 $m \simeq 10^{13}$ GeV 以下の値に減少していくので，以下では

$$H \ll m \tag{5.5}$$

の領域で，再加熱の機構を考えていく．

5.1.1 スカラー場の振動

スカラー場が宇宙のエネルギー密度を支配しているとき，その時間発展を決める式は (4.38) と (4.44)，すなわち

$$\ddot{\phi} + 3H\dot{\phi} + m^2\phi = 0\,, \tag{5.6}$$

$$3H^2 M_{\rm pl}^2 = \frac{1}{2}\dot{\phi}^2 + \frac{1}{2}m^2\phi^2 \tag{5.7}$$

で与えられる．ここで，ドットは時間 t による微分である．インフレーション中には，(5.6) の $\ddot{\phi}$ の項と，(5.7) の $\dot{\phi}^2/2$ の項が他の項に対して無視できるが，スカラー場が $\phi = 0$ の周りで振動する時期になると，これらの項はもはや無視できない．ϕ の代わりに，$\varphi = a^{3/2}\phi$ という場を定義すると，(5.6) は

$$\ddot{\varphi} + \left(m^2 - \frac{9}{4}H^2 - \frac{3}{2}\dot{H}\right)\varphi = 0 \tag{5.8}$$

と表せる．インフレーションの終わりには，スローロールパラメータ $\epsilon_H = -\dot{H}/H^2$ は 1 程度になり，本節で示すように再加熱期は一時的な物質優勢期であるため，$-\dot{H}$ は高々 H^2 のオーダーである．そのため，条件 (5.5) を用いると (5.8) は，

$$\ddot{\varphi} + m^2\varphi \simeq 0 \tag{5.9}$$

と近似できる．これは φ が単振動することを示し，任意定数 ϕ_0 と θ_0 を用いて，一般解は $\varphi = \phi_0 \sin(mt + \theta_0)$ と表せる．よってスカラー場 ϕ は，

$$\phi = \frac{\phi_0}{a^{3/2}} \sin\left(mt + \theta_0\right) \tag{5.10}$$

のように振幅が減少する減衰振動をする（図 5.1 の右側の図を参照）．これを t で微分して得られる場の速度は，

$$\dot{\phi} = \frac{\phi_0}{a^{3/2}} \left[m\cos(mt+\theta_0) - \frac{3}{2}H\sin(mt+\theta_0) \right] \simeq \frac{\phi_0}{a^{3/2}} m\cos(mt+\theta_0) \tag{5.11}$$

となる．ここで，(5.5) の近似を用いた．厳密には，$m\cos(mt+\theta_0)$ が 0 となる時刻の前後では (5.11) の最後の近似は正しくないが，振動周期よりも十分長い時間スケールでの $\dot{\phi}$ の振幅を決めるのは，$m\cos(mt+\theta_0)$ の項である．このような長い時間の平均に対して，$\langle \sin^2(mt+\theta_0) \rangle = \langle \cos^2(mt+\theta_0) \rangle = 1/2$ が成り立つから，スカラー場の運動エネルギーとポテンシャルエネルギーに関して，

$$\left\langle \frac{1}{2}\dot{\phi}^2 \right\rangle = \left\langle \frac{1}{2}m^2\phi^2 \right\rangle = \frac{m^2\phi_0^2}{4a^3} \tag{5.12}$$

という**ビリアル平衡**が成り立っている．これは，$\dot{\phi}^2/2$ と $m^2\phi^2/2$ が長い時間で平均すると同程度になることを示し，インフレーションの時期に $\dot{\phi}^2/2 \ll m^2\phi^2/2$ であるのと対照的である．場の圧力 P_ϕ は (4.42) で与えられているが，ビリアル平衡 (5.12) の下で，P_ϕ の時間平均は

$$\langle P_\phi \rangle = \left\langle \frac{1}{2}\dot{\phi}^2 \right\rangle - \left\langle \frac{1}{2}m^2\phi^2 \right\rangle = 0 \tag{5.13}$$

となる．つまりスカラー場の振動期には，場は平均の圧力が 0 の非相対論的物質として振る舞っている．このことから，スカラー場がほとんど輻射に崩壊しておらず前者のエネルギー密度が宇宙の大半を占める時期には，スケール因子の変化は物質優勢期のときと同じになるはずである．実際に (5.12) を (5.7) に代入すると，宇宙が膨張するブランチ ($H > 0$) に対応する解は，

$$a^{1/2}\frac{\mathrm{d}a}{\mathrm{d}t} = \frac{m\phi_0}{\sqrt{6}M_{\mathrm{pl}}} \tag{5.14}$$

である．この式を t で積分すると，積分定数を C として，

$$a(t) = \left(\frac{\sqrt{6}m\phi_0}{4M_{\mathrm{pl}}}t + \frac{3}{2}C \right)^{2/3} \tag{5.15}$$

を得る．ある程度の時間が経過すると $a(t) \propto t^{2/3}$ であり，物質優勢期のときと同じようにスケール因子は変化する．

5.1.2 輻射への崩壊

ここまでの議論は，スカラー場の輻射への崩壊を無視した議論であったが，そのような崩壊を考慮すると，(5.6) と (5.7) の 2 つの式は変更を受ける．その崩壊の仕方は，インフラトン場 ϕ が輻射に相当する場とどのように結合しているかに依存するが，インフラトン場の理論的な起源が確定していないため，いくつかの崩壊の可能性が考えられる [39]．ここでは，ϕ 場の運動方程式 (5.6) が，宇宙膨張による摩擦項 $3H\dot{\phi}$ 以外に，場の速度 $\dot{\phi}$ に比例する輻射への崩壊項 $\Gamma\dot{\phi}$ を含んでいる場合を考える．ここで，Γ は崩壊率に相当する正の定数である．このとき (5.6) は，

$$\ddot{\phi} + (3H + \Gamma)\,\dot{\phi} + m^2\phi = 0 \tag{5.16}$$

となる．インフレーション中には $3H$ は Γ よりも大きく，ϕ の運動方程式は近似的に (5.6) で与えられるが，再加熱期に $3H$ が Γ を下回るようになると，輻射への崩壊が進行し始める．スカラー場のエネルギー密度 $\rho_\phi = \dot{\phi}^2/2 + m^2\phi^2/2$ を用いると，(5.16) は

$$\dot{\rho}_\phi + (3H + \Gamma)\,\dot{\phi}^2 = 0 \tag{5.17}$$

と書ける．ϕ の振動の 1 周期よりも十分長い時間では，ビリアル平衡 (5.12) が成り立っているので，ρ_ϕ の時間平均に関して，$\langle\rho_\phi\rangle = \langle\dot{\phi}^2\rangle$ が成り立つ．以下では，時間平均の記号 $\langle\cdots\rangle$ を陽に書かないことにすると，(5.17) から

$$\dot{\rho}_\phi + 3H\rho_\phi = -\Gamma\rho_\phi \tag{5.18}$$

を得る．

一方，輻射のエネルギー密度を ρ_r，圧力を P_r とすると，スカラー場の輻射への崩壊がない場合には，連続方程式 (2.32) で $\rho \to \rho_r$, $P/c^2 \to \rho_r/3$ とした式 $\dot{\rho}_r + 4H\rho_r = 0$ が成り立つ．いまはスカラー場の崩壊によって輻射へのエネルギー流入があり，(5.18) の右辺の崩壊項の符号を変えた項 $+\Gamma\rho_\phi$ が輻射の運動方程式に加わり，

$$\dot{\rho}_r + 4H\rho_r = +\Gamma\rho_\phi \tag{5.19}$$

となる．また，フリードマン方程式 (5.7) の右辺には，ρ_ϕ だけでなく ρ_r も加わるため，

$$3H^2M_{\rm pl}^2 = \rho_\phi + \rho_r \tag{5.20}$$

となる．(5.18)–(5.20) の 3 つの式を解くことで，再加熱期の ρ_ϕ, ρ_r, a の進化が決まることになる．

まずは (5.18) を解くために，

$$\frac{1}{\rho_\phi}\frac{{\rm d}\rho_\phi}{{\rm d}t} = -\frac{3}{a}\frac{{\rm d}a}{{\rm d}t} - \Gamma \tag{5.21}$$

と変形してから t で積分すると，積分定数を C_1 として

$$\rho_\phi = C_1 a^{-3} e^{-\Gamma t} \tag{5.22}$$

を得る．再加熱の開始時刻を t_i，そのときのスケール因子を a_i，ρ_ϕ の値を $\rho_\phi^{(i)}$ とすると，$C_1 = \rho_\phi^{(i)} a_i^3 e^{\Gamma t_i}$ であるから，

$$\rho_\phi = \rho_\phi^{(i)} \left(\frac{a}{a_i}\right)^{-3} e^{-\Gamma(t-t_i)} \tag{5.23}$$

が得られる．

時刻 t が $\Gamma(t-t_i) \ll 1$ を満たす再加熱の初期，すなわち

$$t \ll t_i + \frac{1}{\Gamma} \tag{5.24}$$

では $e^{-\Gamma(t-t_i)} \simeq 1$ であるから，近似的に $\rho_\phi \simeq \rho_\phi^{(i)}(a/a_i)^{-3}$ であり，ρ_ϕ は非相対論的物質のエネルギー密度と同じように a^{-3} に比例して減少する．この時期には輻射はまだ十分に生成しておらず，(5.20) で $\rho_\phi \gg \rho_r$ である．(5.13) と (5.15) で示したように，この時期は圧力の無視できるスカラー場が宇宙のエネルギー密度を支配する一時的な物質優勢期であり，スケール因子の時間発展は

$$a(t) \simeq a_i \left(\frac{t}{t_i}\right)^{2/3} \tag{5.25}$$

で与えられる．ρ_ϕ は，非相対論的物質のエネルギー密度と同様に，

$$\rho_\phi \simeq \rho_\phi^{(i)} \left(\frac{a}{a_i}\right)^{-3} \simeq \rho_\phi^{(i)} \left(\frac{t}{t_i}\right)^{-2} \tag{5.26}$$

と変化する．この式を (5.19) の右辺に代入し，(5.19) の左辺を $a^4\rho_r$ の時間微

分で書くと，

$$\frac{1}{a^4}\frac{\mathrm{d}}{\mathrm{d}t}\left(a^4\rho_r\right) = \Gamma\rho_\phi^{(i)}\left(\frac{t}{t_i}\right)^{-2} \tag{5.27}$$

となる．さらに (5.25) を代入することで，

$$\frac{\mathrm{d}}{\mathrm{d}t}\left[\left(\frac{t}{t_i}\right)^{8/3}\rho_r\right] = \Gamma\rho_\phi^{(i)}\left(\frac{t}{t_i}\right)^{2/3} \tag{5.28}$$

となるので，t について積分して，

$$\rho_r = \frac{3\Gamma\rho_\phi^{(i)}t_i^2}{5t} + C_2\left(\frac{t}{t_i}\right)^{-8/3} \tag{5.29}$$

を得る（C_2 は積分定数）．最初に輻射が存在しないという初期条件，つまり $t = t_i$ で $\rho_r = 0$ を用いると，$C_2 = -(3/5)\Gamma\rho_\phi^{(i)}t_i$ と決まるので，ρ_r の時間変化として

$$\rho_r = \frac{3\Gamma\rho_\phi^{(i)}t_i^2}{5t}\left[1 - \left(\frac{t}{t_i}\right)^{-5/3}\right] \tag{5.30}$$

が得られる．この式を t で微分することにより，ρ_r は時刻

$$t_m = \left(\frac{8}{3}\right)^{3/5} t_i \simeq 1.8t_i \tag{5.31}$$

で最大値

$$\rho_r^{\max} = \left(\frac{3}{8}\right)^{8/5} \Gamma\rho_\phi^{(i)}t_i \simeq 0.2\Gamma\rho_\phi^{(i)}t_i \tag{5.32}$$

を持つ．$t = t_i$ 付近で，宇宙は加速膨張から減速膨張に切り替わるので，その時刻での宇宙の膨張率を H_i として，$t_i \simeq 1/H_i$ 程度である．典型的な再加熱のシナリオでは，崩壊率は

$$\Gamma \ll H_i \tag{5.33}$$

の領域にあり，この場合，$\rho_r^{\max} \simeq 0.2\rho_\phi^{(i)}\Gamma/H_i \ll 0.2\rho_\phi^{(i)}$ である．一方，時刻 $t_m = 1.8t_i$ における (5.26) の ρ_ϕ の値は，$\rho_\phi(t_m) \simeq \rho_\phi^{(i)}/1.8^2 \simeq 0.3\rho_\phi^{(i)}$ 程度であるから，

$$\rho_r^{\max} \ll \rho_\phi(t_m) \tag{5.34}$$

を満たしている．

次に，時刻が

$$t_m \lesssim t \lesssim t_i + \frac{1}{\Gamma} \simeq \frac{1}{\Gamma} \tag{5.35}$$

での ρ_ϕ と ρ_r の時間変化を考える．なお (5.33) の条件下で，近似的に $t_i + 1/\Gamma \simeq 1/H_i + 1/\Gamma \simeq 1/\Gamma$ であることを用いている．(5.34) から，この時期には $\rho_r < \rho_\phi$ であり，宇宙のエネルギー密度の大部分はスカラー場が担っている．よって，ρ_ϕ の変化は (5.26)，すなわち

$$\rho_\phi \simeq \rho_\phi^{(i)} \left(\frac{t_i}{t}\right)^2 \tag{5.36}$$

で与えられる．一方 $t > t_m$ では，(5.30) の $(t/t_i)^{-5/3}$ の項が 0 に近づいていくので，

$$\rho_r \simeq \frac{3\Gamma\rho_\phi^{(i)} t_i^2}{5t} \tag{5.37}$$

となる．つまり図 5.2 のように，ρ_r は ρ_ϕ と比べてゆっくりと減少し，やがて ρ_r が ρ_ϕ に追いつく．(5.36) と (5.37) から，$\rho_r = \rho_\phi$ となる時刻 t_{R} は

$$t_{\mathrm{R}} = \frac{5}{3\Gamma} \tag{5.38}$$

で与えられる．

t_{R} は (5.35) の上限と同程度であり，$t > t_{\mathrm{R}} \simeq 1/\Gamma$ では，(5.23) で指数関数の項 $e^{-\Gamma(t-t_i)}$ が効き始め，ρ_ϕ が急激に減少する．すると (5.19) と (5.20) に

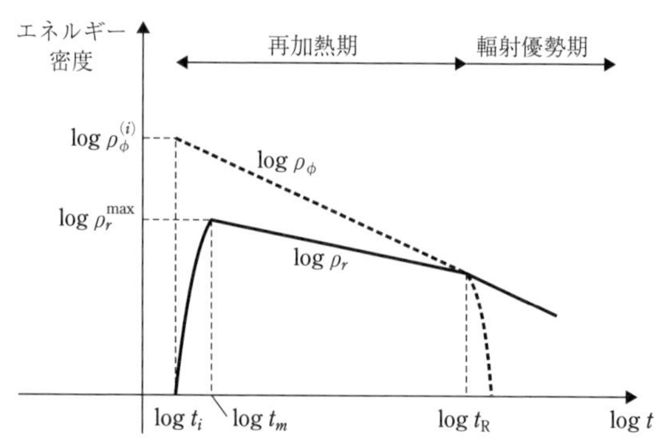

図 5.2 再加熱期と輻射優勢期の初期における，ρ_ϕ と ρ_r の時間変化．縦軸も横軸も対数スケールで表している．

おいて，$\rho_r \gg \rho_\phi \simeq 0$ であるから，

$$\dot{\rho}_r + 4H\rho_r \simeq 0\,, \qquad 3H^2 M_{\rm pl}^2 \simeq \rho_r \tag{5.39}$$

となり，輻射のエネルギー密度とスケール因子の変化が，それぞれ $\rho_r \propto a^{-4}$，$a \propto t^{1/2}$ で記述される輻射優勢期に移行する（図 5.2 を参照）．(5.37) を用いると，$t = t_{\rm R} = 5/(3\Gamma)$ での輻射のエネルギー密度は

$$\rho_r(t_{\rm R}) \simeq \frac{9}{25}\Gamma^2 \rho_\phi^{(i)} t_i^2 \tag{5.40}$$

となる．$t = t_i \simeq 1/H_i$ では，スカラー場のエネルギー密度は $\rho_\phi^{(i)} \simeq 3H_i^2 M_{\rm pl}^2$ と評価できるので，(5.40) は

$$\rho_r(t_{\rm R}) \simeq \frac{27}{25}\Gamma^2 M_{\rm pl}^2 \simeq (\Gamma M_{\rm pl})^2 \tag{5.41}$$

となる．つまり，輻射優勢期の始まりでの ρ_r は，崩壊率 Γ にのみ依存する．

5.1.3 再加熱温度

再加熱時に最終的に生成される輻射のエネルギー密度を (5.41) で導出したので，それに相当する再加熱温度 $T_{\rm R}$ を求めてみよう．この時期には，第 2.5 節で説明した素粒子の標準模型で存在する粒子の全てが相対論的であるので，それらのエネルギー密度は (2.96) で与えられる．電弱相互作用が分離しておらず，ヒッグス機構が働く以前の宇宙で，それらの全ての粒子の有効自由度 g_* を求めてみよう．

まずは力を媒介するスピン 1 のボース粒子として，光子，3 種類のウィークボソン ($\rm W^{\pm}$, $\rm Z^0$)，8 種類のグルーオンがあり，これらの粒子は質量 0 のベクトル場として振る舞い，左巻きと右巻きの回転に相当する内部自由度 2 をそれぞれ持つ．また，ゲージ群 SU(2)×U(1) で与えられるスピン 0 のヒッグス場 Φ は，Φ^+, Φ^0 という 2 つの複素場で記述される 2 重項を持つので，ヒッグス粒子の内部自由度は 4 である．以上から，ボース粒子の内部自由度は，

$$g_*^{\rm boson} = 2 + 3 \times 2 + 8 \times 2 + 4 = 28 \tag{5.42}$$

である．一方，フェルミ粒子としては，まず表 2.1 で挙げた 6 種類のクォークと反クォークがあり，それらのスピンと色荷によって内部自由度が 6 ずつあ

る．レプトンのうち，e^-, μ^-, τ^- とそれらの反粒子には，スピンによる内部自由度 2 がそれぞれ存在する．ν_e, ν_μ, ν_τ には左巻きスピン，$\bar{\nu}_e$, $\bar{\nu}_\mu$, $\bar{\nu}_\tau$ には右巻きスピンの内部自由度がそれぞれ 1 ずつ存在する．よって，フェルミ粒子の内部自由度は，

$$g_*^{\mathrm{fermion}} = \frac{7}{8}(6\times 6\times 2 + 3\times 2\times 2 + 3 + 3) = 78.75 \tag{5.43}$$

となる．以上から，素粒子の標準模型における粒子全てが相対論的で，絶対温度 T の熱平衡状態にあるときのエネルギー密度は，(5.1) の自然単位系で

$$\rho_r = \frac{\pi^2 g_* (k_{\mathrm{B}}T)^4}{30}, \qquad g_* = g_*^{\mathrm{boson}} + g_*^{\mathrm{fermion}} = 106.75 \tag{5.44}$$

で与えられる．超対称性理論で現れる超対称性粒子を考慮すると，g_* は (5.44) の約 2 倍の 200 程度になる．再加熱温度 T_{R} は，(5.41) と (5.44) を等置することで求まり，

$$k_{\mathrm{B}}T_{\mathrm{R}} \simeq 1.3 g_*^{-1/4}\sqrt{\frac{\Gamma}{M_{\mathrm{pl}}}}M_{\mathrm{pl}} = 6.5\times 10^8\sqrt{\frac{\Gamma}{1\ \mathrm{GeV}}}\ \mathrm{GeV} \tag{5.45}$$

で与えられる．2 番目の等号で，(5.44) の g_* と，(5.3) で与えられる換算プランク質量 M_{pl} の具体的な値を代入した．(2.55) のボルツマン定数の値を用いると，

$$T_{\mathrm{R}} \simeq 7.6\times 10^{21}\sqrt{\frac{\Gamma}{1\ \mathrm{GeV}}}\ \mathrm{K} \tag{5.46}$$

が得られる．Γ が大きいほど T_{R} は大きくなるが，上記の再加熱機構の議論で条件 (5.33) を用いているため，例えば $H_i = 10^{12}$ GeV ならば $\Gamma \ll 10^{12}$ GeV と制限され，$T_{\mathrm{R}} \ll 10^{28}$ K の範囲にある．Γ の大きさがどの程度であるかは，インフラトン場と輻射に相当する粒子の相互作用の強さに依存し，例えば $\Gamma = 1$ GeV のとき，再加熱温度は 10^{22} K のオーダーになる．このように，インフレーション中にほぼ 0 まで減少した宇宙の温度は，再加熱期にスカラー場のエネルギーが輻射に転換されることで超高温の火の玉宇宙になり，その後に輻射優勢期が始まる．

5.2 原子核の誕生前の核反応

再加熱の直後は，素粒子の標準模型の粒子は内部自由度が $g_* = 106.75$ の相対論的粒子として振る舞っていた．宇宙の温度が 10^{15} K 程度まで下がり，ヒッグス機構が働き多くの粒子が質量を獲得すると，それらはやがて非相対論的になる．質量の重い世代のクォークとレプトン，ウィークボソンは不安定でありこの段階で消滅するが，質量の軽い u, d クォークはしばらくはグルーオンとの共存状態にある．

宇宙の温度が 10^{12} K (~ 100 MeV$/k_{\rm B}$) 程度まで下がると，u, d クォークは，ハドロン状態の陽子 (p) と中性子 (n) としてしか安定に存在できなくなる．陽子と中性子の質量は 940 MeV 程度であるため，温度が 10^{12} K 程度に下がった状態では非相対論的になっている．この段階で，p と n 以外で崩壊せずに残っている粒子は，光子 (γ)，電子 (e^-) と陽電子 (e^+)，3 世代のニュートリノ (ν_e, ν_μ, ν_τ) と 3 世代の反ニュートリノ ($\bar{\nu}_e$, $\bar{\nu}_\mu$, $\bar{\nu}_\tau$) であり，e^- と e^+ が非相対論的になる温度 $T_{\rm NR,e} = 5.930 \times 10^9$ K$= 0.511$ MeV$/k_{\rm B}$ よりも高温では，全て相対論的である．つまり，宇宙の温度が 6×10^9 K $\lesssim T \lesssim 10^{12}$ K の時期での相対論的有効自由度は，

$$g_* = 2 + \frac{7}{8}(2+2+3+3) = 10.75 \tag{5.47}$$

である．この時期は輻射優勢期で，宇宙の膨張率 H と輻射のエネルギー密度 ρ_r との関係は

$$3H^2 M_{\rm pl}^2 = \frac{\pi^2 g_* (k_{\rm B}T)^4}{30} \tag{5.48}$$

である．自然単位系では，1 MeV$^{-1} = 6.5822 \times 10^{-22}$ s であることを用いて，

$$H(T) = 0.33 g_*^{1/2} \frac{(k_{\rm B}T)^2}{M_{\rm pl}} = 0.21 g_*^{1/2} \left(\frac{k_{\rm B}T}{1\ {\rm MeV}}\right)^2 \ {\rm s}^{-1} \tag{5.49}$$

を得る．宇宙時刻を t とすると，輻射優勢期 ($a \propto t^{1/2}$) では $H = 1/(2t)$ であるから，

$$t = \frac{1}{2H} = 2.42 g_*^{-1/2} \left(\frac{k_{\rm B}T}{1\ {\rm MeV}}\right)^{-2} \ {\rm s} \tag{5.50}$$

となる．この関係と (5.47) を用いると，$k_{\mathrm{B}}T = 1$ MeV は $t \simeq 0.7$ s に相当する．

以下の第 5.2.1 小節から第 5.2.3 小節までは，宇宙の温度が

$$10^{10}\ \mathrm{K} \lesssim T \lesssim 10^{12}\ \mathrm{K} \tag{5.51}$$

の時期における，素粒子間の核反応を考えていく．

5.2.1 ニュートリノと電子の相互作用の脱結合

(5.51) の温度 T の範囲で素粒子間において起こる核反応の中で，ニュートリノと反ニュートリノは弱い相互作用しか持たないため，その反応率 Γ が最も小さく一番最初に**脱結合**する．一般に，Γ が宇宙の膨張率 H よりも大きければ，反応が起こる頻度が宇宙膨張によってそれが消される効果を上回り，素粒子間の反応が起こるが，$\Gamma < H$ となると反応が起こらなくなる．電子ニュートリノは，宇宙初期の高温状態では

$$\nu_{\mathrm{e}} + \mathrm{e}^{\pm} \leftrightarrow \nu_{\mathrm{e}} + \mathrm{e}^{\pm}\,, \qquad \nu_{\mathrm{e}} + \bar{\nu}_{\mathrm{e}} \leftrightarrow \mathrm{e}^{-} + \mathrm{e}^{+} \tag{5.52}$$

のように電子，陽電子，反電子ニュートリノとの反応で熱平衡状態にある．これらの粒子は相対論的で，1 個あたりの平均エネルギー $\bar{E} \simeq k_{\mathrm{B}}T$ を持っている．弱い相互作用を記述するフェルミ理論によると，フェルミ結合定数

$$G_{\mathrm{F}} = 1.1664 \times 10^{-5}\ \mathrm{GeV}^{-2} \tag{5.53}$$

を用いて，反応 (5.52) の散乱断面積は

$$\sigma \simeq G_{\mathrm{F}}^2 \bar{E}^2 \simeq G_{\mathrm{F}}^2 (k_{\mathrm{B}}T)^2 \tag{5.54}$$

程度である．粒子の数密度を n，速度を v として，反応率（単位時間あたりの散乱の回数）は，$\Gamma = nv\sigma$ で与えられる．相対論的粒子の速度 v は光速 $c = 1$ に等しいと近似でき，(2.95) で与えられる数密度は，(5.47) の g_* を用いて，$n \simeq (k_{\mathrm{B}}T)^3$ と評価できる．以上から，(5.52) の反応率は

$$\Gamma \simeq G_{\mathrm{F}}^2\,(k_{\mathrm{B}}T)^5 \tag{5.55}$$

と表せ，温度 T の 5 乗に比例して減少していく．この Γ と (5.49) の宇宙の膨

張率 H との比は,

$$\frac{\Gamma}{H} \simeq \frac{M_{\rm pl} G_{\rm F}^2}{0.33\sqrt{g_*}} (k_{\rm B}T)^3 \simeq \left(\frac{k_{\rm B}T}{1.5\ {\rm MeV}}\right)^3 \tag{5.56}$$

となる．つまり，宇宙の温度が $T_{\rm D} = 1.5\ {\rm MeV}/k_{\rm B} = 1.7 \times 10^{10}\ {\rm K}$ まで下がると，それ以降は $\Gamma < H$ となり，反応 (5.52) が脱結合する．

5.2.2 レプトンの化学ポテンシャル

宇宙の温度が (5.51) の範囲にあるとき，相対論的な電子と陽電子は，2 つの光子 (γ) を生成，消滅する反応

$$\mathrm{e}^- + \mathrm{e}^+ \leftrightarrow \gamma + \gamma \tag{5.57}$$

を行っている．電子，陽電子，光子の化学ポテンシャルをそれぞれ $\mu_{\rm e^-}$, $\mu_{\rm e^+}$, μ_γ とすると，反応 (5.57) での化学ポテンシャルの保存から，$\mu_{\rm e^-} + \mu_{\rm e^+} = 2\mu_\gamma$ が成り立つ．光子については $\mu_\gamma = 0$ であるから，

$$\mu_{\rm e^+} = -\mu_{\rm e^-} \tag{5.58}$$

を得る．(2.86) において，相対論的粒子 ($E \simeq p \gg m$) が熱平衡状態にあって化学ポテンシャル μ が無視できない場合を考えると，フェルミ粒子の分布関数は $f = 1/[e^{(p-\mu)/(k_{\rm B}T)} + 1]$ で与えられる．よって，電子と陽電子の数密度はそれぞれ，運動量 p の積分として，

$$n_{\rm e^-} = \frac{g_*}{(2\pi\hbar)^3} \int_0^\infty {\rm d}p \frac{4\pi p^2}{e^{(p-\mu_{\rm e^-})/(k_{\rm B}T)} + 1}, \tag{5.59}$$

$$n_{\rm e^+} = \frac{g_*}{(2\pi\hbar)^3} \int_0^\infty {\rm d}p \frac{4\pi p^2}{e^{(p+\mu_{\rm e^-})/(k_{\rm B}T)} + 1} \tag{5.60}$$

で与えられる．ただし，$g_* = 2$ である．化学ポテンシャル $\mu_{\rm e^-}$ が 0 でない場合に，電子と陽電子の数密度に非対称性が生じている．$\mu_{\rm e^-} \ll k_{\rm B}T$ の条件の下で，テーラー展開 $e^{\mu_{\rm e^-}/(k_{\rm B}T)} \simeq 1 + \mu_{\rm e^-}/(k_{\rm B}T)$ を用いて近似的に数密度の差を計算すると，

$$n_{\rm e^-} - n_{\rm e^+} \simeq \frac{2\mu_{\rm e^-}}{\pi^2 k_{\rm B}T} \int_0^\infty {\rm d}p\, \frac{p^2 e^{p/(k_{\rm B}T)}}{[1 + e^{p/(k_{\rm B}T)}]^2} = \frac{\mu_{\rm e^-}}{3} (k_{\rm B}T)^2 \tag{5.61}$$

となる．一方 (2.95) から，光子の数密度は $n_\gamma = 2\zeta(3)(k_\mathrm{B}T)^3/\pi^2$ で与えられるので，(5.61) との比をとると，

$$\frac{n_{\mathrm{e}^-} - n_{\mathrm{e}^+}}{n_\gamma} \simeq \frac{\pi^2}{6\zeta(3)} \frac{\mu_{\mathrm{e}^-}}{k_\mathrm{B}T} \simeq \frac{\mu_{\mathrm{e}^-}}{k_\mathrm{B}T} \tag{5.62}$$

を得る．いま考えている温度で宇宙に存在する荷電粒子は，電気量がそれぞれ $-e$ と $+e$ の電子と陽電子以外に，電気量 $+e$ の陽子（数密度 n_p）がある．宇宙全体で中性であるという条件から，$-en_{\mathrm{e}^-} + en_{\mathrm{e}^+} + en_\mathrm{p} = 0$ すなわち，

$$n_{\mathrm{e}^-} - n_{\mathrm{e}^+} = n_\mathrm{p} \tag{5.63}$$

が成り立つ．n_p はバリオンの数密度 n_b と同程度であるため，(5.62) から

$$\frac{\mu_{\mathrm{e}^-}}{k_\mathrm{B}T} \simeq \frac{n_{\mathrm{e}^-} - n_{\mathrm{e}^+}}{n_\gamma} = \frac{n_\mathrm{p}}{n_\gamma} \simeq \frac{n_b}{n_\gamma} \tag{5.64}$$

を得る．ここで，バリオンと光子の数密度の比 $\eta_b = n_b/n_\gamma$ は (2.121) で与えられており，

$$\frac{\mu_{\mathrm{e}^-}}{k_\mathrm{B}T} \simeq 2.7 \times 10^{-8} \Omega_b^{(0)} h^2 \tag{5.65}$$

と評価できる．(2.118) の観測的な制限から，$\Omega_b^{(0)} h^2$ は 0.022 程度の値であるので，比 $\mu_{\mathrm{e}^-}/(k_\mathrm{B}T)$ は 10^{-9} を超えず，上で用いた近似 $\mu_{\mathrm{e}^-} \ll k_\mathrm{B}T$ は正当化される．電子と陽電子の間には，陽子と反陽子の間のバリオン非対称性と同様に，$(n_{\mathrm{e}^-} - n_{\mathrm{e}^+})/n_\gamma \simeq \eta_b \simeq 6 \times 10^{-10}$ 程度の**レプトン非対称性**がある．このようなバリオン数とレプトン数の起源の問題は，素粒子の標準模型の枠組みでは解決されておらず，宇宙初期に何らかの非対称性を生み出す機構が働いたと考えられている．素粒子の標準模型を超えた枠組みで，バリオン数と同程度のレプトン数を生成するシナリオも提唱されている．

なお，ニュートリノと反ニュートリノもレプトンであり，ν_e と $\bar{\nu}_\mathrm{e}$ は，反応

$$\nu_\mathrm{e} + \bar{\nu}_\mathrm{e} \leftrightarrow \mathrm{e}^- + \mathrm{e}^+ \leftrightarrow \gamma + \gamma \tag{5.66}$$

により，電子と陽電子を通じて，2 個の光子と熱平衡状態にある．ν_e の化学ポテンシャルを μ_{ν_e} として，(5.62) に至ったのと同様な議論から，

$$\frac{n_{\nu_\mathrm{e}} - n_{\bar{\nu}_\mathrm{e}}}{n_\gamma} \simeq \frac{\mu_{\nu_\mathrm{e}}}{k_\mathrm{B}T} \tag{5.67}$$

を得る．ニュートリノは中性であるため，その数密度を (5.63) のように陽子の数密度と直接関係づけることはできない．ここで，e^- と ν_e の数密度の和から，e^+ と $\bar{\nu}_e$ の数密度を差し引いたレプトン数 n_{le} は，スケール因子 a の 3 乗に反比例して減少する．光子の数密度 n_γ も同じスケール因子依存性を持つので，

$$\frac{n_{le}}{n_\gamma} = \frac{n_{e^-} - n_{e^+} + n_{\nu_e} - n_{\bar{\nu}_e}}{n_\gamma} \simeq \frac{\mu_{e^-}}{k_B T} + \frac{\mu_{\nu_e}}{k_B T} \tag{5.68}$$

は保存する．(5.65) を用いると，$n_{le}/n_\gamma \ll 1$ である限り，$\mu_{\nu_e} \ll k_B T$ となり，電子と同様に電子ニュートリノの化学ポテンシャル μ_{ν_e} も $k_B T$ に比べて十分小さい．以下の小節では，$\mu_{e^-}/(k_B T) \ll 1$ に加えて $\mu_{\nu_e}/(k_B T) \ll 1$ も成り立っているとして議論を進めていく．

5.2.3 陽子と中性子の数密度

温度が $10^{10}\ \mathrm{K} \lesssim T \lesssim 10^{12}\ \mathrm{K}$ において，陽子 (p) と中性子 (n) は，e^-, e^+ および ν_e と $\bar{\nu}_e$ との弱い相互作用による反応

$$p + e^- \leftrightarrow n + \nu_e\,, \tag{5.69}$$

$$n + e^+ \leftrightarrow p + \bar{\nu}_e \tag{5.70}$$

で熱平衡状態にある．このとき p と n は非相対論的になっているので，(2.106) から数密度が求まる．陽子と中性子の化学ポテンシャルをそれぞれ μ_p, μ_n として，それらの数密度は

$$n_p = 2\left(\frac{m_p k_B T}{2\pi}\right)^{3/2} e^{-(m_p - \mu_p)/(k_B T)}\,, \tag{5.71}$$

$$n_n = 2\left(\frac{m_n k_B T}{2\pi}\right)^{3/2} e^{-(m_n - \mu_n)/(k_B T)} \tag{5.72}$$

で与えられる．一方，反応 (5.69) での化学ポテンシャルの保存から，

$$\mu_p + \mu_{e^-} = \mu_n + \mu_{\nu_e} \tag{5.73}$$

が成り立つので，(5.71) と (5.72) の比を取ると

$$\frac{n_n}{n_p} = \left(\frac{m_n}{m_p}\right)^{3/2} e^{-(m_n - m_p - \mu_{e^-} + \mu_{\nu_e})/(k_B T)} \tag{5.74}$$

となる．ここで，$(m_{\mathrm{n}}/m_{\mathrm{p}})^{3/2} \simeq 1$ および $\mu_{\mathrm{e}^-}/(k_{\mathrm{B}}T) \ll 1$, $\mu_{\nu_{\mathrm{e}}}/(k_{\mathrm{B}}T) \ll 1$ を用いると，

$$\frac{n_{\mathrm{n}}}{n_{\mathrm{p}}} \simeq \exp\left(-\frac{Q}{k_{\mathrm{B}}T}\right) \tag{5.75}$$

を得る．ただし $Q = m_{\mathrm{n}} - m_{\mathrm{p}} = 1.293$ MeV は，(2.114) で与えられる中性子と陽子の質量差に相当する静止エネルギーである．反応 (5.70) を考えても，(5.75) と同じ関係式が得られる．宇宙の温度が $T \gg Q/k_{\mathrm{B}} = 1.5 \times 10^{10}$ K では $n_{\mathrm{n}} \simeq n_{\mathrm{p}}$ であり，中性子と陽子の数密度がほぼ同じであった．しかし温度が 10^{10} K 程度まで下がると $n_{\mathrm{n}} < n_{\mathrm{p}}$ となり，質量の大きな中性子の方が陽子よりも数が少なくなっていく．なお (5.50) から，温度 $T = 1.5 \times 10^{10}$ K は時刻では $t = 0.4$ s に対応し，ちょうどこの頃にニュートリノと電子の反応 (5.52) の脱結合が起こる．

(5.69) と (5.70) は，ニュートリノと陽子・中性子（バリオン）との間の弱い相互作用による反応であるが，(5.52) のようなニュートリノと電子・陽電子（レプトン）との間の弱い力による反応率と比べて，強い相互作用による影響を受ける．その効果は，軸性ベクトル定数 g_A によって特徴づけられ，(5.69) と (5.70) の反応率は，

$$\Gamma \simeq G_{\mathrm{F}}^2 \left(1 + 3g_A^2\right) (k_{\mathrm{B}}T)^5 \tag{5.76}$$

で与えられ，$g_A = 1.26$ である．(5.55) と比べて Γ が大きいため，(5.69) と (5.70) の反応の脱結合は (5.52) と比べて少し遅い時期に起こる．(5.76) と宇宙の膨張率 (5.49) との比は，

$$\frac{\Gamma}{H} \simeq \left(\frac{k_{\mathrm{B}}T}{0.83\ \mathrm{MeV}}\right)^3 \tag{5.77}$$

であるので，反応 (5.69) と (5.70) の脱結合時の温度は

$$T_{\mathrm{F}} \simeq 0.83\ \mathrm{MeV}/k_{\mathrm{B}} = 0.96 \times 10^{10}\ \mathrm{K} \tag{5.78}$$

と評価でき，時刻では 1.1 s 程度である．この時点で，n と p の数密度の比 (5.75) は，

$$\frac{n_{\mathrm{n}}}{n_{\mathrm{p}}}(t_{\mathrm{F}}) \simeq \exp\left(-\frac{1.29}{0.83}\right) \simeq 0.2 \tag{5.79}$$

となっており，中性子 1 個に対して陽子が 5 個程度になっている．上記の議論は，熱平衡での関係式 (5.75) に基づくものであり，その場合の $n_{\mathrm{n}}/n_{\mathrm{p}}$ の変化は図 5.3 の点線で与えられている．反応 (5.69) と (5.70) が熱平衡から外れると，$n_{\mathrm{n}}/n_{\mathrm{p}}$ は (5.75) の評価と比べてゆっくりと減少し，図 5.3 の実線のように，時刻 $t \approx 10$ s 程度で 0.2 前後の値に近づく．

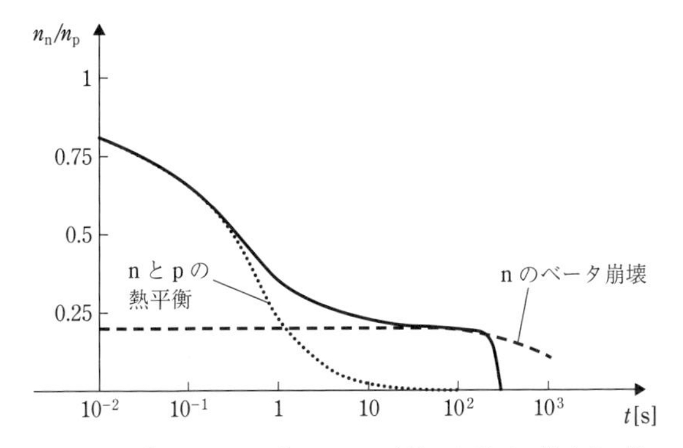

図 5.3 時刻 10^{-2} s $\leq t \leq 10^{3}$ s での，中性子と陽子の数密度の比 $n_{\mathrm{n}}/n_{\mathrm{p}}$ の時間変化（実線）．点線は，n と p が熱平衡状態での関係式 (5.75) を表し，破線は n の p へのベータ崩壊による $n_{\mathrm{n}}/n_{\mathrm{p}}$ の減少を表す．

$t > t_{\mathrm{F}} \simeq 10$ s の脱結合後は，時刻 t が 10^2 s 程度のオーダーになるまで，n と p の数密度の比はしばらくは (5.79) の値で凍結する．その一方で，中性子は平均寿命 $\tau_{\mathrm{n}} \simeq 886$ s で**ベータ崩壊**

$$\mathrm{n} \to \mathrm{p} + \mathrm{e}^- + \bar{\nu}_{\mathrm{e}} \tag{5.80}$$

によって陽子に崩壊するので，$t = 10^2$ s 程度の時刻になると，その崩壊による影響が無視できなくなる．時刻 $t > t_{\mathrm{F}}$ での n と p の数密度はそれぞれ，

$$n_{\mathrm{n}} = n_{\mathrm{n}}(t_{\mathrm{F}})e^{-(t-t_{\mathrm{F}})/\tau_{\mathrm{n}}}, \tag{5.81}$$

$$n_{\mathrm{p}} = n_{\mathrm{p}}(t_{\mathrm{F}}) + n_{\mathrm{n}}(t_{\mathrm{F}})[1 - e^{-(t-t_{\mathrm{F}})/\tau_{\mathrm{n}}}] \tag{5.82}$$

で与えられるので，これらの比は

$$\frac{n_{\mathrm{n}}}{n_{\mathrm{p}}}(t) \simeq \frac{e^{-(t-t_{\mathrm{F}})/\tau_{\mathrm{n}}}}{6 - e^{-(t-t_{\mathrm{F}})/\tau_{\mathrm{n}}}} \tag{5.83}$$

となる．ただし (5.79) を用いた．このような n と p の数密度の違いは，第 5.3 節で見るように，それらから生成される原子核の量に影響を与える．

5.3 ビッグバン元素合成

陽子と中性子から，最初の原子核である重水素 (D) が誕生する時期の目安を与えるのは，D を単独の p と n の状態にするのに要する最小のエネルギーである**結合エネルギー** $B_{\mathrm{D}} = 2.22$ MeV である．核反応

$$\mathrm{p} + \mathrm{n} \leftrightarrow \mathrm{D} + \gamma \tag{5.84}$$

において，光子 (γ) が 2.22 MeV よりも高いエネルギーを持っている状況では，反応 (5.84) がいったん右側に進んでも，D を再び p と n の単独な状態にする左側の反応が進行し，D はほとんど生成されない．しかし，宇宙の温度 T の低下とともに光子のエネルギーが下がっていくと，ある温度を境に反応 (5.84) が右側に進行し，D が生成され始める．光子 1 個の平均エネルギーは $k_{\mathrm{B}}T$ 程度なので，単純な評価では，その温度は 10^{10} K のオーダーと見積もれる．

しかし，(2.121) で評価したように，バリオンと光子の数密度の比 $\eta_b = n_b/n_\gamma$ は 6×10^{-10} 程度であり，p と n よりも γ の方が圧倒的に数が多い．そのため，プランク分布の高いエネルギー領域にある γ と D の散乱によって，反応 (5.84) が左側に進行し，宇宙の温度が 10^{10} K 程度まで下がっても D はまだほとんど生成されない．(2.84) の光子の分布関数を用いると，$E \gg k_{\mathrm{B}}T$ の高エネルギー領域の光子の数密度は，$e^{-E/(k_{\mathrm{B}}T)}$ に比例して減少する．よって，エネルギー $E = B_{\mathrm{D}} = 2.22$ MeV を持つ光子の数密度は，温度 $k_{\mathrm{B}}T < 2.22$ MeV において，

$$n_\gamma = \bar{n}_\gamma \exp\left(-\frac{2.22\ \mathrm{MeV}}{k_{\mathrm{B}}T}\right) \tag{5.85}$$

で与えられる．ここで，$\bar{n}_\gamma = 2\zeta(3)(k_{\mathrm{B}}T)^3/\pi^2$ は，全運動量空間で積分した光子の数密度である．(5.85) の n_γ と，バリオンの数密度 $\bar{n}_b = \eta_b \bar{n}_\gamma$ が同じになるときが，重水素の生成が効率的に起こり始める時期と考えることができる．そのときの温度は，$\eta_b \simeq 6 \times 10^{-10}$ を用いて

$$T = \frac{2.22\ \mathrm{MeV}}{k_\mathrm{B} \log \eta_b^{-1}} \simeq 0.1\ \mathrm{MeV}/k_\mathrm{B} \simeq 1.2 \times 10^9\ \mathrm{K} \tag{5.86}$$

と評価できる．この温度は，上記の単純な評価による値 10^{10} K と比べて 1 桁小さい．

宇宙の温度が 10^9 K 程度に下がった状況では，第 2.4 節で述べたように，電子がすでに非相対論的になっており，(2.123) の e^- と e^+ の対消滅反応が進行し，光子へのエントロピー流入で，光子とニュートリノの温度の間に (2.139) のような違いが生じる．この違いを考慮すると，温度 10^9 K 頃の宇宙での，光子および 3 種類のニュートリノと反ニュートリノによる，エネルギー密度 (2.96) に関する相対論的有効自由度は，

$$g_* = 2 + \frac{7}{8}\left(\frac{4}{11}\right)^{4/3}(3+3) = 3.36 \tag{5.87}$$

となる．(5.50) で (5.87) の g_* の値を用いると，(5.86) の温度は，時刻では $t = 1.3 \times 10^2$ s に相当する．つまり，宇宙開闢から 2 分程度が経過すると重水素の生成が本格的に始まり，それに引き続いて他の軽元素も生成される**ビッグバン元素合成**が起こる．

反応 (5.84) が熱平衡状態にあるとき，生成される重水素の数密度が中性子の数密度が同じになるときの時刻 t_N を見積もってみよう．陽子と中性子の数密度はそれぞれ (5.71), (5.72) で与えられており，重水素（質量 m_D，化学ポテンシャル μ_D，内部自由度 $g_\mathrm{D} = 3$）の数密度は

$$n_\mathrm{D} = 3\left(\frac{m_\mathrm{D} k_\mathrm{B} T}{2\pi}\right)^{3/2} e^{-(m_\mathrm{D} - \mu_\mathrm{D})/(k_\mathrm{B} T)} \tag{5.88}$$

である．ここで，反応 (5.84) での化学ポテンシャルの保存により，

$$\mu_\mathrm{p} + \mu_\mathrm{n} = \mu_\mathrm{D} \tag{5.89}$$

が成り立つ．重水素の結合エネルギー

$$B_\mathrm{D} = m_\mathrm{p} + m_\mathrm{n} - m_\mathrm{D} = 2.22\ \mathrm{MeV} \tag{5.90}$$

を用いると，n_D と n_n の比は，

$$\frac{n_{\mathrm{D}}}{n_{\mathrm{n}}} \simeq 6 \left(\frac{m_{\mathrm{n}} k_{\mathrm{B}} T}{\pi} \right)^{-3/2} e^{B_{\mathrm{D}}/(k_{\mathrm{B}} T)} \, n_{\mathrm{p}} \tag{5.91}$$

と表される．なお，(5.91) の指数関数の肩以外の項について，近似 $m_{\mathrm{n}} \simeq m_{\mathrm{p}} \simeq m_{\mathrm{D}}/2$ を用いている．$t = t_{\mathrm{F}}$ 以降，一時的に $n_{\mathrm{n}}/n_{\mathrm{p}}$ の値が 0.2 程度で凍結した時期では，n_{p} とバリオン数密度 $n_b = n_{\mathrm{p}} + n_{\mathrm{n}}$ の比は $n_{\mathrm{p}}/n_b = 0.83$ 程度となる．(2.121) のバリオンと光子の数密度の比 $\eta_b = n_b/n_\gamma$ を用いると，

$$n_{\mathrm{p}} \simeq 0.83 \, \eta_b n_\gamma = 0.83 \, \eta_b \frac{2\zeta(3)}{\pi^2} (k_{\mathrm{B}} T)^3 \tag{5.92}$$

を得る．したがって (5.91) は，

$$\frac{n_{\mathrm{D}}}{n_{\mathrm{n}}} \simeq 6.8 \, \eta_b \left(\frac{k_{\mathrm{B}} T}{m_{\mathrm{n}}} \right)^{3/2} e^{B_{\mathrm{D}}/(k_{\mathrm{B}} T)} \tag{5.93}$$

となる．$\eta_b \simeq 6 \times 10^{-10}$, $m_{\mathrm{n}} \simeq 940$ MeV，および (5.90) を用いると，$n_{\mathrm{D}} = n_{\mathrm{n}}$ となるときの温度 T_{N} として，

$$T_{\mathrm{N}} \simeq 0.066 \ \mathrm{MeV}/k_{\mathrm{B}} \simeq 7.7 \times 10^8 \ \mathrm{K} \tag{5.94}$$

を得る．これに対応する時刻は，(5.50) で $g_* = 3.36$ として，$t_{\mathrm{N}} \simeq 300$ s 程度である．この頃には，ベータ崩壊の影響が顕著になり，$n_{\mathrm{n}}/n_{\mathrm{p}}$ が 0.2 よりも小さくなる．(5.83) において，$\tau_{\mathrm{n}} = 886$ s, $t_{\mathrm{F}} \simeq 10$ s を用いると，$t_{\mathrm{N}} \simeq 300$ s において，

$$\frac{n_{\mathrm{n}}}{n_{\mathrm{p}}}(t_{\mathrm{N}}) \simeq 0.14 \simeq \frac{1}{7} \tag{5.95}$$

となる．

いったん D が生成されると，様々な軽元素核を生成する反応が急激に進む．以下では，陽子と中性子の数を合わせた原子番号 A の原子核 X を，${}^A\mathrm{X}$ と表記することにする．D の生成後すぐに，$A = 3$ の原子核であるヘリウム (${}^3\mathrm{He}$) とトリチウム (${}^3\mathrm{H}$) が，2 体反応

$$\mathrm{D} + \mathrm{p} \to {}^3\mathrm{He} + \gamma \,, \tag{5.96}$$

$$\mathrm{D} + \mathrm{D} \to {}^3\mathrm{He} + \mathrm{n} \,, \tag{5.97}$$

$$\mathrm{D} + \mathrm{D} \to {}^3\mathrm{H} + \mathrm{p} \tag{5.98}$$

によって合成される．さらに，$A = 4$ のヘリウム原子核 ^{4}He が，

$$\mathrm{D} + \mathrm{D} \to {}^4\mathrm{He} + \gamma\,, \tag{5.99}$$

$$^3\mathrm{He} + \mathrm{D} \to {}^4\mathrm{He} + \mathrm{p}\,, \tag{5.100}$$

$$^3\mathrm{H} + \mathrm{D} \to {}^4\mathrm{He} + \mathrm{n} \tag{5.101}$$

の反応によって生成される．

^{4}He は，核子 1 個あたりの結合エネルギーが，質量数 A が 10 以下の原子核の中で最大であり，最も安定である．そのため，$t_{\mathrm{N}} \simeq 300$ s で D と n が同程度の数密度になったときに残っていた n のほとんどが ^{4}He に取り込まれる．(5.95) から，この時期には中性子 1 個に対して陽子が約 7 個存在していたので，2 個の n と 14 個の p のうち，2 個の p から 1 つの ^{4}He 核ができる．n と p の質量が同じであると近似すると，^{4}He が全体の核子の質量に対して占める質量比は，

$$Y_{\mathrm{He}} \simeq \frac{2+2}{2+14} = 0.25 \tag{5.102}$$

となる．素粒子の標準模型の枠組みで全ての核反応を考慮した図 5.4 の数値計算では，$t > 300$ s で Y_{He} の値が 0.25 程度の値で確かに凍結している．残された p は原子核を作らず，裸の陽子（水素核）として残るため，水素核 H が残りのバリオンの質量の大半を占める．反応 (5.99)–(5.101) において，完全に ^{4}He に燃焼しなかった D, ^{3}He, ^{3}H が微量に残る．このうち ^{3}H は，半減期約 12 年で ^{3}He に崩壊する (図 5.4 を参照)．図 5.4 の数値計算から，D と ^{3}He の H に対する質量比は，時刻 $t \gtrsim 2 \times 10^3$ s においてそれぞれ $\mathrm{D/H} \simeq 3 \times 10^{-5}$, $^3\mathrm{He/H} \simeq 1 \times 10^{-5}$ 程度の一定値に落ち着いていることが分かる．

質量数 $A = 5$ の安定な原子核が存在しないため，上記の軽元素以外に合成されるのは，反応

$$^4\mathrm{He} + \mathrm{D} \to {}^6\mathrm{Li} + \gamma \tag{5.103}$$

による $A = 6$ の核である ^{6}Li と，反応

$$^4\mathrm{He} + {}^3\mathrm{H} \to {}^7\mathrm{Li} + \gamma\,, \tag{5.104}$$

$$^4\mathrm{He} + {}^3\mathrm{He} \to {}^7\mathrm{Be} + \gamma \tag{5.105}$$

によるリチウム ^{7}Li とベリリウム ^{7}Be である．ただし，^{7}Be は宇宙の温度が十

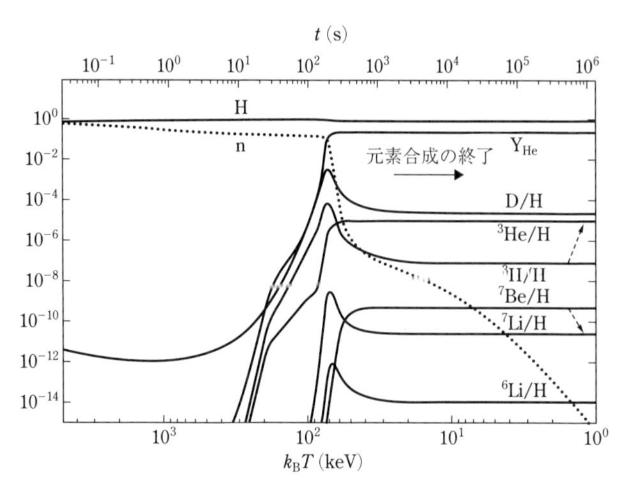

図 5.4 ビッグバン元素合成での各原子核の水素原子核に対する質量比の時間変化．時刻が $t \gtrsim 10^2$ s 程度になると，D の本格的な生成が始まり，D と n の数密度が同程度になる $t \simeq 300$ s 程度で，^{4}He の質量比 $Y_{\rm He}$ はほぼ凍結する．他の原子核の質量比も，$t \gtrsim 2 \times 10^3$ s でほぼ凍結する．

分に下がると電子を吸収して ^{7}Li になる．^{7}Be の崩壊も含めた最終的な ^{7}Li の H に対する質量比は，${}^7{\rm Li/H} \simeq 3 \times 10^{-10}$ 程度であり，^{6}Li/H はさらに小さく 10^{-14} 程度である（図 5.4 を参照）．$A > 7$ の原子核の場合，核の中の陽子の数が増えるためクーロン斥力の効果が顕著になり，核の形成が妨げられる．その結果として，初期宇宙では ^{7}Li までの軽元素が合成される．重元素については，星の内部の核反応で生成されるが，それについては第 8.6 節で触れる．

ビッグバン元素合成で生成される各原子核の水素核に対する質量比は，バリオン量に依存する．バリオン数密度 n_b を光子の数密度 n_γ で割ったバリオン・光子比 $\eta_b = n_b/n_\gamma$ は，(2.121) によって現在のバリオン密度パラメータ $\Omega_b^{(0)}$ と結びついているため，η_b を変えたときの $Y_{\rm He}$, D/H, ^{7}Li/H などの理論値と，これらの観測値を比較することによって，$\Omega_b^{(0)}$ に制限をつけることが可能である．η_b が増えると，^{4}He に中性子が取り込まれるときの数が増えて，図 5.5 のように $Y_{\rm He}$ が増加する．その一方で，中間生成物である D/H や ^{3}He/H は減少する．^{7}Li/H については，η_b の増加とともに最初は減少するが，^{7}Be から ^{7}Li を生成する反応が途中で効き始め，ある η_b の値を境に増加に転じる．

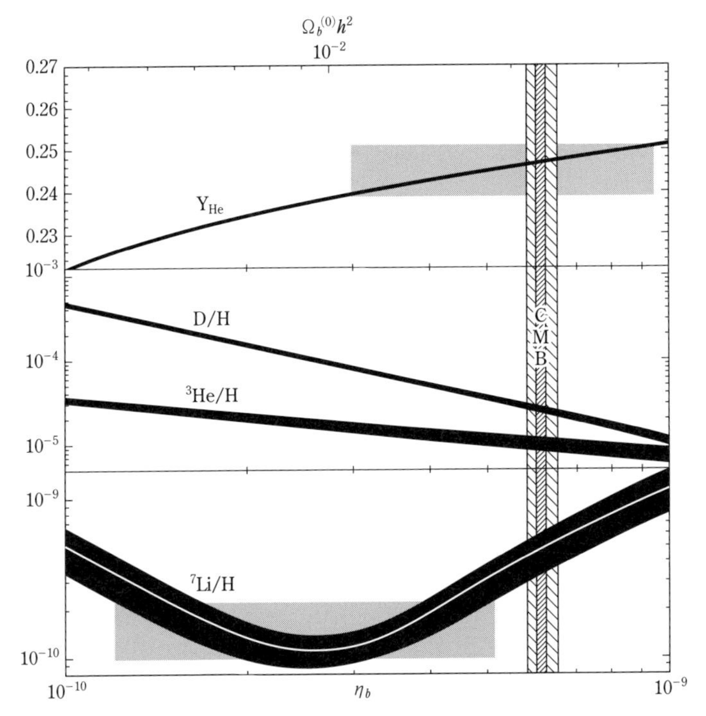

図 5.5 ビッグバン元素合成で作られる，^{4}He, D, ^{3}He, ^{7}Li の水素核 H に対する質量比の理論値．横軸は，バリオンと光子の数密度の比 $\eta_b = n_b/n_\gamma$（または $\Omega_b^{(0)}h^2$）を表す．3 つのボックスは，$Y_{\rm He}$, D/H, ^{7}Li/H のそれぞれが観測から制限される領域を示す．斜線部分の外側は，D の観測量から制限される η_b の範囲を示し，斜線部分の内側は CMB からの制限を表す [40].

これらの始源的な軽元素量を観測的に見積もるために，まず ^{4}He については，HII 領域と呼ばれる銀河系外のイオン化した水素ガスの領域が用いられる．この領域では重元素量が少なく，星で新たに作られた ^{4}He の影響を受けにくい．そのような観測データを用いた 2019 年までの解析 [40] で，^{4}He の量は

$$Y_{\rm He} = 0.245 \pm 0.003 \tag{5.106}$$

と制限されており，これは詳細な数値計算を用いないで得られた解析評価 (5.102) と近い値になっている．

D については，明るい活動銀河核である遠方のクエーサー（中心核以外の部

分が見えず，恒星のような点状に観測される天体）の吸収線が用いられる．クエーサーからの電磁波は，地球に到達するまでに様々な物質による吸収を受けるため，そのスペクトルに多くの吸収線を含む．そのうち，原始水素雲からの吸収線を同定することで，その始源的な量が

$$\mathrm{D/H} = (2.569 \pm 0.027) \times 10^{-5} \tag{5.107}$$

と見積もられている．この観測値は，図 5.4 の数値計算に基づく元素合成終了時の D/H の理論値と近い値になっている．D/H の理論値と観測値との比較から，$\Omega_b^{(0)}$ は (2.117) のように制限され，現在の宇宙でのバリオン量は全体の 5％ 程度である．図 5.5 に見られるように，この $\Omega_b^{(0)}$ の範囲での Y_{He} の理論値は，(5.106) の観測値とも整合的である．

^{3}He については，太陽系と天の川銀河の中で金属成分の多い HII 領域のデータしか存在せず，その宇宙初期の量を観測から正確に評価するのが困難である．^{7}Li の量については，銀河系の球状星団の中にある，重元素量が少ない種族 II の古い星のスペクトルから見積もれる．しかし，星の温度などのパラメータの不定性による系統誤差が存在し，また種族 II の星の中での高温層と低温層の混合により，^{7}Li が部分的に破壊される可能性もある．そのような効果も考慮した 2019 年の解析で，^{7}Li の観測的な量として

$$^7\mathrm{Li/H} = (1.6 \pm 0.3) \times 10^{-10} \tag{5.108}$$

が得られている [40]．この値は，図 5.5 に見られるように，D/H の観測量から制限される $\Omega_b^{(0)}$ の値を用いて得られた ^{7}Li/H の理論値（3×10^{-10} 程度）と比べて小さく，この不一致は**宇宙リチウム問題**と呼ばれている．この問題が，^{7}Li の量の不正確な測定に由来するかは明らかでなく，標準模型を超えた新しい物理を示唆している可能性も否定できない．しかし，観測的な不定性の影響の少ない ^{4}He と D の量の観測値と理論値の驚くべき一致は，インフレーション後の熱い火の玉宇宙に基づくビッグバン理論の正しさを強く裏付けている．図 5.5 に見られるように，ビッグバン元素合成からの観測的な制限は，CMB による制限 (2.118) とも整合的である．

第 6 章

原始密度揺らぎの生成

CMB の温度揺らぎや銀河のような宇宙の大規模構造の起源は，宇宙初期のインフレーション期に存在した，微視的な量子揺らぎであると考えられている．インフレーションが始まると，量子揺らぎは急激に引き延ばされ，ハッブル半径を超えて事象が因果律を持つようになる．本章では，スカラー場の摂動と関係する曲率揺らぎと，重力と関係する原始重力波が宇宙初期にどのように生成されるかについて調べ，CMB の観測によるインフレーション模型の選別を行う．

6.1 インフレーション期のスカラー場の摂動の進化

第 4.4 節で，スカラー場 ϕ によるインフレーションの機構について考えた．その節の議論では，計量 (3.35) で与えられる空間的に平坦な一様等方時空で，ϕ が時間 t のみに依存する背景時空の進化を調べた．実際にはスカラー場は完全に一様でなく，微小な揺らぎ $\delta\phi$ が存在する．$\delta\phi$ の値は場所ごとに異なるために，時間 t だけでなく位置 $\boldsymbol{x}$ の関数でもある．背景時空での ϕ の値を $\phi_0(t)$ とすると，摂動 $\delta\phi(t, \boldsymbol{x})$ を考慮したスカラー場は

$$\phi = \phi_0(t) + \delta\phi(t, \boldsymbol{x}) \tag{6.1}$$

と表せる．ただし，$|\delta\phi(t, \boldsymbol{x})|$ は $|\phi_0(t)|$ に比べて十分小さい．ϕ のポテンシャル $V(\phi)$ を，$\phi = \phi_0$ の周りで $\delta\phi$ の 2 次までテーラー展開すると，

$$V(\phi) = V(\phi_0) + V_{,\phi}(\phi_0)\delta\phi + \frac{1}{2}V_{,\phi\phi}(\phi_0)\delta\phi^2 + \mathcal{O}\left(\delta\phi^3\right) \tag{6.2}$$

となる．ここで，$V_{,\phi} = \mathrm{d}V/\mathrm{d}\phi$，$V_{,\phi\phi} = \mathrm{d}^2V/\mathrm{d}\phi^2$ である．以下では，簡単のため $\phi_0(t)$ を単に $\phi(t)$ と表記する．(4.32) から，スカラー場のラグランジア

ンは $L = \sqrt{-g}\,\mathcal{L} = \sqrt{-g}\,[-(1/2)g^{\mu\nu}\partial_\mu\phi\partial_\nu\phi - V(\phi)]$ で与えられる．なお，本章では (5.1) の自然単位系を用いるが，換算プランク定数 $\hbar$ に関しては必要に応じて明記する．背景時空 (3.35) において，(6.1) と (6.2) を L に代入すると，$\delta\phi$ の 2 次までの展開で

$$L = a^3\left[\frac{1}{2}\dot{\phi}^2 - V(\phi) + \dot{\phi}\,\dot{\delta\phi} - V_{,\phi}\delta\phi + \frac{1}{2}\dot{\delta\phi}^2 - \frac{(\partial_i\delta\phi)^2}{2a^2} - \frac{1}{2}V_{,\phi\phi}\delta\phi^2\right] \tag{6.3}$$

を得る．$\partial_i\delta\phi$ は，空間座標 x^i による $\delta\phi$ の偏微分 $\partial_i\delta\phi = \partial\delta\phi/\partial x^i$ を表す．L の $\phi(t)$ に関する変分から，背景スカラー場の運動方程式 (4.38) を得る．摂動 $\delta\phi$ に関するラグランジュ方程式は，空間微分 $\partial_i\delta\phi$ による変分も含み，

$$\frac{\partial}{\partial t}\left(\frac{\partial L}{\partial(\dot{\delta\phi})}\right) + \frac{\partial}{\partial x^i}\left(\frac{\partial L}{\partial(\partial_i\delta\phi)}\right) - \frac{\partial L}{\partial(\delta\phi)} = 0 \tag{6.4}$$

で与えられる．(4.38) も用いて，線形摂動 $\delta\phi$ の運動方程式として

$$\ddot{\delta\phi} + 3H\dot{\delta\phi} - \frac{\partial_i^2\delta\phi}{a^2} + V_{,\phi\phi}\delta\phi = 0 \tag{6.5}$$

が得られる．ここで，$H = \dot{a}/a$ である．(6.5) は実空間での方程式であるが，各波長ごとの摂動の進化を調べるため，$\delta\phi$ を

$$\delta\phi(t,\boldsymbol{x}) = \int \frac{\mathrm{d}^3k}{(2\pi)^3}\delta\phi_k(t)e^{i\boldsymbol{k}\cdot\boldsymbol{x}} \tag{6.6}$$

とフーリエ変換する．ここで $\boldsymbol{k}$ は共動波数で，$k = |\boldsymbol{k}|$ である．このときフーリエ空間において，各フーリエモード $\delta\phi_k(t)$ は

$$\ddot{\delta\phi}_k + 3H\dot{\delta\phi}_k + \left(\frac{k^2}{a^2} + V_{,\phi\phi}\right)\delta\phi_k = 0 \tag{6.7}$$

を満たす．

(6.3) に存在する項のうち，$\delta\phi$ の運動方程式に寄与するのは，摂動に関して 2 次の最後の 3 項だけである．フーリエ空間では，これに相当するラグランジアンは

$$L_{\delta\phi_k} = a^3\left(\frac{1}{2}\dot{\delta\phi}_k^2 - \frac{k^2}{2a^2}\delta\phi_k^2 - \frac{1}{2}V_{,\phi\phi}\delta\phi_k^2\right) \tag{6.8}$$

であり，この $L_{\delta\phi_k}$ の $\delta\phi_k$ に関する変分から，確かに (6.7) が得られる．(6.8)

から，$\delta\phi_k$ のハミルトニアンは

$$\mathcal{H} = p_{\delta\phi_k}\dot{\delta\phi}_k - L_{\delta\phi_k} = a^3\left(\frac{1}{2}\dot{\delta\phi}_k^2 + \frac{k^2}{2a^2}\delta\phi_k^2 + \frac{1}{2}V_{,\phi\phi}\delta\phi_k^2\right) \tag{6.9}$$

となる．ここで，

$$p_{\delta\phi_k} = \frac{\partial L_{\delta\phi_k}}{\partial(\dot{\delta\phi}_k)} = a^3\dot{\delta\phi}_k \tag{6.10}$$

は，$\delta\phi_k$ の**共役運動量**である．インフレーションが起こるとき，スカラー場のポテンシャルは平坦に近く，場の質量の 2 乗 m_ϕ^2 に相当する $V_{,\phi\phi}$ は H^2 と比べて小さいので，以下では (6.7) においてこの項を無視する．インフレーションの始まりの頃に，ハッブル半径 H^{-1} の十分内側にある量子揺らぎを考えると，その物理的波長 a/k は，$a/k \ll H^{-1}$ すなわち

$$\omega \equiv \frac{k}{a} \gg H \tag{6.11}$$

を満たす．この領域では，(6.7) の左辺第 2 項の $3H\dot{\delta\phi}_k$ は無視でき，

$$\ddot{\delta\phi}_k + \omega^2\delta\phi_k \simeq 0 \tag{6.12}$$

を満たす．条件 (6.11) の下で

$$\left|\frac{\dot{\omega}}{\omega^2}\right| = \frac{aH}{k} \ll 1 \tag{6.13}$$

が成り立つ．このとき (6.12) の解は，A を定数として

$$\delta\phi_k \simeq A\cos\left(\int \omega \mathrm{d}t\right) \tag{6.14}$$

という振動解で与えられる．実際に (6.13) の近似の下で，$\ddot{\delta\phi}_k \simeq -A\omega^2\cos\left(\int\omega\mathrm{d}t\right)$ であり，$\delta\phi_k$ は (6.12) を満たしている．領域 (6.11) での $\delta\phi_k$ のハミルトニアンは，(6.9) から

$$\mathcal{H} \simeq a^3\left(\frac{1}{2}\dot{\delta\phi}_k^2 + \frac{1}{2}\omega^2\delta\phi_k^2\right) \tag{6.15}$$

で与えられる．

インフレーション期に生成される揺らぎの振幅を評価するには，量子揺らぎに関して，量子論的な取り扱いが必要になる．(6.15) において，新たな変数 x

を

$$x \equiv \sqrt{\frac{a^3}{m}}\,\delta\phi_k \tag{6.16}$$

と定義する（m は定数）．(6.16) を時間 t で微分すると，

$$\dot{x} = \sqrt{\frac{a^3}{m}}\left(\dot{\delta\phi_k} + \frac{3}{2}H\delta\phi_k\right) \tag{6.17}$$

であり，(6.14) より $\dot{\delta\phi_k}$ のオーダーは $\omega\delta\phi_k$ 程度である．よって，条件 (6.11) の下で (6.17) の $(3/2)H\delta\phi_k$ の項は $\dot{\delta\phi_k}$ に対して無視でき，$\dot{x} \simeq \sqrt{a^3/m}\,\dot{\delta\phi_k}$ と近似できる．以上から，(6.15) のハミルトニアンは

$$\mathcal{H} \simeq \frac{1}{2}m\dot{x}^2 + \frac{1}{2}m\omega^2 x^2 \tag{6.18}$$

と表せる．これは，バネ定数 $k = m\omega^2$ のバネにつながれた質量 m の質点（一次元調和振動子）の全エネルギーに対応し，その場合，x と $m\dot{x}$ がそれぞれ質点の位置と運動量を表す．ここで，量子力学で学ぶ調和振動子のシュレーディンガー方程式の解と，生成・消滅演算子に基づく物理量の期待値について考えてみよう．(6.18) において，運動量 $p = m\dot{x}$ を演算子 $\hat{p} = -i\hbar\,\mathrm{d}/\mathrm{d}x$ に置き換えると，$\mathcal{H}$ はハミルトニアン演算子 $\hat{\mathcal{H}}$ となる．定常状態における一次元調和振動子の波動関数を $\varphi(x)$，粒子のエネルギーを E として，シュレーディンガー方程式 $\hat{\mathcal{H}}\varphi(x) = E\varphi(x)$ は，

$$\left(-\frac{\hbar^2}{2m}\frac{\mathrm{d}^2}{\mathrm{d}x^2} + \frac{1}{2}m\omega^2 x^2\right)\varphi(x) = E\varphi(x) \tag{6.19}$$

となる．(6.19) の解は，$n = 0, 1, 2, \cdots$ のそれぞれの整数に対応した波動関数 $\varphi_n(x)$ を持ち，エルミート多項式

$$H_n(y) = (-1)^n e^{y^2}\frac{\mathrm{d}^n}{\mathrm{d}y^n}e^{-y^2} \tag{6.20}$$

を用いて，

$$\varphi_n(x) = \left(\frac{1}{2^n n!}\sqrt{\frac{m\omega}{\hbar\pi}}\right)^{1/2} H_n\left(\sqrt{\frac{m\omega}{\hbar}}x\right) e^{-m\omega x^2/(2\hbar)} \tag{6.21}$$

と表せる※4．この波動関数は，直交性

※4 ……例えば，量子力学 (I)（小出昭一郎著，裳華房）などを参照．

$$\int_{-\infty}^{\infty} \varphi_m^*(x)\varphi_n(x)\,\mathrm{d}x = \delta_{mn} \tag{6.22}$$

を満たしており（φ_m^* は φ_m の複素共役），$m = n$ のとき $\delta_{mn} = 1$, $m \neq n$ のとき $\delta_{mn} = 0$ である．さらにエネルギー固有値は，

$$E_n = \left(n + \frac{1}{2}\right)\hbar\omega\,, \qquad n = 0, 1, 2, \cdots \tag{6.23}$$

という離散的な値を持つ．$n = 0$ が最もエネルギーが低い基底状態の**真空**に対応し，真空において零点振動のエネルギー $E_0 = \hbar\omega/2$ が存在する．さらに波動関数 φ_n は，隣り合う波動関数 φ_{n+1} と φ_{n-1} との間に

$$\hat{a}^\dagger\varphi_n = \sqrt{n+1}\,\varphi_{n+1}\,, \qquad \hat{a}\varphi_n = \sqrt{n}\,\varphi_{n-1} \tag{6.24}$$

という関係を持つ．ここで，

$$\hat{a}^\dagger = \sqrt{\frac{m\omega}{2\hbar}}\left(\hat{x} - \frac{i}{m\omega}\hat{p}\right)\,, \qquad \hat{a} = \sqrt{\frac{m\omega}{2\hbar}}\left(\hat{x} + \frac{i}{m\omega}\hat{p}\right) \tag{6.25}$$

で定義される $\hat{a}^\dagger$ を**生成演算子**，$\hat{a}$ を**消滅演算子**と呼ぶ．$\hat{x}$ と $\hat{p} = -i\hbar\,\mathrm{d}/\mathrm{d}x$ はそれぞれ，位置と運動量に関する演算子である．基底状態の波動関数 φ_0 に $\hat{a}^\dagger$ が作用すると，$n = 1$ の励起状態 $\varphi_1 = \hat{a}^\dagger\varphi_0$ となり，φ_1 に $\hat{a}$ が作用すると $n = 0$ の真空状態 $\varphi_0 = \hat{a}\varphi_1$ に戻る．(6.25) から，演算子 $\hat{x}$ と $\hat{p}$ は

$$\hat{x} = \sqrt{\frac{\hbar}{2\,m\omega}}\left(\hat{a}^\dagger + \hat{a}\right)\,, \qquad \hat{p} = i\sqrt{\frac{m\omega\hbar}{2}}\left(\hat{a}^\dagger - \hat{a}\right) \tag{6.26}$$

と表せる．$\hat{a}^\dagger\varphi_0 = \varphi_1$, $\hat{a}\varphi_0 = 0$ および (6.22) の直交性を用いて，$n = 0$ での基底状態における位置 x と運動量 p の期待値はそれぞれ，

$$\langle x\rangle = \int_{-\infty}^{\infty}\varphi_0^*\hat{x}\varphi_0\mathrm{d}x = \sqrt{\frac{\hbar}{2\,m\omega}}\int_{-\infty}^{\infty}\varphi_0^*\varphi_1\mathrm{d}x = 0\,, \tag{6.27}$$

$$\langle p\rangle = \int_{-\infty}^{\infty}\varphi_0^*\hat{p}\varphi_0\mathrm{d}x = i\sqrt{\frac{m\omega\hbar}{2}}\int_{-\infty}^{\infty}\varphi_0^*\varphi_1\mathrm{d}x = 0 \tag{6.28}$$

となる．同様に，基底状態での x^2 と p^2 の期待値はそれぞれ，

$$\langle x^2\rangle = \int_{-\infty}^{\infty}\varphi_0^*\hat{x}^2\varphi_0\mathrm{d}x = \frac{\hbar}{2\,m\omega}\int_{-\infty}^{\infty}\varphi_0^*\left(\hat{a}^\dagger\hat{a}^\dagger + \hat{a}^\dagger\hat{a} + \hat{a}\hat{a}^\dagger + \hat{a}^2\right)\varphi_0\mathrm{d}x$$

$$= \frac{\hbar}{2\,m\omega}\int_{-\infty}^{\infty}\left(\sqrt{2}\varphi_0^*\varphi_2 + \varphi_0^*\varphi_0\right)\mathrm{d}x = \frac{\hbar}{2\,m\omega}\,, \tag{6.29}$$

$$\langle p^2\rangle = \int_{-\infty}^{\infty}\varphi_0^*\hat{p}^2\varphi_0\mathrm{d}x = -\frac{m\omega\hbar}{2}\int_{-\infty}^{\infty}\varphi_0^*\left(\hat{a}^\dagger\hat{a}^\dagger - \hat{a}^\dagger\hat{a} - \hat{a}\hat{a}^\dagger + \hat{a}^2\right)\varphi_0\mathrm{d}x$$

$$= -\frac{m\omega\hbar}{2}\int_{-\infty}^{\infty}\left(\sqrt{2}\varphi_0^*\varphi_2 - \varphi_0^*\varphi_0\right)\mathrm{d}x = \frac{m\omega\hbar}{2} \tag{6.30}$$

となる．つまり，期待値 $\langle x\rangle = 0$, $\langle p\rangle = 0$ の周りで (6.29) と (6.30) で与えられる位置と運動量の 2 乗に関する不確定性があり，それらの積の平方根は

$$\sqrt{\langle x^2\rangle\langle p^2\rangle} = \frac{\hbar}{2} \tag{6.31}$$

で与えられる．これは**不確定性原理**を表し，換算プランク定数 $\hbar$ 程度の不確定性のために，$\langle x^2\rangle$ と $\langle p^2\rangle$ は 0 にならない．

スカラー場 ϕ の場合に話を戻すと，$\delta\phi_k$ と量子力学での調和振動子の位置 x の間には (6.16) という関係があり，$\dot{\delta\phi_k}$ と調和振動子の運動量 $p = m\dot{x}$ との関係は，$\omega = k/a \gg H$ の領域で $\dot{\delta\phi_k} \simeq \dot{x}\sqrt{m/a^3} = p/\sqrt{ma^3}$ である．これらの対応関係と (6.29)–(6.30) を用いると，$\delta\phi_k^2$ および (6.10) で与えられる共役運動量の 2 乗 $p_{\delta\phi_k}^2$ の期待値として，

$$\langle\delta\phi_k^2\rangle = \frac{\hbar}{2m(k/a)}\frac{m}{a^3} = \frac{\hbar}{2a^2k}\,, \tag{6.32}$$

$$\langle p_{\delta\phi_k}^2\rangle = a^6\frac{m(k/a)\hbar}{2}\frac{1}{ma^3} = \frac{\hbar a^2 k}{2} \tag{6.33}$$

が得られ，これらは不確定性原理

$$\sqrt{\langle\delta\phi_k^2\rangle\langle p_{\delta\phi_k}^2\rangle} = \frac{\hbar}{2} \tag{6.34}$$

を満たしている．

上の議論は，量子力学の調和振動子と実スカラー場のハミルトニアン (6.15) との対応に基づいているが，シュレーディンガー方程式の定常状態（もしくは時間 t の 1 階微分を含む非定常状態）とは異なり，スカラー場の摂動 $\delta\phi_k$ は時間 t に関して 2 階微分を含む**クライン・ゴルドン方程式** (6.12) を満たしている．このようなスカラー場の量子化は，(6.6) のフーリエ展開での実スカラー場 $\delta\phi_k(t)$ を演算子 $\delta\hat{\phi}_k(t)$ として扱い，消滅演算子 $\hat{a}(\boldsymbol{k})$，生成演算子 $\hat{a}^\dagger(\boldsymbol{k})$,

モード関数 $u(t,\boldsymbol{k})$ を用いて

$$\hat{\delta\phi}_k(t) = u\left(t,\boldsymbol{k}\right)\hat{a}(\boldsymbol{k}) + u^*\left(t,-\boldsymbol{k}\right)\hat{a}^\dagger(-\boldsymbol{k}) \tag{6.35}$$

と表すことで行われる．演算子 X と Y について，表記 $[X,Y]=XY-YX$ を用いると，生成・消滅演算子は交換関係

$$\left[\hat{a}(\boldsymbol{k}_1),\hat{a}^\dagger(\boldsymbol{k}_2)\right] = (2\pi)^3\delta^{(3)}\left(\boldsymbol{k}_1-\boldsymbol{k}_2\right), \tag{6.36}$$

$$\left[\hat{a}(\boldsymbol{k}_1),\hat{a}(\boldsymbol{k}_2)\right] = \left[\hat{a}^\dagger(\boldsymbol{k}_1),\hat{a}^\dagger(\boldsymbol{k}_2)\right] = 0 \tag{6.37}$$

を満たす．ここで，$\delta^{(3)}(\boldsymbol{k})$ は 3 次元のデルタ関数であり，$\boldsymbol{k}=\boldsymbol{0}$ のときのみ 0 でない値を持つ．真空に相当する基底状態 $(n=0)$ を $|0\rangle$ と表すと，これに消滅演算子 $\hat{a}$ を作用させたとき，$\hat{a}|0\rangle=0$ である．さらに，$|0\rangle$ に生成演算子 $\hat{a}^\dagger$ を n 回作用させると，n 番目の固有状態 $|n\rangle$ が得られ，規格化条件 $\langle n|n\rangle=1$ を満たす状態は

$$|n\rangle = \frac{1}{\sqrt{n!}}\left(\hat{a}^\dagger\right)^n|0\rangle \tag{6.38}$$

で与えられる．また $m\neq n$ のとき，直交性 $\langle m|n\rangle=0$ が成り立つ．

CMB の観測に関係する量は，異なる 2 つの波数 $\boldsymbol{k}_1,\boldsymbol{k}_2$ を考えたときのスカラー摂動の **2 点相関関数**の真空期待値 $\langle 0|\hat{\delta\phi}_{k_1}(t)\hat{\delta\phi}_{k_2}(t)|0\rangle$ であり，スカラー場の**パワースペクトル** $P_{\delta\phi}$ を，

$$\langle 0|\hat{\delta\phi}_{k_1}(t)\hat{\delta\phi}_{k_2}(t)|0\rangle = (2\pi)^3\delta^{(3)}\left(\boldsymbol{k}_1+\boldsymbol{k}_2\right)P_{\delta\phi}(t,k_1) \tag{6.39}$$

と定義する．ここで，宇宙の統計的な等方性のために，$P_{\delta\phi}$ は $\boldsymbol{k}_1$ の大きさ $k_1=|\boldsymbol{k}_1|$ と時間 t に依存している．(6.39) の右辺のデルタ関数 $\delta^{(3)}\left(\boldsymbol{k}_1+\boldsymbol{k}_2\right)$ は，$\boldsymbol{k}_1=-\boldsymbol{k}_2$ のときのみ 0 でない値を持つ．(6.39) の左辺に (6.35) を代入し，上記の $\hat{a}$ と $\hat{a}^\dagger$ の性質を用いると，

$$\begin{aligned}\langle 0|\hat{\delta\phi}_{k_1}(t)\hat{\delta\phi}_{k_2}(t)|0\rangle &= u(t,\boldsymbol{k}_1)u^*(t,-\boldsymbol{k}_2)\langle 0|\hat{a}(\boldsymbol{k}_1)a^\dagger(-\boldsymbol{k}_2)|0\rangle \\ &= u(t,\boldsymbol{k}_1)u^*(t,-\boldsymbol{k}_2)(2\pi)^3\delta^{(3)}\left(\boldsymbol{k}_1+\boldsymbol{k}_2\right) \\ &= (2\pi)^3\delta^{(3)}\left(\boldsymbol{k}_1+\boldsymbol{k}_2\right)|u(t,k_1)|^2\end{aligned} \tag{6.40}$$

となるので，パワースペクトルは

$$P_{\delta\phi}(t,k) = |u(t,k)|^2 \tag{6.41}$$

で与えられる.

ここで (6.35) のモード関数 $u(t,\boldsymbol{k})$ は，$\omega = k/a \gg H$ において，$\delta\phi_k$ の微分方程式 (6.12) と同じ形の式，すなわち

$$\ddot{u} + \omega^2 u \simeq 0 \tag{6.42}$$

を満たす．$\delta\phi_k$ についての解 (6.14) を導いたように，(6.13) の近似の下で，(6.42) の解として

$$u = Ae^{-i\int \omega \mathrm{d}t} \tag{6.43}$$

が存在する（A は正の実定数)．ここでは虚数単位 i を用いて解を表示しており，このとき $|u|^2 = u^* u = A^2$ である．(6.43) の解に，エネルギー演算子 $\hat{E} = i\hbar\partial/\partial t$ を作用させると，$\hat{E}u = \hbar\omega u$ であり，これは正エネルギー状態の解を表す．(6.42) のもう一つの独立な解 $u = Be^{+i\int \omega \mathrm{d}t}$ は，$\hat{E}u = -\hbar\omega u$ を満たし，これは負エネルギー状態の解を表す．つまり (6.43) は，正エネルギー状態の解を選んでいることに相当する.

モード関数 u の共役運動量は, (6.10) と同様に $p_u = a^3\dot{u} = -ia^3\omega Ae^{-i\int \omega \mathrm{d}t}$ であり，$|p_u|^2 = a^6\omega^2 A^2$ である．(6.34) と同様な不確定性原理 $\sqrt{|u^2||p_u^2|} = \hbar/2$ から，$a^3(k/a)A^2 = \hbar/2$ すなわち

$$A = \sqrt{\frac{\hbar}{2a^2 k}} \tag{6.44}$$

を得る．このとき，スカラー場のパワースペクトルは,

$$P_{\delta\phi} = |u|^2 = \frac{\hbar}{2a^2 k} \tag{6.45}$$

であり，これは (6.32) の $\langle\delta\phi_k^2\rangle$ と一致する．つまり，量子力学での調和振動子のハミルトニアンとの対応関係から得られた真空期待値 $\langle\delta\phi_k^2\rangle$ は，スカラー場の量子化から得られるパワースペクトル $P_{\delta\phi}$ に等しい．(6.45) は，図 6.1 のように，$k/a \gg H$ の領域でスカラー場の摂動 $\delta\phi$ が零点振動しているときのパワースペクトルである.

ここまでの議論は $\omega = k/a \gg H$ において有効であり，この領域では $|\delta\dot{\phi}_k|$ のオーダーが $|\omega\delta\phi_k|$ 程度であるため，$|3H\delta\dot{\phi}_k/(\omega^2\delta\phi_k)| \approx H/\omega \ll 1$ であり，(6.7) で $3H\delta\dot{\phi}_k$ の項は $(k/a)^2\delta\phi_k$ に比べて無視できた．インフレーション中

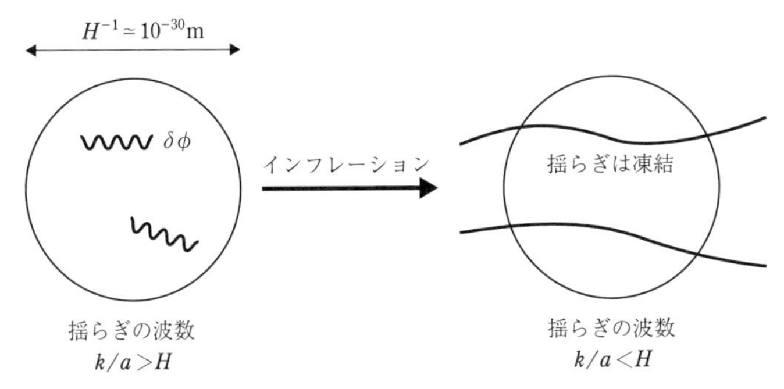

図 6.1 インフレーションでハッブル半径 H^{-1} を超えて引き延ばされる，スカラー場の摂動 $\delta\phi$ の概念図．

には H は一定に近いが，a の加速的な増加により k/a は急激に減少し，やがて

$$\omega = \frac{k}{a} \ll H \tag{6.46}$$

となる．この領域では，(6.7) で $|3H\delta\dot{\phi}_k|$ の項が $|(k/a)^2\delta\phi_k|$ の項を上回り，

$$\delta\ddot{\phi}_k + 3H\delta\dot{\phi}_k \simeq 0 \tag{6.47}$$

となる．第 4.2.1 小節で述べた，1 回目のハッブル半径の横断 ($k = aH$) の時期を境に，$\delta\phi_k$ の解の振る舞いが変わることになる．$\delta\phi_k$ を演算子として (6.35) のように表したときのモード関数 $u(t, \boldsymbol{k})$ も，$k/a \ll H$ で (6.47) と同じ形の微分方程式 $\ddot{u} + 3H\dot{u} = 0$ を満たす．これは $(a^3\dot{u})^{\cdot} = 0$ と変形できるので，その解は，任意定数 C_1 と C_2 を用いて

$$u = C_1 + C_2 \int_{t_k}^{t} \frac{1}{a^3(\tilde{t})} \mathrm{d}\tilde{t} \tag{6.48}$$

と書ける．t_k は $k = aH$ となるときの時刻である．インフレーション中の $H = \dot{a}/a$ が近似的に一定で，スケール因子が $a = a_i e^{Ht}$（a_i は定数）と変化しているとき，(6.48) は

$$u = C_1 + \frac{C_2}{3a_i^3 H}\left(e^{-3Ht_k} - e^{-3Ht}\right) \tag{6.49}$$

となる．$t \gg t_k$ で，u は一定値 $u_\infty = C_1 + C_2 e^{-3Ht_k}/(3a_i^3 H)$ に近づく．つまり，$k/a \gg H$ で零点振動をしていた量子揺らぎはインフレーション中に急

激に引き延ばされ，ハッブル半径を超えた領域 $(k/a \ll H)$ では宇宙膨張による項 $3H\dot{\delta\phi}_k$ の寄与（重力による効果）が効き，凍結した古典的な揺らぎとしてその痕跡が残される（図 6.1 を参照）．$t > t_k$ で u がすぐに凍結し，u の $t \gg t_k$ での漸近値 u_∞ が，$t = t_k$ での u の値 C_1 に等しいという近似を用いると，$t \geq t_k$ でのパワースペクトルは，

$$P_{\delta\phi} = |C_1|^2 \tag{6.50}$$

となる．これを，$t \leq t_k$ でのパワースペクトル (6.45) と $t = t_k$ で接続する．1 回目のハッブル半径の横断の瞬間の a と H に添字 k をつけると，$a_k = k/H_k$ であるから，$|C_1|^2 = \hbar H_k^2/(2k^3)$ を得る．よって，$\hbar = 1$ の単位系で，$t \geq t_k$ でのスカラー場の摂動のパワースペクトルは，

$$P_{\delta\phi} = \frac{H_k^2}{2k^3} \tag{6.51}$$

となる．このように $P_{\delta\phi}$ は H_k の情報を含んでおり，第 6.2 節で見るように，CMB の観測からインフレーション期の宇宙の膨張率（エネルギースケール）の情報を引き出すことが可能である．(6.51) の振幅は，$k/a \gg H$ の領域でスカラー場の量子揺らぎが不確定性原理 (6.34) を満たし，$\delta\phi_k^2$ の期待値が 0 でない値を取ることから決まっていることに注意したい．

6.2 曲率揺らぎのパワースペクトル

インフレーション期に生成される原始密度揺らぎのうち，CMB の観測と関係するものは，**曲率揺らぎ** $\mathcal{R}$ というスカラー型の摂動と**重力波** h_{ij} というテンソル型の摂動である．空間的に平坦な一様等方時空の線素は (3.35) で与えられ，その空間 3 次元部分の計量は，$\mathrm{d}s_{(3)}^2 = a^2(t)\delta_{ij}\mathrm{d}x^i\mathrm{d}x^j$ と書ける．ここで $x^1 = x, x^2 = y, x^3 = z$ であり，下付きと上付きの同じ文字 i と j に関しては，それぞれ 1 から 3 までの和を取る．本節では，スカラー摂動である曲率揺らぎ $\mathcal{R}$ について考えると，その摂動を含む 3 次元空間の線素は

$$\mathrm{d}s_{(3)}^2 = a^2(t)(1 + 2\mathcal{R})\delta_{ij}\mathrm{d}x^i\mathrm{d}x^j \tag{6.52}$$

で与えられ，$\mathcal{R}$ は t と x^i の関数である．この摂動を含めた空間体積は，$a(t)(1+2\mathcal{R})^{1/2}$ の 3 乗に相当し，

$$V = a^3(t)\,(1+2\mathcal{R})^{3/2} \simeq a^3(t)\,(1+3\mathcal{R}) \tag{6.53}$$

となる．ここで，$|\mathcal{R}| \ll 1$ の条件の下で，$\mathcal{R}$ に関する 2 次以上の項は無視する線形近似を用いている．このとき，V の時間変化に関して

$$\theta \equiv \frac{\dot{V}}{3V} \simeq H + \dot{\mathcal{R}} \tag{6.54}$$

が成り立つ．この関係式を，インフレーション中の適当な時刻 t_1 から終了時刻 t_f まで t で積分すると，

$$\mathcal{N} \equiv \int_{t_1}^{t_f} \theta\,\mathrm{d}t = \mathcal{N}_0 + \mathcal{R}(t_f) - \mathcal{R}(t_1) \tag{6.55}$$

となる．ここで $\mathcal{N}_0 = \int_{t_1}^{t_f} H\mathrm{d}t$ は，時刻 t_1 から t_f までの e-foldings 数を表し，(4.50) の定義と整合的である．4 次元時空は，時間 t が一定の 3 次元超曲面の集合に分割でき，時刻 t_1 で $\mathcal{R}(t_1)=0$ の超曲面を取ることができる．摂動があるときの $\mathcal{N}$ と背景時空の e-foldings 数 $\mathcal{N}_0$ の差を $\delta\mathcal{N} = \mathcal{N} - \mathcal{N}_0$ と書くと，(6.55) より

$$\mathcal{R}(t_f) = \delta\mathcal{N} \tag{6.56}$$

を得る．

スカラー場の摂動 $\delta\phi(t,x^i)$ がある場合，各点 x^i において e-foldings 数が平均値 $\mathcal{N}_0$ からずれる．スカラー場の平均値 ϕ_0 からのずれ $\delta\phi$ によって，各点において，一様等方宇宙での平均時間からの違い

$$\delta t = \frac{\delta\phi}{\dot{\phi}} \tag{6.57}$$

が生じる．ここで e-foldings 数の定義から，$\delta\mathcal{N} = H\delta t$ である．よって (6.56) の曲率揺らぎは，

$$\mathcal{R}(t_f) = H\delta t = \frac{H}{\dot{\phi}}\delta\phi \tag{6.58}$$

のように $\delta\phi$ と関係している [41, 42]．

曲率揺らぎを，(6.6) と同様にフーリエ展開し，

$$\mathcal{R}(t,\boldsymbol{x}) = \int \frac{\mathrm{d}^3k}{(2\pi)^3}\mathcal{R}_k(t)e^{i\boldsymbol{k}\cdot\boldsymbol{x}} \tag{6.59}$$

と表す．$\delta\phi_k(t)$ を (6.35) の演算子で表して (6.40) の関係式を得たように，$\mathcal{R}_k(t)$ を $\hat{\mathcal{R}}_k(t) = u_\mathcal{R}(t,\boldsymbol{k})\,\hat{a}(\boldsymbol{k}) + u^*_\mathcal{R}(t,-\boldsymbol{k})\,\hat{a}^\dagger(-\boldsymbol{k})$ と演算子で表し，

$$\langle 0|\hat{\mathcal{R}}_k(t)\hat{\mathcal{R}}_k(t)|0\rangle = (2\pi)^3\delta^{(3)}(\boldsymbol{k}_1+\boldsymbol{k}_2)\,P_\mathcal{R}(t,k_1) \tag{6.60}$$

を得る．ここで，$P_\mathcal{R}(t,k_1) = |u_\mathcal{R}(t,k_1)|^2$ は $\mathcal{R}$ のパワースペクトルを表す．(6.58) は，$\mathcal{R}$ と $\delta\phi$ の各フーリエモード $u_\mathcal{R}$ と u に対して成り立ち，$u_\mathcal{R} = (H/\dot{\phi})u$ である．摂動 u のスペクトル $P_{\delta\phi}$ は，$k = aH$ で (6.51) の値に凍結するので，インフレーション直後の $\mathcal{R}$ のパワースペクトルは，

$$P_\mathcal{R} = \left(\frac{H}{\dot{\phi}}\right)^2 P_{\delta\phi}\bigg|_{k=aH} = \frac{H^4}{2k^3\dot{\phi}^2}\bigg|_{k=aH} \tag{6.61}$$

で与えられる．この値は，$k = aH$ で計算することを意味する．

実空間での $\mathcal{R}(t,\boldsymbol{x})$ の 2 乗の真空期待値は，(6.59) を演算子 $\hat{\mathcal{R}}(t,\boldsymbol{x})$ とみなし，さらに (6.60) を用いて

$$\begin{aligned}\langle 0|\hat{\mathcal{R}}(t,\boldsymbol{x})\hat{\mathcal{R}}(t,\boldsymbol{x})|0\rangle &= \frac{1}{(2\pi)^3}\int \mathrm{d}^3k_1\int \mathrm{d}^3k_2\,P_\mathcal{R}(k_1)e^{i(\boldsymbol{k}_1+\boldsymbol{k}_2)\cdot\boldsymbol{x}}\delta^{(3)}(\boldsymbol{k}_1+\boldsymbol{k}_2)\\ &= \frac{1}{(2\pi)^3}\int \mathrm{d}^3k_1 P_\mathcal{R}(k_1) = \int \mathrm{d}k\,\frac{k^2P_\mathcal{R}(k)}{2\pi^2}\end{aligned} \tag{6.62}$$

となる．これを

$$\langle 0|\hat{\mathcal{R}}(t,\boldsymbol{x})\hat{\mathcal{R}}(t,\boldsymbol{x})|0\rangle = \int \mathrm{d}\ln k\,\mathcal{P}_\mathcal{R}(k) = \int \frac{\mathrm{d}k}{k}\mathcal{P}_\mathcal{R}(k) \tag{6.63}$$

と書いたときの $\mathcal{R}$ のパワースペクトル

$$\mathcal{P}_\mathcal{R}(k) = \frac{k^3}{2\pi^2}P_\mathcal{R}(k) = \frac{H^4}{4\pi^2\dot{\phi}^2}\bigg|_{k=aH} \tag{6.64}$$

が，$P_\mathcal{R}(k)$ の代わりにしばしば用いられる．

スカラー場のポテンシャルエネルギー $V(\phi)$ に基づくインフレーションでは，近似的に関係式 (4.47) と (4.48) が成り立つので，$\dot{\phi} \simeq -V_{,\phi}/(3H)$ と $H^2 \simeq V/(3M_\mathrm{pl}^2)$ を (6.64) に代入して

$$\mathcal{P}_\mathcal{R} = \left.\frac{V^3}{12\pi^2 M_\mathrm{pl}^6 V_{,\phi}^2}\right|_{k=aH} \tag{6.65}$$

を得る．つまり，ポテンシャルとその勾配によって $\mathcal{P}_\mathcal{R}$ の振幅が決まる．$k = aH$ となるときのスカラー場の値は，k によって異なるため，$\mathcal{P}_\mathcal{R}$ は波数依存性を持つ．それを定量化するため，曲率揺らぎの**スペクトル指数**を

$$n_s - 1 \equiv \left.\frac{\mathrm{d}\ln\mathcal{P}_\mathcal{R}}{\mathrm{d}\ln k}\right|_{k=aH} \tag{6.66}$$

と定義する．この定義から，n_s が k に依らないときは $\mathcal{P}_\mathcal{R} \propto k^{n_s-1}$ である．$n_s = 1$ のときは $\mathcal{P}_\mathcal{R}$ は k に依存せず，この場合を**スケール不変**と呼ぶ．$k = aH$ での $\ln k$ の時間変化は，a に比べて H の変化を無視すると

$$\frac{\mathrm{d}\ln k}{\mathrm{d}t} \simeq \frac{\mathrm{d}\ln a}{\mathrm{d}t} = H \tag{6.67}$$

であるから，(6.66) は

$$n_s - 1 = \frac{1}{H}\frac{\mathrm{d}}{\mathrm{d}t}\ln\mathcal{P}_\mathcal{R} \tag{6.68}$$

と書ける．(6.65) を用いて，(6.68) を計算すると，

$$n_s - 1 = -6\epsilon_V + 2\eta_V \tag{6.69}$$

を得る．ここで

$$\epsilon_V = \frac{M_\mathrm{pl}^2}{2}\left(\frac{V_{,\phi}}{V}\right)^2, \qquad \eta_V = \frac{M_\mathrm{pl}^2 V_{,\phi\phi}}{V} \tag{6.70}$$

は，**スローロールパラメータ**であり，インフレーション中にはポテンシャルは十分平坦であるため，$\epsilon_V \ll 1$ かつ $|\eta_V| \ll 1$ である．スローロール近似の下では，(4.53) で示したように，ϵ_V は $\epsilon_H = -\dot{H}/H^2$ に等しい．(6.69) から n_s は 1 に近く，インフレーション中にスケール不変に近い曲率揺らぎが生成される [43–45]．しかし，ϵ_V と η_V は完全に 0 ではなく，実際には $n_s = 1$ からのずれが存在する．そのずれを CMB の温度揺らぎの観測から探ることにより，インフレーションの模型に制限を与えることが可能であり，それについては第 6.4 節で解説する．

なお，n_s の波数依存性を考慮するために，**ランニングスペクトル指数**

$$\alpha_s \equiv \left.\frac{\mathrm{d}n_s}{\mathrm{d}\ln k}\right|_{k=aH} = 16\epsilon_V\eta_V - 24\epsilon_V^2 - 2\xi_V^2 \tag{6.71}$$

を定義する．この 2 つ目の等号ではスローロール近似を用いており，また $\xi_V^2 = M_{\mathrm{pl}}^4 V_{,\phi}V_{,\phi\phi\phi}/V^2$ である．α_s は，高々スローロールパラメータの 2 乗の 10 倍程度の大きさであり，平坦に近いポテンシャルに基づくインフレーションでは，典型的に 10^{-3} 程度の小さな値となる．

6.3 原始重力波のパワースペクトル

次に，2 階計量テンソルの摂動に相当する重力波について考えよう．空間的に平坦な一様等方時空において，3 次元空間部分の計量に 2 階の対称テンソル h_{ij} $(i,j=1,2,3)$ を含む 4 次元時空の線素は，

$$\mathrm{d}s^2 = g_{\mu\nu}\mathrm{d}x^\mu\mathrm{d}x^\nu = -\mathrm{d}t^2 + a^2(t)\left(\delta_{ij}+h_{ij}\right)\mathrm{d}x^i\mathrm{d}x^j \tag{6.72}$$

で与えられる．重力波は 3 次元空間を横波として伝わるが，その伝搬の様子を理解するために，まずは 1 階テンソルであるベクトル場 $\boldsymbol{V}=(V_1,V_2,V_3)$ を考える．電磁気学で学ぶように，ベクトル場の成分 V_i $(i=1,2,3)$ に対して，ヘルムホルツの定理

$$V_i = V_{*i} + \nabla_i U \tag{6.73}$$

が成り立つ．ここで U はスカラー量であり，$\nabla_i U$ は x^i による共変微分（付録 A の (A.3) を参照）を表す．スカラー量に関しては，$\nabla_i U = \partial_i U = \partial U/\partial x^i$ である．V_{*i} は純粋なベクトルモードに相当し，その発散は 0，すなわち

$$\nabla^i V_{*i} = 0 \tag{6.74}$$

を満たす．V_{*i} は，波の伝搬方向に対して垂直な方向に変位する横波（回転波）を表し（図 6.2 を参照），光の場合には電場と磁場に相当する．それに対して，$\nabla_i U$ はスカラー量 U が由来のベクトルであり，その回転は 0 である．$\nabla_i U$ は波の伝搬方向と同じ方向に変位する縦波（発散波）を表し，光子の場合には，その質量が 0 であることに付随した U(1) ゲージ対称性により，この縦波モー

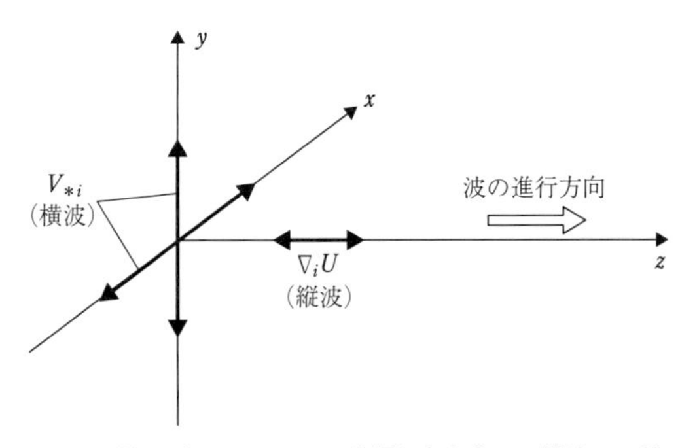

図 6.2　ベクトル場 $\boldsymbol{V}$ をヘルムホルツ分解したときの，横波モード V_{*i} と縦波モード $\nabla_i U$.

ドは存在しない．

次に，テンソル型の摂動である重力波について考える．計量 (3.35) の背景時空で，2 階のテンソル摂動 h_{ij} は，純粋なテンソル部分 h_{*ij} だけでなく，(6.74) を満たす純粋なベクトル量 V_{*i} とスカラー量 S からの寄与を含み，

$$h_{ij} = h_{*ij} + \frac{1}{2}\left(\nabla_i V_{*j} + \nabla_j V_{*i}\right) + \left(\nabla_i \nabla_j S - \frac{1}{3}\delta_{ij}\nabla^2 S\right) + \frac{1}{3}h\delta_{ij} \quad (6.75)$$

と分離できる（テンソルの分離定理）．ここで $h = g^{ij}h_{ij} = h^i{}_i$ は，h_{ij} のトレース和に相当するスカラー量である．h_{*ij} は，

$$(1)\ \nabla^i h_{*ij} = 0 \quad (\text{発散が } 0), \quad (6.76)$$

$$(2)\ h_*{}^i{}_i = 0 \quad (\text{トレースが } 0) \quad (6.77)$$

という 2 つの条件を満たしている．ベクトル場のときの条件と同じように，h_{*ij} は発散が 0 の条件を満たしているが，それだけでは純粋なテンソル部分を取り出すには不十分で，(6.75) の最後のトレース和 $(1/3)h$ によるスカラー量の寄与が残り，それが第 6.2 節で考えた曲率揺らぎ $\mathcal{R}$ に対応する．そのようなスカラー摂動の寄与は，h_{*ij} にトレースが 0 であるという条件 (6.77) を課すことで，純粋なテンソル摂動から分離できる．つまり重力波は，条件 (6.76) と (6.77) を満たすテンソル摂動 h_{*ij} である．計量は対称性 $h_{*ij} = h_{*ji}$ を満たすので，h_{*ij} の独立な成分は 6 個ある．(6.76) の $j = 1, 2, 3$ から 3 つの条件，(6.77) から 1 つの条件が課され，h_{*ij} の独立な成分は $6 \quad 3 \quad 1 - 2$ 個と

なる．つまり重力波には，2つの独立な運動の自由度があり，それは波の進行方向に垂直な2種類の横波の変位に対応する．

なお，(6.75) の中のスカラー摂動 S は第6.2節で考慮しなかったが，一般座標変換に関するゲージ自由度の存在により，$S=0$ として除去できる [46]．(6.75) には純粋なベクトル摂動 V_{*i} も存在するが，スカラー場によるインフレーションのように，ベクトル場に相当する物質がない場合は，曲率揺らぎ $\mathcal{R}$，重力波 h_{*ij} とは異なり，V_{*i} は運動エネルギーを持つ形で伝搬しない．そのため以下の議論では，ベクトル摂動については考えない．また，条件 (6.76) と (6.77) を満たす h_{*ij} を，簡単のため h_{ij} と表記する．

h_{ij} の満たす線形方程式（h_{ij} の1次までの式）は，アインシュタイン方程式 (1.24) の1次摂動を考えるか，もしくはスカラー場の作用 (4.32) を $\mathcal{S}_m$ として (4.26) に考慮した作用を，h_{ij} について2次まで展開しその変分を取って得られる．スカラー場摂動 $\delta\phi$ のときと同じ手法を用いて重力波の量子化を行うには，後者の方法が便利である．付録Bで導出するように，線素 (6.72) において，(6.76) と (6.77) を満たす h_{ij} に対して (4.26) の摂動展開を行うと，(4.26) の h_{ij} に関する2次摂動の作用は

$$\mathcal{S}_h^{(2)}=\frac{M_{\rm pl}^2}{4}\sum_{i,j=1}^{3}\int {\rm d}t{\rm d}^3x\,a^3\left[\frac{1}{2}\dot{h}_{ij}^2-\frac{(\partial_k h_{ij})^2}{2a^2}\right] \tag{6.78}$$

となる（$M_{\rm pl}$ は (4.31) で定義されている）．重力波が持つ運動エネルギー項 $\dot{h}_{ij}^2/2$ は，スカラー曲率 R の展開から現れる．ここで，

$$v_{ij}=\frac{M_{\rm pl}}{2}h_{ij} \tag{6.79}$$

という場を定義すると，(6.78) は

$$\mathcal{S}_h^{(2)}=\sum_{i,j=1}^{3}\int {\rm d}t{\rm d}^3x\,L_h,\qquad L_h=a^3\left[\frac{1}{2}\dot{v}_{ij}^2-\frac{(\partial_k v_{ij})^2}{2a^2}\right] \tag{6.80}$$

となる．この L_h の中の項 $(a^3/2)\dot{v}_{ij}^2$ は，(6.3) のスカラー場のラグランジアンの中の摂動 $\delta\phi$ の運動エネルギー $(a^3/2)\dot{\delta\phi}^2$ と同じ形をしており，v_{ij} は $\delta\phi$ と同様な正準場に相当する．L_h の v_{ij} による変分をとると，

$$\ddot{v}_{ij} + 3H\dot{v}_{ij} - \frac{\partial_k^2 v_{ij}}{a^2} = 0 \tag{6.81}$$

を得る．

次に v_{ij} を量子場として考え，それを演算子として

$$\hat{v}_{ij}(t, \boldsymbol{x}) = \int \frac{\mathrm{d}^3 k}{(2\pi)^3} \left(\hat{v}_{ij}\right)_k (t) e^{i\boldsymbol{k}\cdot\boldsymbol{x}}\,, \tag{6.82}$$

とフーリエ展開する．ただし，

$$\left(\hat{v}_{ij}\right)_k (t) = \sum_{\lambda=+,\times} e_{ij}^{(\lambda)}(\boldsymbol{k}) \left[v\left(t, \boldsymbol{k}\right) \hat{a}_\lambda(\boldsymbol{k}) + v^*\left(t, -\boldsymbol{k}\right) \hat{a}_\lambda^\dagger(-\boldsymbol{k})\right] \tag{6.83}$$

である．ここで，$e_{ij}^{(+)}(\boldsymbol{k})$ と $e_{ij}^{(\times)}(\boldsymbol{k})$ は，重力波の 2 つの運動の自由度を表す基底（対称テンソル）であり，その直交性から，

$$e_{ij}^{(\lambda)}(\boldsymbol{k}) e_{ij}^{(\lambda')}(\boldsymbol{k}) = \delta_{\lambda\lambda'} \tag{6.84}$$

が成り立つ．また，条件 (6.76) と (6.77) から，波数 $\boldsymbol{k} = (k_1, k_2, k_3)$ のフーリエ空間で

$$k_i e_{ij}^{(\lambda)}(\boldsymbol{k}) = 0\,, \qquad e_{ii}^{(\lambda)}(\boldsymbol{k}) = 0 \tag{6.85}$$

が成り立つ．ここで，添字の i, j で同じ記号については，1 から 3 までの和を取る．重力波が z 方向に進行している場合，波数ベクトルは $\boldsymbol{k} = (0, 0, k_3)$ であり，条件 (6.84) と (6.85) を満たす 2 つの基底テンソルとして，

$$+\,\text{モード：}\ e_{11}^{(+)}(\boldsymbol{k}) = \frac{1}{\sqrt{2}}, \quad e_{22}^{(+)}(\boldsymbol{k}) = -\frac{1}{\sqrt{2}}, \quad \text{残りの成分は } 0, \tag{6.86}$$

$$\times\,\text{モード：}\ e_{12}^{(\times)}(\boldsymbol{k}) = \frac{1}{\sqrt{2}}, \quad e_{21}^{(\times)}(\boldsymbol{k}) = \frac{1}{\sqrt{2}}, \quad \text{残りの成分は } 0 \tag{6.87}$$

が取れる．これらはそれぞれ，z 方向に垂直な xy 平面内における図 6.3 のような 2 種類の波の変位に対応しており，重力波は横波である．

(6.81) から，(6.83) の中にあるフーリエ空間でのモード関数 $v(t, \boldsymbol{k})$ は

$$\ddot{v} + 3H\dot{v} + \frac{k^2}{a^2} v = 0 \tag{6.88}$$

を満たす．一般に波の伝搬速度を c_t とすると，波動方程式の中で c_t の寄与は $c_t^2 k^2 / a^2$ という形で現れる．いまの場合 $c_t^2 = 1$ であるから，重力波の伝搬速度

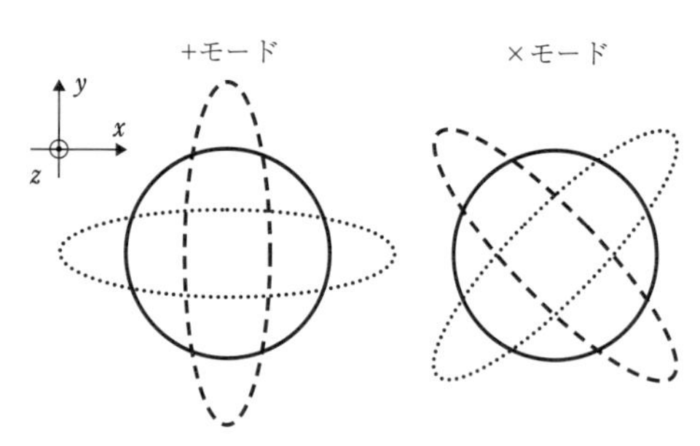

図 6.3 紙面に垂直な z 方向に重力波が伝搬しているときの，重力波の 2 つの振動モード．

c_t は光速度 $c\ (=1)$ に等しい．また，スカラー場の摂動 $\delta\phi$ のモード関数 u は，(6.7) で $\delta\phi_k \to u$ とした式を満たしており，(6.88) との違いは，スカラー摂動の運動方程式に質量の 2 乗に相当する項 $V_{,\phi\phi}$ が存在する点である．(6.88) にそのような項が存在しないのは，重力波を伝える媒介となる粒子である**重力子**の質量が 0 であることに対応する．このように一般相対論に基づくと，重力波は質量 0 の重力子を媒介として，光速度 c で伝搬する．

第 6.1 節で，(6.7) の中の質量項 $V_{,\phi\phi}$ を無視する近似を用いて，インフレーション直後の $\delta\phi$ のパワースペクトル (6.51) を得た．そのときの量子場 u に対応する重力波の正準量子場が v_{ij} であるから，後者のパワースペクトル P_v を

$$\langle 0|(\hat{v}_{ij})_{k_1}(t)(\hat{v}_{ij})_{k_2}(t)|0\rangle = (2\pi)^3\delta^{(3)}\left(\boldsymbol{k}_1+\boldsymbol{k}_2\right)P_v(t,k_1) \tag{6.89}$$

と定義すると，スカラー摂動の際に (6.51) を導いたのと同様な議論から，

$$P_v = \frac{H_k^2}{2k^3} \tag{6.90}$$

を得る．関係式 (6.79) および，重力波には $\lambda = +$ と $\lambda = \times$ の 2 つのモードがあることを用いて，h_{ij} のパワースペクトルは，

$$P_h = \frac{4}{M_{\rm pl}^2}P_v \times 2 = \frac{4H_k^2}{k^3 M_{\rm pl}^2} \tag{6.91}$$

となる．曲率揺らぎの場合の (6.64) に対応する重力波のパワースペクトルは，

$$\mathcal{P}_h \equiv \frac{k^3}{2\pi^2}P_h = \left.\frac{2H^2}{\pi^2 M_{\rm pl}^2}\right|_{k=aH} \tag{6.92}$$

で与えられる．重力波の波数依存性を表すスペクトル指数を，

$$n_t \equiv \left.\frac{\mathrm{d}\ln \mathcal{P}_h}{\mathrm{d}\ln k}\right|_{k=aH} \tag{6.93}$$

と定義すると，(6.67) を用いることにより，

$$n_t = -2\epsilon_H \tag{6.94}$$

を得る．インフレーション中には，$\epsilon_H = -\dot{H}/H^2$ は 1 に対して十分小さく，n_t は 0 に近い．つまり，重力波についてもスカラー摂動と同様に，スケール不変に近い原始パワースペクトルが生成される．

ポテンシャル $V(\phi)$ に基づくインフレーションでは，$H^2 \simeq V/(3M_{\mathrm{pl}}^2)$ であるから，(6.92) は

$$\mathcal{P}_h = \frac{2V}{3\pi^2 M_{\mathrm{pl}}^4} \tag{6.95}$$

となる．これと，(6.65) の曲率揺らぎのパワースペクトル $\mathcal{P}_{\mathcal{R}}$ との比

$$r = \frac{\mathcal{P}_h}{\mathcal{P}_{\mathcal{R}}} = 8M_{\mathrm{pl}}^2 \left(\frac{V_{,\phi}}{V}\right)^2 = 16\epsilon_V \tag{6.96}$$

を**テンソル・スカラー比**と呼ぶ．インフレーション中は $\epsilon_V \ll 1$ であるから，$r \ll 1$ となる．つまり，インフレーションで生成される重力波 h_{ij} の振幅は，曲率揺らぎ $\mathcal{R}$ と比べて小さく，これが原始重力波の検出が難しい所以である．

また，(6.94) で近似式 $\epsilon_H \simeq \epsilon_V$ を用いると，r と n_t の間には

$$r = -8n_t \tag{6.97}$$

という**整合性関係**がある．これは，ポテンシャルエネルギー $V(\phi)$ に基づくスローロール・インフレーションで満たされるべき関係式である．$n_t = -2\epsilon_V$ から，重力波のランニングスペクトル指数は，

$$\alpha_t \equiv \left.\frac{\mathrm{d}n_t}{\mathrm{d}\ln k}\right|_{k=aH} = -8\epsilon_V^2 + 4\epsilon_V \eta_V \tag{6.98}$$

であり，α_s と同様にこの値は 1 に対して十分小さい．

6.4 CMB観測からのインフレーション模型の選別

インフレーションで生成される原始密度揺らぎは，CMBの温度揺らぎの初期条件を与え，第7章で述べるように，インフレーション後に揺らぎは進化する．現在観測されているCMBの温度揺らぎの2点相関関数に関するデータを，原始密度揺らぎの情報に引き戻すことで，$\mathcal{P}_\mathcal{R}$ や $\mathcal{P}_h$ の理論値との比較ができる．インフレーションの模型によって，n_s や r の値は異なるため，CMBの観測から模型の選別が可能である．

CMBのデータ解析では，インフレーション直後の曲率揺らぎ $\mathcal{R}$ のパワースペクトル $\mathcal{P}_\mathcal{R}(k)$ を，ある基準の波数 k_0 の周りで展開し，

$$\ln \mathcal{P}_\mathcal{R}(k) = \ln \mathcal{P}_\mathcal{R}(k_0) + [n_s(k_0) - 1]\, x + \frac{\alpha_s(k_0)}{2} x^2 + \mathcal{O}(x^3) \qquad (6.99)$$

と表す．ただし $x = \ln(k/k_0)$ であり，インフレーションに基づくと，$|\alpha_s(k_0)| \ll 1$ が予言されるので，(6.99) で $\alpha_s(k_0)x^2/2$ よりも高次の項の寄与は無視できる．重力波 h_{ij} のパワースペクトル $\mathcal{P}_h(k)$ も同様に，

$$\ln \mathcal{P}_h(k) = \ln \mathcal{P}_h(k_0) + n_t(k_0)x + \frac{\alpha_t(k_0)}{2} x^2 + \mathcal{O}(x^3) \qquad (6.100)$$

と展開する．波数 k_0 でのテンソル・スカラー比を

$$r(k_0) = \frac{\mathcal{P}_h(k_0)}{\mathcal{P}_\mathcal{R}(k_0)} \qquad (6.101)$$

と定義すると，(6.97) から $r(k_0) = -8n_t(k_0)$ の関係があるので，$\mathcal{P}_\mathcal{R}(k_0)$, $r(k_0)$, $n_s(k_0)$, $\alpha_s(k_0)$, $\alpha_t(k_0)$ の5つのパラメータを考えればよい．現状のCMBの観測では，原始重力波はまだ検出されていないため，$r(k_0)$ には上限値のみが存在し，また理論的に $|\alpha_t(k_0)| \ll 1$ であるので，$\alpha_t(k_0) = 0$ とおいても統計解析の結果に影響しない．Planck衛星による2018年の温度揺らぎのデータと，バリオン音響振動，BICEP2/Keckによる原始重力波の観測による統計解析から，$k_0 = 0.002\ \mathrm{Mpc}^{-1}$ において，

$$\ln\left[10^{10}\mathcal{P}_\mathcal{R}(k_0)\right] = 3.044 \pm 0.014 \qquad (68\,\%\,\mathrm{CL})\,, \qquad (6.102)$$

$$n_s(k_0) = 0.9661 \pm 0.0040 \qquad (68\,\%\,\mathrm{CL})\,, \qquad (6.103)$$

$$r(k_0) < 0.066 \qquad (95\,\%\,\mathrm{CL}), \tag{6.104}$$

$$\alpha_s(k_0) = -0.006 \pm 0.013 \qquad (95\,\%\,\mathrm{CL}) \tag{6.105}$$

という制限が得られている [6]．括弧の中は統計的な確からしさを示す．これから $\alpha_s(k_0)$ は小さく，$\alpha_s(k_0) = 0$ で矛盾がない．(6.102) の中心値は，$\mathcal{P}_\mathcal{R}(k_0) = 2.1 \times 10^{-9}$ に相当する．一方 (6.65) の $\mathcal{P}_\mathcal{R}$ の理論値を，近似式 $V \simeq 3M_{\mathrm{pl}}^2 H^2$ を用い，さらに (6.70) の ϵ_V で表すと，観測的な制限は

$$\mathcal{P}_\mathcal{R}(k_0) = \frac{H^2(k_0)}{8\pi^2 M_{\mathrm{pl}}^2 \epsilon_V(k_0)} = 2.1 \times 10^{-9} \tag{6.106}$$

となる．これから $H(k_0)$ は，

$$H(k_0) \simeq \sqrt{\epsilon_V(k_0)} \times 10^{15}\ \mathrm{GeV} \tag{6.107}$$

と評価できる．$H(k_0)$ は $\epsilon_V(k_0)$ の値によるが，$\epsilon_V(k_0) = 0.01$ ならば $H(k_0) \simeq 10^{14}$ GeV である．このようにして，温度揺らぎの振幅の観測から，インフレーションのエネルギースケールの情報が引き出せる．

(6.103) の観測値 $n_s(k_0)$ は，スケール不変の場合の値 1 に近く，また (6.104) の r も 1 に対して十分小さいので，インフレーションの理論的な予言と整合的である．インフラトン場のポテンシャル $V(\phi)$ の形状によって，スケール不変からのずれ $n_s - 1 = -6\epsilon_V + 2\eta_V$ と，テンソル・スカラー比 $r = 16\epsilon_V$ は異なるため，それらの観測値から，どのような模型が好まれるかを判別できる．横軸が n_s，縦軸が r の 2 次元平面での観測からの制限を，図 6.4 に示してある（n_s と r は，$k_0 = 0.002\ \mathrm{Mpc}^{-1}$ での値）．図の内側と外側の太線が，それぞれ 68 %, 95 % の確からしさで許容される境界を表す．

具体的に，カオス的インフレーションのポテンシャル (4.29) で，ϵ_V と η_V を計算すると

$$\epsilon_V = \frac{n^2 M_{\mathrm{pl}}^2}{2\phi^2}, \qquad \eta_V = \frac{n(n-1)M_{\mathrm{pl}}^2}{\phi^2} \tag{6.108}$$

であるから，(4.55) を用いて ϕ を N で表すことで，n_s と r の値として

$$n_s = 1 - \frac{n(n+2)M_{\mathrm{pl}}^2}{\phi^2} = 1 - \frac{2(n+2)}{4N+n}, \tag{6.109}$$

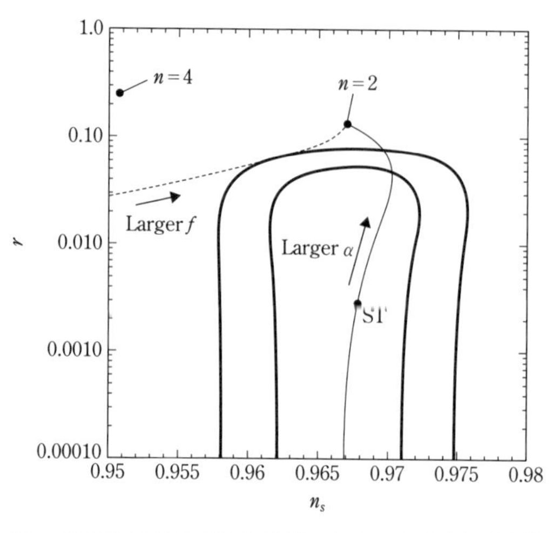

図 6.4 Planck2018 による CMB のデータと，バリオン音響振動，BICEP2/Keck による原始重力波のデータによる，n_s と r の観測的な制限．内側と外側の太線の内部がそれぞれ，68 %, 95 % の確からしさで許容される領域を表す．$n = 2$ と $n = 4$ の黒点はカオス的インフレーション模型 (4.29)，実線は α-アトラクター模型 (4.30)，点線はナチュラルインフレーション (4.28) での理論値を表す．記号 “ST” はスタロビンスキー模型を表す．e-foldings 数は $N = 60$ としている．

$$r = \frac{8n^2 M_{\rm pl}^2}{\phi^2} = \frac{16n}{4N + n} \tag{6.110}$$

を得る．波数 $k_0 = 0.002\ {\rm Mpc}^{-1}$ の共動スケールがハッブル半径を 1 回目に横断するときの N の値は，再加熱期の e-foldings 数の不定性があるため一意には決まらないが，典型的な値として $N = 60$ を取ってみよう．$n = 2$ のとき，$n_s = 0.9669$, $r = 0.1322$，$n = 4$ のとき，$n_s = 0.9508$, $r = 0.2623$ である．これらの理論値は，いずれも図 6.4 の外側にあり，ポテンシャル (4.29) で $n = 2, 4$ のときは，95 % 以上の確からしさで観測的に棄却される．

次に，α-アトラクター模型のポテンシャル (4.30) を考えると，(4.58) で定義される y を用いて，N と $\epsilon_V\ (= \epsilon_H)$ は (4.57) で与えられ，また

$$\eta_V = \frac{4y(2y - 1)}{3\alpha(1 - y)^2} \tag{6.111}$$

である．よって，

$$n_s = 1 - \frac{8y(1+y)}{3\alpha(1-y)^2}, \qquad r = \frac{64y^2}{3\alpha(1-y)^2} \tag{6.112}$$

を得る．スタロビンスキー模型 $(\alpha = 1)$ を含む $\alpha \le \mathcal{O}(1)$ のときは，インフレーション中の ϕ は $M_{\rm pl}$ よりも大きく，$0 < y \ll 1$ である．このとき (4.57) より，$N \simeq 3\alpha/(4y)$ であるから，n_s と α は近似的に，

$$n_s \simeq 1 - \frac{2}{N}, \qquad r \simeq \frac{12\alpha}{N^2} \tag{6.113}$$

で与えられる．$\alpha = 1$ のとき，$N = 60$ で $n_s = 0.9667$, $r = 3.3 \times 10^{-3}$ であり，図 6.4 のようにスタロビンスキー模型は，68％の確からしさで観測から許容される領域に入っている．

逆に $\alpha \gg 1$ の場合，インフレーションが起こっている領域でも y は 1 に近い．この極限で (4.59) の y_f は $y_f \to 1$ であるので，(4.57) の N で $y_f = 1$ とおいて，$y = 1$ の周りでテーラー展開すると，近似的に $N \simeq (3\alpha/8)(y-1)^2$ を得る．よって $\alpha \gg 1$ の極限で，(6.112) は

$$n_s \simeq 1 - \frac{2}{N}, \qquad r \simeq \frac{8}{N} \tag{6.114}$$

となる．これらは，(6.109) と (6.110) の $n = 2$ のときの $N \gg 1$ の極限値に等しい．つまり，固定された N $(\gg 1)$ に対して，α がオーダー 1 程度の値から増加すると，r は $12\alpha/N^2$ から $8/N$ に近づく．$N = 60$ のとき，$\alpha \lesssim 50$ であれば，図 6.4 で 68％の確からしさで観測から許容される領域内にある．

図 6.4 には，ナチュラルインフレーションのポテンシャル (4.28) で f を変えたときの (n_s, r) の曲線も示されており，この模型では $f \to \infty$ の極限で (6.114) の n_s と r の値に近づく（この導出は自習とする）．$N = 60$ のとき，この模型は 68％の確からしさで棄却されるが，f の値によっては 95％の確からしさで許容される領域の境界付近にある．

今後の観測の進展で，原始重力波が検出されれば，r の値が観測誤差の範囲で決まるので，それによって最適なインフレーション模型をほぼ特定することが可能になる．LiteBIRD などの CMB の原始重力波の観測では，r が 10^{-3} オーダーまでの探査を目指しており，それによってスタロビンスキー模型と α-アトラクター模型の選別が可能になることが期待できる．

第7章

宇宙背景輻射と温度揺らぎ

宇宙の温度が約3000 K まで下がると，自由電子が水素核に捕獲され，電子と光子の散乱頻度が低くなるため，光はほぼ直進できるようになる．この光子の最終散乱面から届く光が宇宙背景輻射 (CMB) である．CMB は，現在観測可能な領域のあらゆる方向からやってくる等方的な電波であるが，平均温度の 10^{-5} 倍程度の異方性を持っており，この異方性はインフレーション期に生成された密度揺らぎが起源であると考えられている．CMB の温度揺らぎの観測によって，インフレーションの物理だけでなく，現在の宇宙の物質の組成などの様々な有用な情報を引き出すことができる．本章では，CMB と温度揺らぎに関する基礎的な物理について解説していく．

7.1 電子の再結合と宇宙の晴れ上がり

第5.3節で学んだように，ビッグバン元素合成後の軽元素の質量の大部分を占めるのは裸の陽子 (p) と ^{4}He であり，それぞれ約75％, 25％である．それ以外には光子 (γ) とニュートリノ，さらに陽電子との対消滅後にレプトン非対称性で残った電子 (e^-) が存在し，e^- は輻射優勢期には原子核に捕獲されず，p や γ と散乱を繰り返している．それらの反応は，

$$\mathrm{p} + \mathrm{e}^- \leftrightarrow \mathrm{H} + \gamma, \tag{7.1}$$

$$\gamma + \mathrm{e}^- \leftrightarrow \gamma + \mathrm{e}^- \tag{7.2}$$

である．H は水素原子であり，クーロン散乱反応 (7.1) が右側に進行し始めると宇宙に最初の原子が誕生し，これを**電子の再結合**と呼ぶ．これにより自由電子の数が減少すると，やがて (7.2) のトムソン散乱反応が脱結合し，光子が直進できるようになり，**宇宙の晴れ上がり**が起こる．以下では，この電子の再結

合と宇宙の晴れ上がりが起こるときの温度をそれぞれ評価する．

反応 (7.1) における水素原子のイオン化エネルギーは，$Q = 13.6$ eV である．温度 T の光子の平均運動エネルギーは $k_{\mathrm{B}}T$ 程度なので，H ができ始める温度は，おおまかには $T = 13.6\ \mathrm{eV}/k_{\mathrm{B}} \approx 10^5$ K 程度と評価できる．しかし実際には，(2.121) と (5.64) で評価したように，光子の数密度は陽子や電子の数密度の 10^9 倍程度と非常に多いため，いったん H ができてもプランク分布の高エネルギー領域の光子によって，反応 (7.1) が左側に進行し，温度 10^5 K 程度では H はまだほとんど生成されない．

以下では，H が十分に生成され，H と p の数密度 n_{H} と n_{p} が同じになるときの宇宙の温度 T_{re} を求める．反応 (7.1) が温度 T の熱平衡状態にあるとき，ビッグバン元素合成後の宇宙では p, e$^-$, H は全て非相対論的粒子であり，それらの数密度は (2.106) で与えられる．p, e$^-$, H（内部自由度はそれぞれ $g_* = 2, 2, 4$）の質量と化学ポテンシャルに p, e, H の添字をつけると，$c = \hbar = 1$ の単位系で，それぞれの数密度は

$$n_{\mathrm{p}} = 2\left(\frac{m_{\mathrm{p}}k_{\mathrm{B}}T}{2\pi}\right)^{3/2} e^{-(m_{\mathrm{p}}-\mu_{\mathrm{p}})/(k_{\mathrm{B}}T)}, \tag{7.3}$$

$$n_{\mathrm{e}} = 2\left(\frac{m_{\mathrm{e}}k_{\mathrm{B}}T}{2\pi}\right)^{3/2} e^{-(m_{\mathrm{e}}-\mu_{\mathrm{e}})/(k_{\mathrm{B}}T)}, \tag{7.4}$$

$$n_{\mathrm{H}} = 4\left(\frac{m_{\mathrm{H}}k_{\mathrm{B}}T}{2\pi}\right)^{3/2} e^{-(m_{\mathrm{H}}-\mu_{\mathrm{H}})/(k_{\mathrm{B}}T)} \tag{7.5}$$

である．ここで，反応前後の化学ポテンシャルの保存から，$\mu_{\mathrm{p}} + \mu_{\mathrm{e}} = \mu_{\mathrm{H}}$ が成り立つ．このとき，n_{H} と $n_{\mathrm{p}}n_{\mathrm{e}}$ の比を取ると，**サハの式**と呼ばれる

$$\frac{n_{\mathrm{H}}}{n_{\mathrm{p}}n_{\mathrm{e}}} \simeq \left(\frac{m_{\mathrm{e}}k_{\mathrm{B}}T}{2\pi}\right)^{-3/2} e^{Q/(k_{\mathrm{B}}T)} \tag{7.6}$$

を得る．ただし，この式の指数関数の肩以外の項において，$m_{\mathrm{H}}/m_{\mathrm{p}} \simeq 1$ の近似を用いている．また，

$$Q = m_{\mathrm{p}} + m_{\mathrm{e}} - m_{\mathrm{H}} = 13.6\ \mathrm{eV} \tag{7.7}$$

は水素原子のイオン化エネルギーである．

電子がどれだけイオン化して残っているかを示す尺度として，n_{e} とバリオ

ンの数密度 n_b の比である**イオン化率**

$$X_{\rm e} = \frac{n_{\rm e}}{n_b} = \frac{n_{\rm p}}{n_{\rm p} + n_{\rm H}} \tag{7.8}$$

を考える．2 つ目の等号では，宇宙の中性条件 $n_{\rm e} = n_{\rm p}$ を用いており，また n_b に対するヘリウムからの寄与を無視している．光子の数密度は，$n_\gamma = 2\zeta(3)(k_{\rm B}T)^3/\pi^2$ であるから，(2.120) の比 $\eta_b = n_b/n_\gamma$ を用いることにより，

$$n_{\rm e} = n_{\rm p} = \eta_b n_\gamma X_{\rm e} = \frac{2\zeta(3)(k_{\rm B}T)^3}{\pi^2}\eta_b X_{\rm e} \tag{7.9}$$

を得る．以上から (7.6) は，

$$\frac{1 - X_{\rm e}}{X_{\rm e}^2} = \mathcal{Y}_{\rm e}\,, \tag{7.10}$$

ただし，

$$\mathcal{Y}_{\rm e} = 4\sqrt{\frac{2}{\pi}}\,\zeta(3)\eta_b \left(\frac{k_{\rm B}T}{m_{\rm e}}\right)^{3/2} e^{Q/(k_{\rm B}T)} \tag{7.11}$$

と表せる．温度 T が $13.6\ {\rm eV} = Q < k_{\rm B}T < m_{\rm e} = 0.511\ {\rm MeV}$ の範囲にあるときは $\mathcal{Y}_{\rm e} \ll 1$ であり，イオン化率 $X_{\rm e}$ は 1 に近く，H はほとんど生成されていない．温度 T が $Q/k_{\rm B} \simeq 10^5$ K 以下に下がると，$e^{Q/(k_{\rm B}T)}$ が急激に増加を始め，$X_{\rm e}$ が 1 から減少する．$n_{\rm H} = n_{\rm p}$ となるとき，$X_{\rm e} = 1/2$ であるから，このときの温度 $T_{\rm re}$ は (7.10) より，

$$2 = 4\sqrt{\frac{2}{\pi}}\,\zeta(3)\eta_b \left(\frac{k_{\rm B}T_{\rm re}}{5.11 \times 10^5\ {\rm eV}}\right)^{3/2} \exp\left(\frac{13.6\ {\rm eV}}{k_{\rm B}T_{\rm re}}\right) \tag{7.12}$$

を満たす．$\eta_b = 6 \times 10^{-10}$ を用いると，この数値解として

$$T_{\rm re} = 0.324\ {\rm eV}/k_{\rm B} = 3760\ {\rm K} \tag{7.13}$$

を得る．これは赤方偏移で $z_{\rm re} = 1380$ 程度であり，すでに物質優勢期に入っている．なお (7.11) において，$k_{\rm B}T \ll Q$ の極限で $\mathcal{Y}_{\rm e} \to \infty$ であり $X_{\rm e} \to 0$ となるが，温度が下がるにつれて熱平衡状態から外れるので，サハの式が使えなくなり，厳密には $X_{\rm e} = 0$ とならない．そのような非平衡過程を正確に取り扱うと，裸の陽子と自由電子が反応しなくなるのは温度が $T = 0.25\ {\rm eV}/k_{\rm B}$ 程度に下がったときであり，その後は陽子は部分的にイオン化した状態で残さ

れる．

次に，光子の脱結合，すなわち宇宙の晴れ上がりの時期を求めるが，それは (7.2) のトムソン散乱の反応率 Γ が宇宙の膨張率 H と同じになったときである．この反応での散乱断面積を σ_{T} とすると，(7.9) の電子の数密度を用いて，$\Gamma = n_{\mathrm{e}}\sigma_{\mathrm{T}}c$ と書ける（ここでは光速 c を陽に書いている）ので，

$$\Gamma = \frac{2\zeta(3)(k_{\mathrm{B}}T)^3}{\pi^2}\eta_b X_{\mathrm{e}}\sigma_{\mathrm{T}}c = n_\gamma^{(0)}\left(\frac{T}{T_0}\right)^3 \eta_b X_{\mathrm{e}}\sigma_{\mathrm{T}}c \tag{7.14}$$

と表せる．ここで，T_0 は現在の光子の温度，

$$n_\gamma^{(0)} = \frac{2\zeta(3)(k_{\mathrm{B}}T_0)^3}{\pi^2} \tag{7.15}$$

は現在の光子の数密度であり，$T_0 = 2.725$ K を代入し，分母に $(\hbar c)^3$ を復活させて具体的に数値を求めると，$n_\gamma^{(0)} = 4.105 \times 10^8\ \mathrm{m}^{-3}$ 程度である．

一方，物質優勢期で温度が T のときの宇宙の膨張率は，(3.12) の右辺で $\Omega_m^{(0)}(1+z)^3$ の項が支配的であることを用いると，

$$H = H_0\sqrt{\Omega_m^{(0)}}(1+z)^{3/2} = H_0\sqrt{\Omega_m^{(0)}}\left(\frac{T}{T_0}\right)^{3/2} \tag{7.16}$$

で与えられる．$\Gamma = H$ となるときの温度を T_* とすると，

$$\left(\frac{T_*}{T_0}\right)^{3/2} X_{\mathrm{e}}(T_*) = \frac{H_0\sqrt{\Omega_m^{(0)}}}{n_\gamma^{(0)}\eta_b\sigma_{\mathrm{T}}c} \tag{7.17}$$

が成り立つ．ただし，X_{e} は (7.10) を満たすので，$X_{\mathrm{e}} > 0$ の解は

$$X_{\mathrm{e}}(T_*) = \frac{\sqrt{1+4\mathcal{Y}_{\mathrm{e}}}-1}{2\mathcal{Y}_{\mathrm{e}}} \tag{7.18}$$

で与えられる．ここで，$\mathcal{Y}_{\mathrm{e}}$ は (7.11) で $T = T_*$ としたものである．上記の $n_\gamma^{(0)}$ の値，$\sigma_{\mathrm{T}} = 6.65 \times 10^{-29}\ \mathrm{m}^2$，$\eta_b = 6 \times 10^{-10}$, $\Omega_m^{(0)} = 0.32$, H_0 については (1.20) で $h = 0.7$ とした値を用いると，(7.17) の右辺は 2.61×10^2 である．このとき (7.17) の数値解として

$$T_* = 0.264\ \mathrm{eV}/k_{\mathrm{B}} = 3060\ \mathrm{K} \tag{7.19}$$

を得る．この温度は赤方偏移では $z = 1120$ 程度である．この値は，熱平衡状

態の下で得られた式 (7.10) を用いているが，実際には脱結合が起こる頃には熱平衡から外れてくるため，そのずれを補正した宇宙の晴れ上がり時の赤方偏移は，$z_* = 1090$ 程度になる [47]．この最終散乱面からの光が直進し，$z = 0$ の観測者に届く．

光子と電子のトムソン散乱における，**共動平均自由行程** λ_c を求めてみよう．スケール因子が a のときの物理的平均自由行程は $a\lambda_c$（a の現在の値を $a_0 = 1$ とする）であり，体積 $a\lambda_c\sigma_{\mathrm{T}}$ の容器の中に 1 個の電子があれば光子と電子の衝突が 1 回起こるので，$n_{\mathrm{e}}a\lambda_c\sigma_{\mathrm{T}} = 1$ より，

$$\lambda_c = \frac{1}{n_{\mathrm{e}}\sigma_{\mathrm{T}}a} = \frac{c}{\Gamma a} \tag{7.20}$$

を得る．ただし，トムソン散乱の反応率は $\Gamma = n_{\mathrm{e}}\sigma_{\mathrm{T}}c$ であることを用いており，Γ は (7.14) のように表せているので，

$$\lambda_c = \frac{1}{n_\gamma^{(0)}\eta_b X_{\mathrm{e}}\sigma_{\mathrm{T}}(1+z)^2} \tag{7.21}$$

となる．$z = z_* = 1090$ で $X_{\mathrm{e}} \simeq 1$ と近似すると，宇宙の晴れ上がり時の λ_c として

$$\lambda_{c*} \simeq 5 \times 10^{22}\ \mathrm{m} \simeq 2\ \mathrm{Mpc} \tag{7.22}$$

を得る．これは，$z = z_*$ での共動ハッブル半径 $(H^{-1}/a)(z_*) \simeq 200$ Mpc（第 7.6 節の (7.150) を参照）よりも 2 桁小さく，$2\ \mathrm{Mpc} \lesssim \lambda \lesssim 200\ \mathrm{Mpc}$ の共動スケールにおいて，光子は電子と強く結合していた．$z > z_*$ で $X_{\mathrm{e}} \simeq 1$ の近似を用いると，(7.21) から λ_c は a^2 に比例する．一方，共動ハッブル半径は，物質優勢期には $H^{-1}/a \propto a^{1/2}$，輻射優勢期には $H^{-1}/a \propto a$ のように変化するので，過去に遡るほど λ_c は H^{-1}/a に対して相対的に小さくなっていく．つまり $z > z_*$ では，共動ハッブル半径内にある（λ_c 以上の）ほとんどのスケールにおいて，光子は電子と強結合していた．さらに，電子はクーロン散乱 (7.1) で陽子のようなバリオンと結合していたため，宇宙の晴れ上がり以前は，光子とバリオン（電子を含む）が強く結合するプラズマ状態にあった．このことは，CMB の温度揺らぎの進化に影響を与える．

7.2 CMB の温度揺らぎの球面調和関数による展開

CMB は，観測者から見て天球上のあらゆる方向からやってくる光であり，平均温度 $\bar{T}$ からの微小なずれ δT が各点において存在する．このときの温度揺らぎ $\Theta = \delta T/\bar{T}$ は，図 7.1 のように，原点 O の観測者から宇宙の晴れ上がり時の天球面（最終散乱面）の点 P に向かう方向の単位ベクトルを $\hat{\boldsymbol{n}}$ としたとき，各点での温度異方性 $\Theta(\hat{\boldsymbol{n}})$ と解釈できる．この単位ベクトルは，図 7.1 のように，極角 θ と方位角 φ の依存性を持つ．

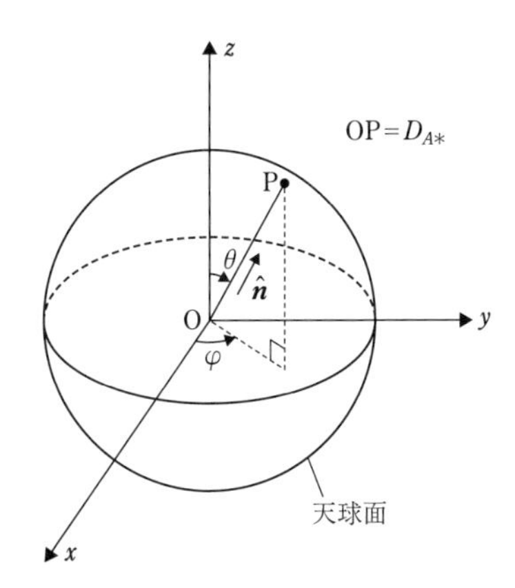

図 7.1 観測者（原点 O）から宇宙の晴れ上がり時の天球面上の点 P までの共動角径距離 D_{A*} と，O から P 方向の単位ベクトル $\hat{\boldsymbol{n}}$．この $\hat{\boldsymbol{n}}$ は，O と天頂を結ぶ z 軸と OP がなす極角 θ と，z 軸周りの回転に関する方位角 φ に依存する．

天球面上での温度揺らぎ $\Theta(\hat{\boldsymbol{n}})$ の展開には，**球面調和関数**

$$Y_l^m(\theta, \varphi) = (-1)^{(m+|m|)/2} \sqrt{\frac{2l+1}{4\pi} \frac{(l-|m|)!}{(l+|m|)!}} \mathcal{P}_l^{|m|}(\cos\theta) e^{im\varphi} \tag{7.23}$$

を用いる [48, 49]．ここで l と m はそれぞれ，$l \geq 0$ および $-l \leq m \leq l$ の範囲の整数であり，

$$\mathcal{P}_l^{|m|}(y) = \frac{1}{2^l l!} \left(1 - y^2\right)^{|m|/2} \frac{\mathrm{d}^{l+|m|}}{\mathrm{d}y^{l+|m|}} \left(y^2 \quad 1\right)^l \tag{7.24}$$

はルジャンドル陪関数である．特に $m=0$ のときの $\mathcal{P}_l^0(y)$ がルジャンドル多項式である．球面調和関数は，量子力学における中心力場中の水素原子の定常状態のシュレーディンガー方程式を，3 次元極座標で解いたときの角度方向の解として現れ，ラプラス方程式 $\nabla^2 Y_l^m(\theta,\varphi)=0$ を満たす．第 7.4 節で示すように，天球面での CMB の温度異方性 $\Theta(\hat{\boldsymbol{n}})$ も，空間微分に関してラプラス演算子 ∇^2 を含み，角度方向の解として $Y_l^m(\theta,\varphi)$ が現れる．Y_l^m の複素共役を Y_l^{m*} として，球面調和関数は，正規直交性

$$\int_0^\pi \mathrm{d}\theta\,\sin\theta \int_0^{2\pi} \mathrm{d}\varphi\, Y_l^m(\theta,\varphi) Y_{l'}^{m'*}(\theta,\varphi) = \delta_{ll'}\delta_{mm'} \tag{7.25}$$

を満たしており，$\Theta(\hat{\boldsymbol{n}})$ は，$Y_l^m(\theta,\varphi)$ を基底として，

$$\Theta(\hat{\boldsymbol{n}}) = \frac{\delta T(\hat{\boldsymbol{n}})}{\bar{T}} = \sum_{l=0}^{\infty}\sum_{m=-l}^{l} a_{lm} Y_l^m(\hat{\boldsymbol{n}}) \tag{7.26}$$

と展開できる．ここで，係数 a_{lm} は Θ の振幅に相当する．

(7.23) において $e^{im\varphi}$ は，図 7.1 の方位角 φ の依存性によって現れる解を表し，$m \neq 0$ の場合は方位角 φ 方向の温度依存性を持つ．それぞれの l に対して，$2l+1$ 個の m の値を持つ Y_l^m が存在し，温度異方性 (7.26) はこれらの重ね合わせで表されている．

$m=0$ のとき，(7.23) は $Y_l^0(\theta,\varphi)=\sqrt{(2l+1)/(4\pi)}\,\mathcal{P}_l^0(\cos\theta)$ であり，$l=0,1,2$ に相当する値は

$$Y_0^0 = \frac{1}{\sqrt{4\pi}}\,, \qquad Y_1^0 = \sqrt{\frac{3}{4\pi}}\cos\theta\,, \qquad Y_2^0 = \sqrt{\frac{5}{16\pi}}\left(3\cos^2\theta - 1\right) \tag{7.27}$$

である．Y_0^0 は全天に渡る等方成分を表し，**単極子**と言う．Y_1^0 は，$\theta=0$ で温度が最高で，$\theta=\pi$ で温度が最低となる異方性であり，**双極子**と呼ばれる．Y_2^0 は，$\theta=0,\pi$ で温度が最高で，$\theta=\pi/2$ で温度が最低となる異方性で，**4 重極子**と呼ばれる．ルジャンドル多項式による展開では，$\theta=0$ と $\theta=\pi$ の近傍を含めて，天球を $l+1$ 個の円環に分割する．そのとき，Y_l^0 が 0 となる隣り合う 2 点間の距離は，天球面を見込む角度で言うと $\Delta\theta \simeq \pi/l$ 程度である．このことから，天球面のある領域を，観測者が見込む角度が $\Delta\theta$ であるときの温度異方性に対応する l の値は，

$$l \simeq \frac{\pi}{\Delta\theta} \tag{7.28}$$

程度である．見込み角 $\Delta\theta$ に相当する，CMB の最終散乱面上の共動長さを λ とし，観測者から天球面までの共動距離を D_{A*} とすると，

$$\Delta\theta = \frac{\lambda}{D_{A*}} \tag{7.29}$$

という関係がある．

ここで後の便宜上，**共動角径距離**とも呼ばれるスケール D_{A*} がどの程度であるかを評価しておく．空間的に平坦な一様等方時空で，動径方向に伝搬する光を考える．時刻 t でのスケール因子を $a(t)$ として，光の測地線方程式は，$\mathrm{d}s^2 = -\mathrm{d}t^2 + a^2(t)\mathrm{d}\chi^2 = 0$ で与えられる（χ は動径座標に相当する）．時刻 t_* に最終散乱面（位置 $\chi = D_{A*}$）から出た光が，時刻 $t = t_0$ $(a_0 = 1)$ に $\chi = 0$ の観測者に届くとする．関係式 $\mathrm{d}\chi = -\mathrm{d}t/a(t)$ を積分することで，観測者から CMB の最終散乱面までの共動角径距離は

$$D_{A*} = \int_0^{D_{A*}} \mathrm{d}\chi = \int_{t_*}^{t_0} \frac{\mathrm{d}t}{a} = \int_0^{z_*} \frac{\mathrm{d}z}{H} \tag{7.30}$$

と表せる．ただし，$\mathrm{d}t/\mathrm{d}z = -a/H$ を用いている．暗黒エネルギーの起源として宇宙項 $(w_{\mathrm{DE}} = -1)$ を考えると，空間的に平坦な宇宙において，(3.12) から，$H \simeq H_0[\Omega_m^{(0)}(1+z)^3 + \Omega_{\mathrm{DE}}^{(0)} + \Omega_r^{(0)}(1+z)^4]^{1/2}$ であるから，

$$D_{A*} = \frac{1}{H_0}\int_0^{z_*} \frac{\mathrm{d}z}{[\Omega_m^{(0)}(1+z)^3 + \Omega_{\mathrm{DE}}^{(0)} + \Omega_r^{(0)}(1+z)^4]^{1/2}} \tag{7.31}$$

を得る．$\Omega_m^{(0)} = 0.32$, $\Omega_{\mathrm{DE}}^{(0)} = 0.68$, $\Omega_r^{(0)} = 8.5 \times 10^{-5}$, $z_* = 1090$ を代入して数値積分し，さらに (1.23) で $h = 0.7$ の値を用いて D_{A*} を計算すると，

$$D_{A*} = \frac{3.1}{H_0} = 1.3 \times 10^4\ \mathrm{Mpc} \tag{7.32}$$

程度になる．なお，この値は暗黒エネルギーが存在しない場合 $(\Omega_m^{(0)} = 1$, $\Omega_{\mathrm{DE}}^{(0)} = 0$, $\Omega_r^{(0)} = 8.5 \times 10^{-5})$ の値 $D_{A*} = 1.9/H_0$ より大きい．天球面上で与えられた共動長さ λ を見込む角度は (7.29) から計算され，それに対応する l は (7.28) から求まる．

ここまでの議論は $m = 0$ の場合であるが，$m \neq 0$ のときの Y_l^m には必ず $\sin\theta$

の 1 乗以上の項が全体に掛かるため, $\theta=0$ と $\theta=\pi$ で Y_l^m は 0 になる. 例を挙げると, $Y_2^{\pm 2}=\sqrt{15/(32\pi)}(\sin^2\theta)e^{\pm 2i\varphi}$, $Y_3^{\pm 3}=\mp\sqrt{35/(64\pi)}(\sin^3\theta)e^{\pm 3i\varphi}$ であり, $|m|$ が大きくなるほど, Y_l^m は $\sin\theta$ に関する高次の冪乗となるため, $\theta=0$ と $\theta=\pi$ 近傍での Y_l^m の値も小さくなる. このことから, 大きな $|m|$ による温度揺らぎへの寄与は, $\theta=0$ と $\theta=\pi$ の周りの幅広い領域において抑制される.

次に $\Theta(\hat{\boldsymbol{n}})$ を, 波数 $\boldsymbol{k}$ と $\hat{\boldsymbol{n}}$ 方向の位置ベクトル $\boldsymbol{x}$ を用いて, フーリエ変換

$$\Theta(\hat{\boldsymbol{n}})=\int\frac{\mathrm{d}^3k}{(2\pi)^3}\Theta(\boldsymbol{k})e^{i\boldsymbol{k}\cdot\boldsymbol{x}} \tag{7.33}$$

する. $e^{i\boldsymbol{k}\cdot\boldsymbol{x}}$ については, レイリー展開の公式

$$e^{i\boldsymbol{k}\cdot\boldsymbol{x}}=\sum_{l=0}^{\infty}i^l(2l+1)j_l(kx)\mathcal{P}_l(\hat{\boldsymbol{k}}\cdot\hat{\boldsymbol{n}}) \tag{7.34}$$

を用いる. ここで, $\mathcal{P}_l(y)=\mathcal{P}_l^0(y)$ はルジャンドル多項式であり, また

$$j_l(y)=(-y)^l\left(\frac{1}{y}\frac{\mathrm{d}}{\mathrm{d}y}\right)^l\frac{\sin y}{y} \tag{7.35}$$

は球ベッセル関数である. (7.34) で, $|\boldsymbol{k}|=k$, $|\boldsymbol{x}|=x$ であり, $\hat{\boldsymbol{k}}=\boldsymbol{k}/k$ は $\boldsymbol{k}$ 方向の単位ベクトルである. ルジャンドル多項式について,

$$\mathcal{P}_l(\hat{\boldsymbol{k}}\cdot\hat{\boldsymbol{n}})=\frac{4\pi}{2l+1}\sum_{m=-l}^{l}Y_l^{m*}(\hat{\boldsymbol{k}})Y_l^m(\hat{\boldsymbol{n}}) \tag{7.36}$$

という性質があることを用いると, (7.33) は

$$\Theta(\hat{\boldsymbol{n}})=\sum_{l=0}^{\infty}\sum_{m=-l}^{l}4\pi i^l\int\frac{\mathrm{d}^3k}{(2\pi)^3}j_l(kx)Y_l^{m*}(\hat{\boldsymbol{k}})\Theta(\boldsymbol{k})Y_l^m(\hat{\boldsymbol{n}}) \tag{7.37}$$

となる. これと (7.26) を比較することにより,

$$a_{lm}=4\pi i^l\int\frac{\mathrm{d}^3k}{(2\pi)^3}j_l(kx)Y_l^{m*}(\hat{\boldsymbol{k}})\Theta(\boldsymbol{k}) \tag{7.38}$$

を得る. ここで, 温度揺らぎの**角度パワースペクトル** C_l を a_{lm} のアンサンブル平均として

$$\langle a_{lm} a^*_{l'm'} \rangle = \delta_{ll'} \delta_{mm'} C_l \tag{7.39}$$

と定義する．この定義と，(7.38) および (7.36) を用いて，

$$\begin{aligned} C_l &= \frac{1}{2l+1} \sum_{m=-l}^{l} \langle |a_{lm}|^2 \rangle \\ &= 4\pi \int \frac{\mathrm{d}^3 k}{(2\pi)^3} \int \frac{\mathrm{d}^3 k'}{(2\pi)^3} j_l(kx) j_l(k'x) \langle \Theta(\boldsymbol{k}) \Theta^*(\boldsymbol{k}') \rangle \mathcal{P}_l(\cos\hat{\theta}) \end{aligned} \tag{7.40}$$

を得る．ただし，$\hat{\theta}$ は $\boldsymbol{k}$ と $\boldsymbol{k}'$ のなす角度であり，x は観測者から CMB の天球面までの共動距離に対応する．$\Theta(\boldsymbol{k})$ のパワースペクトル $P_\Theta(k)$ を

$$\langle \Theta(\boldsymbol{k}) \Theta^*(\boldsymbol{k}') \rangle = (2\pi)^3 \delta^{(3)}(\boldsymbol{k} - \boldsymbol{k}') P_\Theta \tag{7.41}$$

によって定義すると，(7.40) から

$$C_l = \frac{2}{\pi} \int_0^\infty \mathrm{d}k \; k^2 j_l^2(kx) P_\Theta(k) \tag{7.42}$$

を得る．ここで，$\mathcal{P}_l(1) = 1$ を用いている．つまり，各波数に対して $P_\Theta(k)$ が分かれば，(7.42) の積分で C_l が求まることになる．$P_\Theta(k)$ は，インフレーションで生成された原始密度揺らぎを初期条件として，現在まで時間発展し，その詳細は宇宙進化を記述する模型に依存する．$P_\Theta(k)$ の代わりに，(6.63) と (6.64) で導入したのと同様な，$\ln k$ あたりの波数の変化に相当する温度揺らぎのパワースペクトル

$$\mathcal{P}_\Theta(k) \equiv \frac{k^3}{2\pi^2} P_\Theta(k) \tag{7.43}$$

を定義すると，(7.42) は

$$C_l = 4\pi \int_0^\infty \mathrm{d}\ln k \; j_l^2(kx) \mathcal{P}_\Theta(k) \tag{7.44}$$

と表せる．インフレーションで生成される曲率揺らぎのように，$\mathcal{P}_\Theta(k)$ がスケール不変に近く波数依存性がない場合，$\int_0^\infty j_l^2(y) \mathrm{d}\ln y = 1/[2l(l+1)]$ を用いて，

$$C_l \simeq \frac{2\pi}{l(l+1)} \mathcal{P}_\Theta \tag{7.45}$$

となる．CMB のデータ解析でしばしば用いられるのは，C_l に $l(l+1)/(2\pi)$

を掛けた角度パワースペクトル

$$\mathcal{C}_l \equiv \frac{l(l+1)}{2\pi} C_l \tag{7.46}$$

であり，スケール不変に近い温度揺らぎに対して，$\mathcal{C}_l \simeq \mathcal{P}_\Theta$ となる．

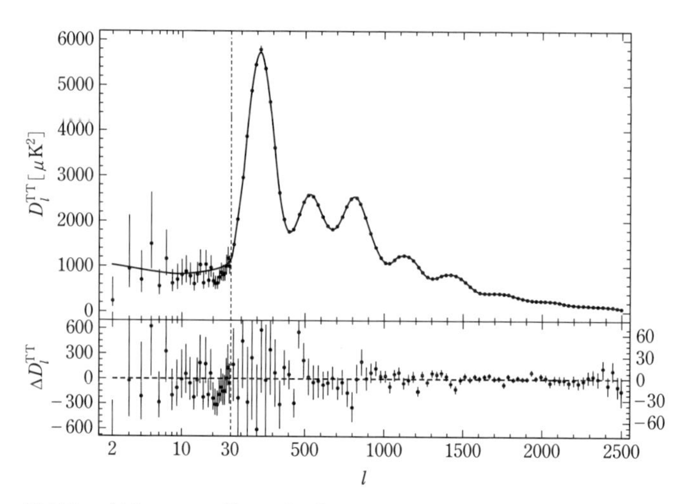

図 7.2 （上）Planck グループによる，CMB の温度揺らぎの角度スペクトル $\mathcal{D}_l^{\mathrm{TT}}$ の 2018 年の観測データ（黒丸）と，ΛCDM 模型による理論曲線（実線）[6]．（下）ΛCDM 模型での最適値からの残差 $\Delta\mathcal{D}_l^{\mathrm{TT}}$．$l < 30$ の大スケールでは，宇宙論的な分散による統計的な不確定性が大きくなる．

図 7.2 に，プランク衛星で観測された CMB の温度揺らぎの角度パワースペクトル

$$\mathcal{D}_l^{\mathrm{TT}} \equiv \mathcal{C}_l T_0^2 = \frac{l(l+1)}{2\pi} C_l T_0^2 \tag{7.47}$$

の観測データが，黒丸で示してある．ただし，$T_0 = 2.725$ K は現在の宇宙の平均温度であり，$\mathcal{D}_l^{\mathrm{TT}}$ は温度の 2 乗の次元を持つ．同じ図には，インフレーションで生成された密度揺らぎを初期条件とする，ΛCDM 模型でのパワースペクトルの理論曲線（観測データと最も適合する場合）も実線で示されている．(7.26) の展開式で，l が大きいほど小さなスケールの揺らぎを表し，CMB を観測者が見込む角度 $\Delta\theta$ と l の間には，(7.28) から $\Delta\theta \simeq \pi/l$ の関係がある．プランク衛星は，$2 \leq l \lesssim 2500$ までの，現在のハッブル半径 $H_0^{-1} \simeq 10^{26}$ m 程度の大スケールから，見込み角で 10^{-3} rad 程度の小さなスケールに及ぶ温度揺

らぎを詳細に観測した．図 7.2 の観測データと理論曲線を比較すると，特に l の大きな小スケールで両者は非常に良い一致を見せている．$l < 30$ の大スケールでは統計的な誤差が大きいが，これは 1 つの l に対応する m の数（$2l+1$ 個）が，l が小さいと少なくなることに起因しており，これを**宇宙論的分散**という．

図 7.2 を見ると，$\mathcal{D}_l^{\mathrm{TT}}$ には山と谷が交互に現れており，宇宙進化の模型が変わるとこの山と谷の高さや位置が変更を受ける．これにより様々な宇宙論パラメータの情報を引き出すことができる．このような温度揺らぎの音響振動が，どのような仕組みで生み出されるかを第 7.4 節以降で考えていく．その前に第 7.3 節では，現在観測される温度揺らぎが，CMB の最終散乱面での摂動とどのような関係を持つかについて調べる．

7.3 摂動のある宇宙での光の伝搬

宇宙の晴れ上がり時に放たれた光が観測者に伝搬する際に，宇宙の非一様性がその伝搬に影響を与える．(3.35) で記述される一様等方時空を背景として，次のようなスカラー摂動 Ψ と Φ を含む線素

$$\mathrm{d}s^2 = g_{\mu\nu}\mathrm{d}x^\mu \mathrm{d}x^\nu = -(1+2\Psi)\mathrm{d}t^2 + a^2(t)\,(1+2\Phi)\,\delta_{ij}\mathrm{d}x^i\mathrm{d}x^j \tag{7.48}$$

を考える．ここで $x^\mu = (t, x^1, x^2, x^3)$ であり，Ψ と Φ は**重力ポテンシャル**と呼ばれ，共に時間 $t = x^0$ と位置 x^i $(i = 1, 2, 3)$ の関数である．このうち Ψ は，重力赤方偏移に関係し，その勾配 $-\nabla\Psi$ が単位質量の質点に働く重力に対応する．変数 Φ は，空間の等方的な膨張率の揺らぎを表す．質量 M の質点のまわりの静的球対称な時空において，質点からの距離が r の位置での重力ポテンシャルは，ニュートン重力の極限で $\Psi = -GM/r = -\Phi$ である．線素 (7.48) は，このような静的時空での重力ポテンシャルの概念を，膨張宇宙に拡張したものであり，一般に Ψ と Φ は時間的にも空間的にも変化する．このような摂動がある時空で光の伝搬を考え，観測される温度揺らぎ $\Theta = \delta T/\bar{T}$ が，最終散乱面での値とどのように異なるかを調べてみよう．

光子は質量 0 の粒子であり，$\mathrm{d}s^2 = 0$ すなわち

$$g_{\mu\nu}p^\mu p^\nu = 0 \tag{7.49}$$

を満たす．ここで，

$$p^\mu = \frac{\mathrm{d}x^\mu}{\mathrm{d}\lambda} \tag{7.50}$$

は **4 元運動量**であり，λ は光の経路に沿った弧長に相当するアフィンパラメータと呼ばれる変数である．p^μ の変化は，**測地線方程式**

$$\frac{\mathrm{d}p^\mu}{\mathrm{d}\lambda} + \Gamma^\mu_{\nu\lambda}p^\nu p^\lambda = 0 \tag{7.51}$$

によって与えられる．ここで $\Gamma^\mu_{\nu\lambda}$ は，付録 A の (A.4) で定義されるクリストッフェル記号である．線素 (7.48) の計量成分のうち 0 でないものは，$g_{00} = -(1+2\Psi)$, $g_{ij} = a^2(t)(1+2\Phi)\delta_{ij}$ であるから，3 次元運動量 p^i の大きさを

$$p = \sqrt{\delta_{ij}p^i p^j} \tag{7.52}$$

と定義すると，(7.49) から

$$p^0 = ap\sqrt{\frac{1+2\Phi}{1+2\Psi}} \simeq ap\,(1-\Psi+\Phi) \tag{7.53}$$

を得る．ここで，$|x| \ll 1$ のとき $(1+x)^n \simeq 1+nx$ の**線形近似**を用いており，以下でも同様の近似を行う．また，光子の運動量 p^i の方向の単位ベクトルを e^i とすると，

$$p^i = pe^i \tag{7.54}$$

であり，4 元運動量は $p^\mu = [ap(1-\Psi+\Phi), pe^i]$ で与えられる．

線素 (7.48) において，$\Gamma^\mu_{\nu\lambda}$ の 0 でない成分は，付録 C に与えられている．(7.51) の $\mu = 0$ 成分の式は，Ψ と Φ に関する線形項までを取ると，

$$\begin{aligned}&\frac{\mathrm{d}}{\mathrm{d}\lambda}\left[ap(1-\Psi+\Phi)\right] + a^2p^2\partial_t\Psi + 2app^i\partial_i\Psi \\ &+a^2\left[H(1-2\Psi+2\Phi) + \partial_t\Phi\right]p^2 = 0\end{aligned} \tag{7.55}$$

となる．ただし，$\partial_t = \partial/\partial t$, $\partial_i = \partial/\partial x^i$ である．ここで，アフィンパラメータによる微分が，

$$\frac{\mathrm{d}}{\mathrm{d}\lambda} = \frac{\mathrm{d}x^\mu}{\mathrm{d}\lambda}\frac{\partial}{\partial x^\mu} = p^\mu\partial_\mu = ap\,(1-\Psi+\Phi)\,\partial_t + p^i\partial_i \tag{7.56}$$

であることを用いて，(7.55) の λ 微分の中の項を ap と $1-\Psi+\Phi$ の積に分け，後者を具体的に t と x^i による偏微分で表す．次に，その式を $1-\Psi+\Phi$ で割って線形近似を用いると，

$$\frac{\mathrm{d}}{\mathrm{d}\lambda}(ap)+Ha^2p^2\left(1-\Psi+\Phi\right)+2a^2p^2\partial_t\Phi+app^i\partial_i\left(\Psi+\Phi\right)=0 \tag{7.57}$$

を得る．ここで，a^2p の λ 微分を考えると，

$$\frac{\mathrm{d}}{\mathrm{d}\lambda}(a^2p)=a\left[\frac{\mathrm{d}}{\mathrm{d}\lambda}(ap)+Ha^2p^2\left(1-\Psi+\Phi\right)\right] \tag{7.58}$$

であるから，(7.57) を用いて

$$\frac{\mathrm{d}}{\mathrm{d}\lambda}(a^2p)=-a^2p\left[2ap\partial_t\Phi+p^i\partial_i\left(\Psi+\Phi\right)\right] \tag{7.59}$$

が得られる．p を背景時空での値 $\bar{p}$ と摂動 δp に分けて，$p=\bar{p}+\delta p$ と書くと，(7.59) の背景部分と摂動部分はそれぞれ

$$\frac{\mathrm{d}}{\mathrm{d}\lambda}\left(a^2\bar{p}\right)=0\,, \tag{7.60}$$

$$\frac{\mathrm{d}}{\mathrm{d}\lambda}(a^2\delta p)=-a^2\bar{p}\left[2a\bar{p}\partial_t\Phi+p^i\partial_i\left(\Psi+\Phi\right)\right] \tag{7.61}$$

となる．(7.60) より，光の測地線に沿って $\bar{p}\propto a^{-2}$ である．p^0 は光子 1 個のエネルギー ε に相当するから，(7.53) より，その背景時空での値は

$$\bar{\varepsilon}=\bar{p}^0=a\bar{p} \tag{7.62}$$

となる．つまり，光子 1 個のエネルギーは $\bar{\varepsilon}\propto a^{-1}$ のように変化する．$\bar{\varepsilon}$ は光子 1 個の振動数 $\bar{\nu}$ に比例するので，光の平均温度を $\bar{T}$ として

$$\bar{\varepsilon}\propto\bar{\nu}\propto a^{-1}\propto\bar{T} \tag{7.63}$$

という依存性を持つ．これは関係式 (2.62) に相当する．また，(7.61) を保存量 $a^2\bar{p}$ で割ることにより，

$$\frac{\mathrm{d}}{\mathrm{d}\lambda}\left(\frac{\delta p}{\bar{p}}\right)=-2a\bar{p}\partial_t\Phi-p^i\partial_i\left(\Psi+\Phi\right) \tag{7.64}$$

を得る．

次に，CMB 光子の集合を連続体とみなし，その**完全流体**としての運動を

考える．一般に線素 $\mathrm{d}s^2 = g_{\mu\nu}\mathrm{d}x^\mu \mathrm{d}x^\nu$ に対して，固有時間を τ とすると，$\mathrm{d}s^2 = g_{\mu\nu}\mathrm{d}x^\mu \mathrm{d}x^\nu = -\mathrm{d}\tau^2$ であるから，

$$g_{\mu\nu}u^\mu u^\nu = -1 \tag{7.65}$$

を得る．ここで，

$$u^\mu = \frac{\mathrm{d}x^\mu}{\mathrm{d}\tau} \tag{7.66}$$

が流体の **4 元速度**である．線素 (7.48) に対しては，$-(1+2\Psi)\mathrm{d}t^2 = -\mathrm{d}\tau^2$ であるから，$\mathrm{d}\tau = (1+\Psi)\mathrm{d}t$ が成り立つ．よって，4 元速度の $\mu = 0$ 成分は，摂動に関する線形近似を用いて，

$$u^0 = \frac{\mathrm{d}t}{\mathrm{d}\tau} = 1 - \Psi\,, \qquad u_0 = g_{00}u^0 = -(1+\Psi) \tag{7.67}$$

となる．下付きの脚を持つ 4 元速度 $u_\mu = \mathrm{d}x_\mu/\mathrm{d}\tau$ の $\mu = i$ 成分が，流体の速度に対応し，速度自体が一様等方時空における摂動であるので，線形近似の下で $u_i \simeq \mathrm{d}x_i/\mathrm{d}t$ である．共動座標での固有速度の各成分を v_i $(i = 1,2,3)$ とすると，これにスケール因子 a を掛けた量が u_i に相当し，

$$u_i = a v_i \tag{7.68}$$

である．このとき，

$$u^i = g^{ij}u_j = \frac{v_i}{a} \tag{7.69}$$

である．以上から，$u_\mu = [-(1+\Psi), a v_i]$ である．(7.67)–(7.69) を用いると，線形近似の下で，(7.65) すなわち $u_\mu u^\mu = -1$ が満たされている．

摂動のない時空で，流体の静止系における 4 元速度は $u_\mu = (-1,0,0,0)$ である．この系での光子のエネルギーは，$\bar{\varepsilon} = -u_\mu \bar{p}^\mu = \bar{p}^0 = a\bar{p}$ である．同様に，摂動のある時空で光子流体が 4 元速度 $u_\mu = [-(1+\Psi), a v_i]$ を持つ系から見たときの光子のエネルギーは

$$\varepsilon = -u_\mu p^\mu = ap\left(1 + \Phi - e^i v_i\right) \tag{7.70}$$

で与えられる．$p = \bar{p} + \delta p$ を (7.70) に代入すると，ε の背景時空に相当する部分は (7.62) の $\bar{\varepsilon} = a\bar{p}$ であり，摂動部分は

$$\delta\varepsilon = a\left[\bar{p}\left(\Phi - e^i v_i\right) + \delta p\right] \tag{7.71}$$

となる．ε は光子の温度 T に比例するから，

$$\Theta = \frac{\delta T}{\bar{T}} = \frac{\delta\varepsilon}{\bar{\varepsilon}} = \Phi - e^i v_i + \frac{\delta p}{\bar{p}} \tag{7.72}$$

を得る．この式の時間 t に関する常微分は，

$$\dot{\Theta} = \dot{\Phi} - \frac{\mathrm{d}}{\mathrm{d}t}\left(e^i v_i\right) + \frac{\mathrm{d}}{\mathrm{d}t}\left(\frac{\delta p}{\bar{p}}\right) \tag{7.73}$$

である．

(7.64) を用いると，(7.73) の最後の項を計算できる．より具体的に，光が r 方向に伝搬する場合を考えると，$\mathrm{d}s^2 = -(1+2\Psi)\mathrm{d}t^2 + a^2(t)(1+2\Phi)\mathrm{d}r^2 = 0$ であるから，$\mathrm{d}t > 0$ のとき $\mathrm{d}r > 0$ である場合を考えると

$$\frac{\mathrm{d}r}{\mathrm{d}t} = \frac{1}{a}\sqrt{\frac{1+2\Psi}{1+2\Phi}} \simeq \frac{1}{a}(1+\Psi-\Phi) \tag{7.74}$$

を得る．背景時空では $\mathrm{d}r/\mathrm{d}t = 1/a$ である．線形近似の範囲で，$\Psi(t,r)$ と $\Phi(t,r)$ の t に関する常微分は

$$\dot{\Psi} = \frac{\partial\Psi}{\partial t} + \frac{\partial\Psi}{\partial r}\frac{\mathrm{d}r}{\mathrm{d}t} = \partial_t\Psi + \frac{1}{a}\partial_r\Psi\,, \tag{7.75}$$

$$\dot{\Phi} = \frac{\partial\Phi}{\partial t} + \frac{\partial\Phi}{\partial r}\frac{\mathrm{d}r}{\mathrm{d}t} = \partial_t\Phi + \frac{1}{a}\partial_r\Phi \tag{7.76}$$

となる．また (7.52) より $p^r = p$ であるから，(7.64) の中の $\partial_r\Psi$ と $\partial_r\Phi$ の項を，(7.75) と (7.76) を用いて消去して

$$\frac{\mathrm{d}}{\mathrm{d}\lambda}\left(\frac{\delta p}{\bar{p}}\right) = -a\bar{p}\left(\dot{\Psi} + \dot{\Phi} - \partial_t\Psi + \partial_t\Phi\right) \tag{7.77}$$

を得る．また，(7.50) の $\mu = 0$ の成分に関して，

$$\frac{\mathrm{d}t}{\mathrm{d}\lambda} = p^0 = ap(1-\Psi+\Phi) \tag{7.78}$$

が成り立つから，線形近似の下で (7.77) は

$$\frac{\mathrm{d}}{\mathrm{d}t}\left(\frac{\delta p}{\bar{p}}\right) = -\dot{\Psi} - \dot{\Phi} + \partial_t\Psi - \partial_t\Phi \tag{7.79}$$

となる．この式を (7.73) に代入して，

$$\dot{\Theta} = -\dot{\Psi} - \frac{\mathrm{d}}{\mathrm{d}t}\left(e^i v_i\right) + \partial_t \Psi - \partial_t \Phi \tag{7.80}$$

を得る．なお，図 7.1 の単位ベクトル $\hat{\boldsymbol{n}}$ に相当する，観測者から光の放出点の方向の単位ベクトル n^i は，光の放出点から観測者に向かう方向の単位ベクトル e^i と，$e^i = -n^i$ という関係を持つ．(7.80) を，光の放出点（添字 E）の時刻 t_{E} から，観測者（添字 O）の時刻 t_{O} まで t で積分すると，

$$\Theta_{\mathrm{O}} = \Theta_{\mathrm{E}} + \Psi_{\mathrm{E}} - \Psi_{\mathrm{O}} - \left(n^i v_i\right)_{\mathrm{E}} + \left(n^i v_i\right)_{\mathrm{O}} + \int_{t_{\mathrm{E}}}^{t_{\mathrm{O}}} \partial_t \left(\Psi - \Phi\right) \mathrm{d}t \tag{7.81}$$

を得る．CMB の最終散乱面から放たれた光を考えると，Θ_{E} は宇宙の晴れ上がり時に存在していた温度揺らぎである．Ψ_{E} は最終散乱面における重力ポテンシャルを表し，光子流体が $\Psi_{\mathrm{E}} < 0$ のポテンシャルの底にあるとき，その井戸を登って光が抜け出てくるためにエネルギーを失う．この**重力赤方偏移**によるエネルギー損失のために，観測者には Θ_{E} よりも低温の揺らぎ（波長の伸びた光）として観測される（図 7.3 を参照）．Ψ_{O} は，観測点における重力赤方偏移であるが，これは視線方向に依存せず，温度の平均値を変えるだけなので，平均値を再定義して除去できる．

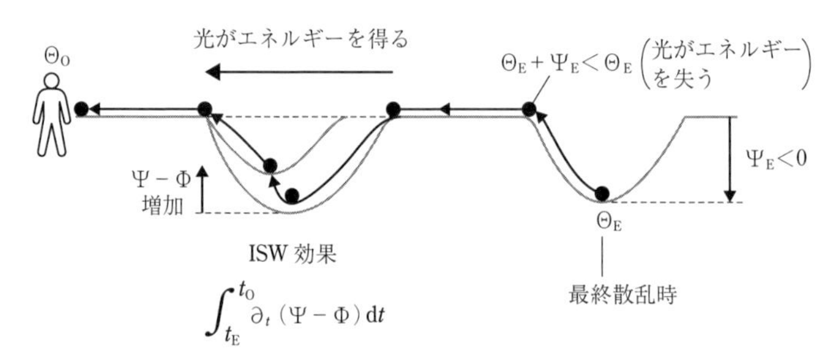

図 7.3 CMB の最終散乱面から放たれた光の，重力赤方偏移によるエネルギー損失と，暗黒エネルギー支配期に起こる ISW 効果の概念図．

$\left(n^i v_i\right)_{\mathrm{E}}$ は，最終散乱面での光子流体の特異速度 v_i による**ドップラー効果**である．この速度が最終散乱面から観測者の方向を向いているとき，$\left(n^i v_i\right)_{\mathrm{E}} < 0$ であるから，Θ_{O} は増加し，より高温な温度揺らぎとして観測される．$\left(n^i v_i\right)_{\mathrm{O}}$ は，観測点における特異速度によるドップラー効果であり，これは CMB 静止

系に対する太陽系の速度によって引き起こされる．この局所的な効果は，CMBの温度揺らぎの解析の際には差し引かれる．

(7.81) の最後の項は，最終散乱面から観測者に光が伝搬する間の重力ポテンシャル $\Psi - \Phi$ の時間変化によって引き起こされる温度揺らぎの変化であり，これを**積分ザックス・ヴォルフェ効果**（Integrated Sachs-Wolfe (ISW) effect; **ISW 効果**）と呼ぶ．第 8.3 節で示すように，宇宙の晴れ上がり後の物質優勢期では，線形摂動の範囲で $\Psi - \Phi$ は時間的に一定であり，その時期には ISW 効果は無視できる．しかし，暗黒エネルギーが支配する時期になると，$\Psi - \Phi$ は時間的に変化し，それにより温度揺らぎに影響を与える．これは図 7.3 のように，光が負のポテンシャル $\Psi - \Phi$ を通過する際に，もしそのポテンシャルの井戸の深さが時間とともに浅くなっていくと，光が井戸を出るときに余剰なエネルギーを得るために，温度を上昇させる働きを表している．

以上から，$\Psi_{\rm O}$ と $\left(n^i v_i\right)_{\rm O}$ による影響を差し引いた，観測点における温度揺らぎは

$$\Theta_{\rm O} = \Theta_{\rm E} + \Psi_{\rm E} - \left(n^i v_i\right)_{\rm E} + \int_{t_{\rm E}}^{t_{\rm O}} \partial_t \left(\Psi - \Phi\right) {\rm d}t \tag{7.82}$$

で与えられる．ISW 効果に加えて，最終散乱面における温度揺らぎ $\Theta_{\rm E}$，重力ポテンシャル $\Psi_{\rm E}$，光子流体の速度によるドップラー効果 $\left(n^i v_i\right)_{\rm E}$ が $\Theta_{\rm O}$ に直接の影響を与える．

7.4 光子流体の音響振動

(7.82) の右辺の摂動の値を評価するために，宇宙の晴れ上がり以前の密度揺らぎの進化について考える．この時期には，光子が電子を含めたバリオンと強く結合しており，これは光子とバリオンを流体と考えたときの速度 v_γ と v_b がほぼ等しいことを意味する．このような強結合期の光子・バリオン流体の音響振動が原因で，CMB の温度揺らぎに山と谷が現れるが，まずはその仕組みを理解するために，本節では**バリオンと重力ポテンシャルによる温度揺らぎへの影響を無視する近似**の下で，宇宙の晴れ上がりが起こる以前の光子流体の摂動の進化を考えてみよう．

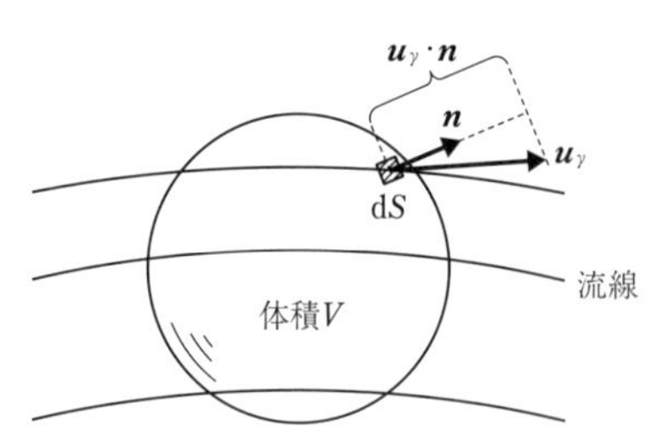

図 7.4 光子流体の流れの中に取った体積 V の領域からの光子の流出.

光が熱平衡状態にあるとき，その光子数は保存し，その数密度 n_γ の変化は，ある固定された領域への粒子の流出または流入で決まる．まずは物理的空間座標 $\boldsymbol{r}$ で，この**光子数の保存**を定量化してみる．図 7.4 のように，体積 V の固定された領域において，微小面積 $\mathrm{d}S$ の面からの光子流体の流出速度を $\boldsymbol{u}_\gamma$，その面での外向き単位法線ベクトルを $\boldsymbol{n}$ とする．この領域から単位時間あたりに流出する光子は，$n_\gamma \boldsymbol{u}_\gamma \cdot \boldsymbol{n}\, \mathrm{d}S$ 個である．面からの光子の流入の場合は，$\boldsymbol{u}_\gamma \cdot \boldsymbol{n} < 0$ に相当する．よって，体積 V の領域からの単位時間あたりの光子の流出数は，

$$\Delta N_\gamma = \int_S n_\gamma \boldsymbol{u}_\gamma \cdot \boldsymbol{n}\, \mathrm{d}S = \int_V \nabla_r \cdot n_\gamma \boldsymbol{u}_\gamma\, \mathrm{d}V \tag{7.83}$$

である．この 2 つ目の等号で，ガウスの定理を用いて面積分を体積積分にしている．∇_r は，物理的座標 $\boldsymbol{r} = (x, y, z)$ に対して $\nabla_r = (\partial/\partial x, \partial/\partial y, \partial/\partial z)$ で定義されるナブラ演算子である．一方，体積 V の領域にある光子数は $\int_V n_\gamma \mathrm{d}V$ であり，この単位時間あたりの変化が $-\Delta N_\gamma$ に等しいから，

$$\frac{\partial}{\partial t} \int_V n_\gamma \mathrm{d}V = -\int_V \nabla_r \cdot n_\gamma \boldsymbol{u}_\gamma \mathrm{d}V \tag{7.84}$$

を得る．この関係式は，任意の固定された体積 V に対して成り立つことから，

$$\left(\frac{\partial n_\gamma}{\partial t}\right)_r + \nabla_r \cdot n_\gamma \boldsymbol{u}_\gamma = 0 \tag{7.85}$$

が得られ，物理的座標 $\boldsymbol{r}$ での光子数の保存の関係を表している．$\partial n_\gamma/\partial t$ には，$\boldsymbol{r}$ 座標系での偏微分であることを強調するために，添字 r を付けている．

(7.85) を膨張宇宙に適用するには，共動座標 $\boldsymbol{x}$ で (7.85) を書き直す必要が

ある．時刻 t でのスケール因子を $a(t)$ として，関係式 $\boldsymbol{r} = a(t)\boldsymbol{x}$ により，$\boldsymbol{x}$ 微分に関するナブラ演算子 ∇_x は，∇_r と

$$\nabla_r = \frac{1}{a}\nabla_x \tag{7.86}$$

と関係する．さらに，t と $\boldsymbol{x}$ に依存する任意関数 $f(t, \boldsymbol{x})$ に関して，物理的座標 $\boldsymbol{r}$ での t による偏微分は

$$\left(\frac{\partial f}{\partial t}\right)_r = \left(\frac{\partial f}{\partial t}\right)_x + \nabla_x f \cdot \frac{\partial \boldsymbol{x}}{\partial t} = \left(\frac{\partial f}{\partial t}\right)_x - H\boldsymbol{x} \cdot \nabla_x f \tag{7.87}$$

で与えられる．ここで，$H = \dot{a}/a$ は宇宙の膨張率であり，(7.87) の導出の際に $\partial \boldsymbol{x}/\partial t = -(\dot{a}/a^2)\boldsymbol{r} = -H\boldsymbol{x}$ を用いている．また，$\boldsymbol{r} = a(t)\boldsymbol{x}$ を t で微分することにより，光子流体の物理的速度

$$\boldsymbol{u}_\gamma = \dot{\boldsymbol{r}} = \dot{a}\boldsymbol{x} + \boldsymbol{v}_\gamma \tag{7.88}$$

が得られ，ここで

$$\boldsymbol{v}_\gamma = a\dot{\boldsymbol{x}} \tag{7.89}$$

は流体の固有運動による速度である．(7.86)–(7.88) を用いて，(7.85) を共動座標での微分を用いて書き直すと，

$$\left(\frac{\partial n_\gamma}{\partial t}\right)_x - H\boldsymbol{x} \cdot \nabla_x n_\gamma + \frac{1}{a}\nabla_x \cdot \left[n_\gamma \left(\dot{a}\boldsymbol{x} + \boldsymbol{v}_\gamma\right)\right] = 0 \tag{7.90}$$

となる．以降では，$(\partial n_\gamma/\partial t)_x$ を単に $\dot{n}_\gamma$ と書き，$\nabla_x \cdot \boldsymbol{x} = 3$ であることを用いると，(7.90) から

$$\dot{n}_\gamma + 3Hn_\gamma + \frac{1}{a}\nabla_x \cdot (n_\gamma \boldsymbol{v}_\gamma) = 0 \tag{7.91}$$

を得る．この式が，共動座標系での光子数の保存を表している．流体速度 $\boldsymbol{v}_\gamma$ は，一様等方宇宙での摂動量である．n_γ を，その背景時空での値 $\bar{n}_\gamma$ と摂動 δn_γ の和で $n_\gamma = \bar{n}_\gamma + \delta n_\gamma$ と書くと，(7.91) は

$$\dot{\bar{n}}_\gamma + 3H\bar{n}_\gamma = 0\,, \tag{7.92}$$

$$\dot{\delta n}_\gamma + 3H\delta n_\gamma + \frac{\bar{n}_\gamma}{a}\nabla_x \cdot \boldsymbol{v}_\gamma = 0 \tag{7.93}$$

と分離される．(7.92) の背景時空の式から，$n_\gamma \propto a^{-3}$ という関係を得る．

(7.92) を用いると，(7.93) は

$$\left(\frac{\delta n_\gamma}{\bar{n}_\gamma}\right)^{\cdot} = -\frac{1}{a}\nabla_x \cdot \boldsymbol{v}_\gamma \tag{7.94}$$

と書ける．光子の温度を T とすると，$n_\gamma \propto T^3$ であるから，摂動に関して

$$\frac{\delta n_\gamma}{\bar{n}_\gamma} = 3\frac{\delta T}{\bar{T}} = 3\Theta \tag{7.95}$$

が成り立つ．よって (7.94) から

$$\dot{\Theta} = -\frac{1}{3a}\nabla_x \cdot \boldsymbol{v}_\gamma \tag{7.96}$$

を得る．

次に光子流体の運動方程式に相当する**オイラー方程式**を導いてみよう．摂動のない背景時空での光子 1 個の運動量 $\bar{\boldsymbol{q}}$ は，光の物理的波長に反比例するから，$|\bar{\boldsymbol{q}}| \propto a^{-1}$ のように変化し，保存則 $\dot{\bar{\boldsymbol{q}}} + H\bar{\boldsymbol{q}} = 0$ が成り立つ．摂動のある時空では，光子の圧力 p_γ の空間的な勾配によって力が働く．p_γ の摂動を δp_γ として，この力は

$$\boldsymbol{F} = -\nabla_r p_\gamma = -\frac{1}{a}\nabla_x \delta p_\gamma \tag{7.97}$$

と表され，光子の運動量変化に摂動として寄与する．この場合の光子の運動方程式は $\dot{\boldsymbol{q}} + H\boldsymbol{q} = \boldsymbol{F}$ となるから，$\boldsymbol{q} = \bar{\boldsymbol{q}} + \delta\boldsymbol{q}$ のように背景時空の部分と摂動部分に分けると，$\delta\boldsymbol{q}$ は

$$\dot{\delta\boldsymbol{q}} + H\delta\boldsymbol{q} = \boldsymbol{F} \tag{7.98}$$

を満たす．熱平衡状態にある光子流体に対しては，$\delta\boldsymbol{q}$ と $\boldsymbol{F}$ をそれぞれ運動量空間で積分した，運動量と圧力

$$\left(\bar{\rho}_\gamma + \bar{P}_\gamma\right)\boldsymbol{v}_\gamma \equiv g_* \int \frac{\mathrm{d}^3\bar{q}}{(2\pi)^3}\delta\boldsymbol{q} f\,, \tag{7.99}$$

$$-\frac{1}{a}\nabla_x \delta P_\gamma \equiv g_* \int \frac{\mathrm{d}^3\bar{q}}{(2\pi)^3}\boldsymbol{F} f \tag{7.100}$$

を考える．ここで $\bar{\rho}_\gamma$ と $\bar{P}_\gamma$ はそれぞれ，背景時空での光子流体のエネルギー密度と圧力を表し，非相対論的物質と異なり，$\bar{P}_\gamma$ が $\bar{\rho}_\gamma$ に追加される．ただし $g_* = 2$ であり，$f = [e^{\bar{E}/(k_{\mathrm{B}}\bar{T})} - 1]^{-1}$ は背景時空の光子の分布関数である．

この f の値は，光子 1 個の平均エネルギー $\bar{E}$ が絶対温度 $\bar{T}$ に比例することから，時間的に一定である．さらに，$\bar{q}=\bar{Q}/a$ とおくと，$\bar{Q}$ も時間的に一定であり，$\mathrm{d}^3\bar{q}=\mathrm{d}^3\bar{Q}/a^3$ である．(7.99) に a^4 を掛けた量の時間微分は，

$$\left[a^4(\bar{\rho}_\gamma+\bar{P}_\gamma)\boldsymbol{v}_\gamma\right]^{\cdot}=g_*\int\frac{\mathrm{d}^3\bar{Q}}{(2\pi)^3}\,(a\delta\boldsymbol{q})^{\cdot}\,f=a^4g_*\int\frac{\mathrm{d}^3\bar{q}}{(2\pi)^3}\boldsymbol{F}f \tag{7.101}$$

となる．最後の等号で (7.98) を用いた．(7.101) の右辺に (7.100) を用いると，光子流体の速度 $\boldsymbol{v}_\gamma$ が満たす運動方程式として，

$$\left[a^4(\bar{\rho}_\gamma+\bar{P}_\gamma)\boldsymbol{v}_\gamma\right]^{\cdot}=-a^3\nabla_x(c_s^2\delta\rho_\gamma) \tag{7.102}$$

を得る．ここで，

$$c_s\equiv\sqrt{\frac{\delta P_\gamma}{\delta\rho_\gamma}} \tag{7.103}$$

は光子流体の**音速**を表し，$\delta\rho_\gamma$ はエネルギー密度の摂動である．$\bar{P}_\gamma=\bar{\rho}_\gamma/3$ および連続方程式 $\dot{\bar{\rho}}_\gamma+4H\bar{\rho}_\gamma=0$ を用いることにより，(7.102) は

$$\dot{\boldsymbol{v}}_\gamma=-\frac{3}{4a}\nabla_x\left(c_s^2\frac{\delta\rho_\gamma}{\bar{\rho}_\gamma}\right) \tag{7.104}$$

となる．ここで $\rho_\gamma\propto T^4$ であるから，$\delta\rho_\gamma/\bar{\rho}_\gamma=4\delta T/\bar{T}=4\Theta$ であり，

$$\dot{\boldsymbol{v}}_\gamma=-\frac{3}{a}\nabla_x\left(c_s^2\Theta\right) \tag{7.105}$$

を得る．

ここで，δP_γ と $\delta\rho_r$ の関係が，背景時空での圧力とエネルギー密度の関係 $\bar{P}_\gamma=\bar{\rho}_\gamma/3$ と同じ場合の摂動を**断熱揺らぎ**と呼び，以下ではその場合を考える．このとき $\delta P_\gamma=\delta\rho_r/3$ より，光子流体の音速は

$$c_s=\frac{1}{\sqrt{3}} \tag{7.106}$$

で一定である．さらに，時間 t の代わりに共形時間

$$\eta\equiv\int a^{-1}\,\mathrm{d}t \tag{7.107}$$

を定義すると，(7.96) と (7.105) はそれぞれ

$$\Theta' = -\frac{1}{3}\nabla_x \cdot \boldsymbol{v}_\gamma\,, \qquad \boldsymbol{v}'_\gamma = -3c_s^2 \nabla_x \Theta \tag{7.108}$$

となる．ここでプライムは η による微分である．(7.108) の第一式を η で微分し，第二式を用いると

$$\Theta'' - c_s^2 \nabla_x^2 \Theta = 0 \tag{7.109}$$

を得る．これは波動方程式を表し，温度揺らぎ Θ が音速 $c_s = 1/\sqrt{3}$ で伝搬することを示す [50, 51]．この音響振動の宇宙の晴れ上がり時の値が $\Theta_{\rm E}$ に相当する．

次に，Θ を (7.33) のようにフーリエ変換し，$\boldsymbol{v}_\gamma$ に対しても同様に変換する．また，$\boldsymbol{k}$ 方向の単位ベクトルを $\hat{\boldsymbol{k}} = \boldsymbol{k}/k$ として，

$$\boldsymbol{v}_\gamma = -iv_\gamma \hat{\boldsymbol{k}} \tag{7.110}$$

のようにスカラー量 v_γ を定義する．(7.108) の 2 つの式は，フーリエ空間における各成分 $\Theta(\boldsymbol{k})$ と $v_\gamma(\boldsymbol{k})$ に対しては，

$$\Theta'(\boldsymbol{k}) = -\frac{1}{3}kv_\gamma(\boldsymbol{k})\,, \qquad v'_\gamma(\boldsymbol{k}) = 3c_s^2 k\Theta(\boldsymbol{k}) \tag{7.111}$$

となる．以下では，本章の最後までフーリエ空間で考えていくので，各フーリエ成分の波数 $\boldsymbol{k}$ による依存性は省略して書く．(7.111) の 2 つの式から，

$$\Theta'' + c_s^2 k^2 \Theta = 0 \tag{7.112}$$

が得られる．ここで，**音速地平線**を

$$r_s(\eta) \equiv \int_0^\eta c_s \, {\rm d}\tilde{\eta} \tag{7.113}$$

と定義し，c_s が一定の場合を考えると $r_s = c_s\eta$ である．このとき (7.112) の一般解は，

$$\Theta(\eta) = \Theta(0)\cos(kr_s) + \frac{\Theta'(0)}{kc_s}\sin(kr_s) \tag{7.114}$$

で与えられる．ここでの時刻 $\eta = 0$ は，原子密度揺らぎが生成されたインフレーション後とする．初期条件として，$\Theta'(0) = 0$ の場合を考えると，(7.111) より $v_\gamma = 0$ であり，解 (7.114) は $\Theta(\eta) = \Theta(0)\cos(kr_s)$ となる．宇宙の晴れ上がり時の r_s を r_{s*} として，最終散乱面における温度揺らぎの値 $\Theta_{\rm E}$ は，

$$\Theta_{\rm E} = \Theta(0)\cos(kr_{s*}) \tag{7.115}$$

となる．$\Theta_{\rm E}$ が極値を持つときの波数 $k = k_n$ は

$$k_n r_{s*} = n\pi\,, \qquad n = 1, 2, 3, \cdots \tag{7.116}$$

を満たす．(7.41) で定義されるパワースペクトル P_Θ は，Θ の 2 乗期待値に相当する量なので，Θ の最大値も最小値も P_Θ の山として寄与する．(7.116) より，P_Θ の最初の山 $(n = 1)$ に対応する波数 k_A は，$r_{s*} = \eta_*/\sqrt{3}$ を用いて

$$k_A = \frac{\pi}{r_{s*}} = \frac{\sqrt{3}\pi}{\eta_*} \tag{7.117}$$

である．CMB の観測量である角度パワースペクトル $\mathcal{C}_l = l(l+1)C_l/(2\pi)$ の中の C_l は，P_Θ と (7.42) のように関係している．(7.42) の積分の中の x は，観測者から最終散乱面までの共動距離 D_{A*} に相当する．球ベッセル関数 $j_l(kx)$ は $kx \simeq l$ で最大値を持つことを用いると，宇宙の晴れ上がり時の C_l への主要な寄与は $kD_{A*} \simeq l$ によって与えられる．この関係から，k_A に相当する l の値 l_A は

$$l_A \simeq k_A D_{A*} = \frac{\sqrt{3}\pi}{\eta_*} D_{A*} \tag{7.118}$$

である．(7.30) の定義から，D_{A*} は

$$D_{A*} = \int_{\eta_*}^{\eta_0} {\rm d}\eta = \eta_0 - \eta_* \simeq \eta_0 \tag{7.119}$$

であり，η_0 と η_* はそれぞれ，現在と晴れ上がり時の共形時間である．$\eta > \eta_*$ では物質優勢期と近似すると，$\eta \propto t^{1/3} \propto a^{1/2}$ であるから，(7.118) は

$$l_A \simeq \sqrt{3}\pi\frac{\eta_0}{\eta_*} \simeq \sqrt{3}\pi\left(\frac{a_0}{a_*}\right)^{1/2} \simeq \sqrt{3}\pi\,(1+z_*)^{1/2} \simeq 200 \tag{7.120}$$

と評価できる．図 7.2 の $\mathcal{D}_l^{\rm TT} = \mathcal{C}_l T_0^2$ の観測データは，$l = 200$ 付近に振動の山を持っており，晴れ上がり時の $\Theta_{\rm E}$ の音響振動が現在観測されている．

輻射優勢期または物質優勢期のように，スケール因子の変化が $a = a_i t^p$（a_i と p は定数で，$0 < p < 1$）で与えられるとき，(7.107) の共形時間は

$$\eta = \frac{t^{1-p}}{a_i(1-p)} = \frac{p}{1-p}\frac{1}{aH} \approx \frac{1}{aH} \tag{7.121}$$

程度である．つまり，(7.114) で初期条件が $\Theta'(0) = 0$ の解は，c_s が一定のとき

$$\Theta(\eta) = \Theta(0)\cos(c_s k\eta) \approx \Theta(0)\cos\left(\frac{c_s k}{aH}\right) \tag{7.122}$$

で与えられる．インフレーション中に $k \ll aH$ の領域に引き伸ばされた揺らぎに対して，輻射優勢期の始まりには $\Theta(\eta) \approx \Theta(0)$ であり，インフレーションで生成されたスケール不変に近い曲率揺らぎの特徴を，$\Theta(\eta)$ も保つ．輻射優勢期が始まると，$c_s k/(aH)$ が時間とともに増加するため，やがて $c_s k = aH$ となる時期が訪れる．$c_s = 1/\sqrt{3}$ は光速に近いため，この時期は図 4.1 にある 2 回目のハッブル半径の横断の時期 $(k = aH)$ とほぼ同じである．$c_s k = aH$ となる時刻は k に依存し，小さなスケールの揺らぎほど k が大きいため，より早い時期に起こる．その後に揺らぎが $c_s k > aH$ の領域に入ると，(7.122) で $\Theta(\eta)$ の振動が顕著に現れるようになる．

図 7.2 で l が大きい小スケールの揺らぎは，過去にすでに $c_s k > aH$ の領域に入っており，音響振動を開始している．その一方で，$l < 10$ 程度の大スケールの揺らぎは現在近くになってハッブル半径の中に入ってくるので，まだほとんど振動を開始しておらず，インフレーションで生成された原始密度揺らぎの情報を保っている．観測されるどのスケールの揺らぎも，インフレーション前にはハッブル半径の中にあったため，因果律を持っている．インフレーション中に，量子揺らぎがハッブル半径を超えて引き伸ばされて古典的な曲率揺らぎとなり，その曲率揺らぎと関係する光子の摂動が，再びハッブル半径の中に入った後に音響振動を始め，その振動の様子が実際に CMB で観測されているのである．

次に，(7.82) の右辺第 3 項の光子流体のドップラー効果による項について評価する．光子流体の $n^i v_i$ について，空間の全方向の平均を取ったとき，

$$n^i v_i = \frac{v_\gamma}{\sqrt{3}} \tag{7.123}$$

となる．(7.111) を用いると，解 $\Theta(\eta) = \Theta(0)\cos(kr_s)$ に対して，$v_\gamma = \sqrt{3}\Theta(0)\sin(kr_s)$ であるから，宇宙の晴れ上がり時において

$$-(n^i v_i)_{\mathrm{E}} = -\Theta(0)\sin(kr_{s*}) \tag{7.124}$$

を得る．つまり，(7.115) の $\Theta_{\rm E}$ と位相が $\pi/2$ ずれた寄与を，観測される温度揺らぎにもたらすことになる．$\Theta_{\rm E}$ が山か谷のとき，(7.116) を満たす波数 k_n に対しては $\sin(k_n r_{s*}) = 0$ であるから，ドップラー効果は 0 である．一方，$\Theta_{\rm E} = 0$ のときは，$-(n^i v_i)_{\rm E}$ が山か谷になるので，後者が 0 でない寄与を与える．

しかし，ドップラー効果は，n^i と v_i のなす角度 θ に関する依存性 $\cos\theta$ を含んでおり，(7.37) の Θ のように $n^i v_i$ を展開したときに，$Y_1^0 = \sqrt{3/(4\pi)}\cos\theta$ の追加の項が掛かることになる．この効果は，(7.37) の中の $j_l(kx)$ を微分 $j_l'(kx)$ で置き換えることに相当する．つまり，$-(n^i v_i)_{\rm E}$ に対して (7.42) の C_l を計算すると，$j_l(kD_{A*})$ が $j_l'(kD_{A*})$ に変更されたものとなる．$j_l'(kD_{A*})$ は，$j_l(kD_{A*})$ のように $kD_{A*} \simeq l$ 付近でピークを持たないため，ドップラー効果による角度パワースペクトルは，$\Theta_{\rm E}$ によるものと比べて，ピークが均されてしまう（図 7.5 を参照）．その結果として，$\Theta_{\rm E}$ が $-(n^i v_i)_{\rm E}$ と比べて支配的となり，$\Theta_{\rm E} - (n^i v_i)_{\rm E}$ に相当する角度スペクトルをプロットすると，図 7.5 のように $\Theta_{\rm E}$ の山と谷の形状がほぼ保存される．このことから，宇宙の晴れ上がり時に存在する温度揺らぎ $\Theta_{\rm E}$ が，観測される CMB の音響振動を特徴づける主要な役割を果たす．

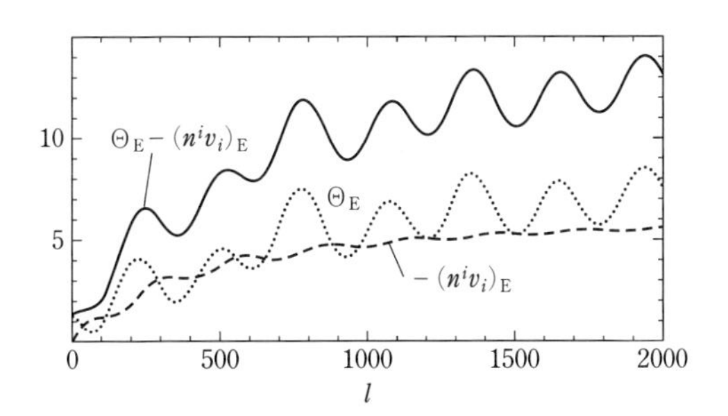

図 7.5 バリオンと重力ポテンシャルの影響を無視したときの，$\Theta_{\rm E}$，$-(n^i v_i)_{\rm E}$，$\Theta_{\rm E} - (n^i v_i)_{\rm E}$ に関する角度パワースペクトル [52]．ドップラー効果による山は均されて，$\Theta_{\rm E}$ が音響振動の主要な寄与を与える．

7.5 重力ポテンシャルとバリオンの効果

第7.4節では，重力とバリオンの揺らぎの影響を無視していたが，本節ではそれらを考慮する．まずは，粒子数保存の式 (7.91) がどのように変更されるかを見てみよう．線素 (7.48) のように，空間部分の重力ポテンシャル Φ が存在すると，スケール因子が実効的に $a(t) \to a(t)(1+\Phi)$ のように変更されると考えることができる．Φ の線形近似の下で，(7.91) における宇宙の膨張率 $H = \dot{a}/a$ を $H + \dot{\Phi}$ に変更し，

$$\dot{n}_\gamma + 3\left(H + \dot{\Phi}\right) n_\gamma + \frac{1}{a}\nabla_x \cdot (n_\gamma \boldsymbol{v}_\gamma) = 0 \tag{7.125}$$

を得る．光子の数密度を，$n_\gamma = \bar{n}_\gamma + \delta n_\gamma$ のように背景部分と摂動部分に分けると，(7.125) から，背景部分は (7.92) と同じ式を満たし，摂動部分は

$$\dot{\delta n}_\gamma + 3H\delta n_\gamma + 3\bar{n}_\gamma \dot{\Phi} + \frac{\bar{n}_\gamma}{a}\nabla_x \cdot \boldsymbol{v}_\gamma = 0 \tag{7.126}$$

を満たす．すると，(7.93) から得られた (7.96) に対応する式として，

$$\dot{\Theta} = -\frac{1}{3a}\nabla_x \cdot \boldsymbol{v}_\gamma - \dot{\Phi} \tag{7.127}$$

を得る．フーリエ空間ではこの式は，

$$\Theta' = -\frac{1}{3}kv_\gamma - \Phi' \tag{7.128}$$

となる．ただし，プライムは共形時間 $\eta = \int a^{-1}\mathrm{d}t$ による微分であり，v_γ は (7.110) で定義されている．

次に，光子流体の運動方程式 (7.102) の変更点について調べる．光子とバリオンが強く結合しており，光子・バリオン流体としての速度 $\boldsymbol{v}_\gamma$ と $\boldsymbol{v}_b$ が等しいという近似 ($\boldsymbol{v}_\gamma = \boldsymbol{v}_b$) の下で考える．このとき，これらの運動量の和は

$$\left(\bar{\rho}_\gamma + \bar{P}_\gamma\right)\boldsymbol{v}_\gamma + \left(\bar{\rho}_b + \bar{P}_b\right)\boldsymbol{v}_b = \left(\bar{\rho}_\gamma + \bar{P}_\gamma\right)(1+R_s)\boldsymbol{v}_\gamma \tag{7.129}$$

と表せる．ここで，$\bar{\rho}_b$ と $\bar{P}_b$ はそれぞれ，背景時空でのバリオンの密度と圧力であり，$\bar{P}_b = 0$ である．また R_s は，

$$R_s \equiv \frac{\bar{\rho}_b + \bar{P}_b}{\bar{\rho}_\gamma + \bar{P}_\gamma} = \frac{3\bar{\rho}_b}{4\bar{\rho}_\gamma} = \frac{3\Omega_b^{(0)}}{4\Omega_\gamma^{(0)}} \frac{1}{1+z} \tag{7.130}$$

で定義される．(2.82) の $\Omega_\gamma^{(0)}$ と (2.118) の $\Omega_b^{(0)}$ の中心値を用いると，$R_s \simeq 680/(1+z)$ 程度と評価できる．つまり，$z \gg z_* = 1090$ では $R_s \ll 1$ であるが，宇宙の晴れ上がり時には $R_s \simeq 0.6$ 程度になる．

(7.102) すなわち $a^{-4}[a^4(\bar{\rho}_\gamma + \bar{P}_\gamma)\boldsymbol{v}_\gamma]' = -\nabla_x \delta\rho_\gamma/3$ は，バリオンと光子の結合により，$(\bar{\rho}_\gamma + \bar{P}_\gamma)\boldsymbol{v}_\gamma \to (\bar{\rho}_\gamma + \bar{P}_\gamma)(1+R_s)\boldsymbol{v}_\gamma$ という変更を受ける．さらに，線素 (7.48) の時間部分の重力ポテンシャル Ψ によって，単位体積の流体に働く重力は，$-(\bar{\rho}_\gamma + \bar{P}_\gamma)(1+R_s)\nabla_x\Psi$ で与えられる．よって，光子・バリオン流体の運動方程式は

$$a^{-4}\left[a^4(\bar{\rho}_\gamma + \bar{P}_\gamma)(1+R_s)\boldsymbol{v}_\gamma\right]' = -\frac{1}{3}\nabla_x\delta\rho_\gamma - \left(\bar{\rho}_\gamma + \bar{P}_\gamma\right)(1+R_s)\nabla_x\Psi \tag{7.131}$$

となる．$\bar{P}_\gamma = \bar{\rho}_\gamma/3$, $\bar{\rho}_\gamma \propto a^{-4}$, $\delta\rho_\gamma/\bar{\rho}_\gamma = 4\Theta$ を用いると，(7.131) は

$$[(1+R_s)\boldsymbol{v}_\gamma]' = -\nabla_x\Theta - (1+R_s)\nabla_x\Psi \tag{7.132}$$

となり，フーリエ空間では

$$[(1+R_s)v_\gamma]' = k\Theta + k(1+R_s)\Psi \tag{7.133}$$

となる．

(7.128) に $1+R_s$ を掛けてから η で微分し，(7.133) を用いると，

$$[(1+R_s)\Theta']' + \frac{1}{3}k^2\Theta + \frac{1}{3}k^2(1+R_s)\Psi + [(1+R_s)\Phi']' = 0 \tag{7.134}$$

を得る．宇宙の晴れ上がり時は物質優勢期であり，第 8.3 節で示すように，その時期には重力ポテンシャル Φ は時間的に一定である．輻射優勢期の Φ の変化は波数 k に依存するが，初期には時間的に一定であり，k の値が大きいほど早期に Φ は減少し，物質優勢期に入ると一定値に近づく（第 8.4 節を参照）．そのような輻射優勢期に起こる一時的な Φ の時間変化を無視し，以下では $\Phi' = 0$ と近似する．このとき (7.134) から，

$$\Theta'' + \frac{R_s'}{1+R_s}\Theta' + \frac{k^2}{3(1+R_s)}\Theta + \frac{1}{3}k^2\Psi = 0 \tag{7.135}$$

を得る [47]．(7.130) から，比 R_s は $R_s \propto a$ と変化するので $R_s' = aHR_s$ である．また (7.122) から，$|\Theta'|$ のオーダーは $k|\Theta|$ 程度である．よって，(7.135) の左辺第 2 項と第 3 項の比は，

$$\left|\frac{R_s'\Theta'}{k^2\Theta/3}\right| \approx \frac{aH}{k}R_s \tag{7.136}$$

程度である．宇宙の晴れ上がり期以前 ($z > z_*$) では $R_s \ll 1$ であり，その時期までにハッブル半径の中に入ってくるスケールの揺らぎ ($k > aH$) に対しては，(7.136) の比は 1 に対して十分小さい．以下では，R_s の時間変化を無視する近似を用いると，(7.135) は

$$\Theta'' + c_s^2 k^2 \left[\Theta + (1+R_s)\Psi\right] = 0 \tag{7.137}$$

となり，

$$c_s = \frac{1}{\sqrt{3(1+R_s)}} \tag{7.138}$$

は，光子・バリオン流体の音速を表す．この c_s の値は，バリオンがないときの光子流体の音速 $c_s = 1/\sqrt{3}$ と比べて小さい．重力ポテンシャル Ψ は，ΛCDM 模型において非等方ストレスが無視できるときは $\Psi = -\Phi$ であり（付録 C の (C.10) を参照），Φ が時間的に一定であれば Ψ も一定である．よって (7.137) は，

$$[\Theta + (1+R_s)\Psi]'' + c_s^2 k^2 \left[\Theta + (1+R_s)\Psi\right] = 0 \tag{7.139}$$

と書け，$\Theta'(0) = 0$ の初期条件の下で，この解は

$$\Theta(\eta) + (1+R_s)\Psi(\eta) = [\Theta(0) + (1+R_s)\Psi(0)]\cos(kr_s) \tag{7.140}$$

と表せる．ここで，r_s は (7.113) で定義される音速地平線であり，(7.138) の c_s の時間変化が無視できる場合は，$r_s \simeq c_s\eta \approx c_s/(aH)$ 程度である．

波数が $kc_s \ll aH$ を満たす長波長の揺らぎに関しては，(7.140) で $\cos(kr_s) \simeq 1$ であるから，まだ振動を開始しておらず，初期振幅を保っている．このような大スケールの摂動に対して，Ψ と Θ の関係を求めてみよう．(7.48) の線素の時間部分 $-(1+2\Psi)\mathrm{d}t^2$ を見ると，摂動 Ψ によって，一様等方時空における時間 t が $(1+\Psi)t$ にずれたと考えることができる．すなわ

ち，この時間のずれ δt は Ψt に等しく，$\delta t = \Psi t$ である．さらに，物質優勢期 ($a \propto t^{2/3}$) において，δt に相当する a のずれを δa として，$\delta a/a \propto (2/3)(\delta t/t)$ の関係がある．光の温度 T は a に反比例する ($T \propto 1/a$) から，温度揺らぎ δT と δa には，$\delta T/T = -\delta a/a$ の関係がある．以上から，

$$\Psi = \frac{\delta t}{t} = \frac{3}{2}\frac{\delta a}{a} = -\frac{3}{2}\frac{\delta T}{T} = -\frac{3}{2}\Theta \tag{7.141}$$

を得る．(7.82) で示したように，最終散乱面での Θ_{E} と Ψ_{E} の和が観測される温度揺らぎに対応し，(7.141) から

$$\Theta_{\mathrm{E}} + \Psi_{\mathrm{E}} = \frac{1}{3}\Psi_{\mathrm{E}} \tag{7.142}$$

を得る．この関係式を**ザックス・ヴォルフェ効果**と呼ぶ [53]．$\Psi_{\mathrm{E}} < 0$ の高密度領域では，光子が重力ポテンシャルの井戸を抜け出る際にエネルギーを失い，温度は平均よりも低い値で観測される．

いまは Ψ $(= -\Phi)$ が時間的に一定の近似を用いているので，Ψ_{E} は輻射優勢期の初期の $\Psi(0)$ および $-\Phi(0)$ の値に等しく，その振幅はインフレーションで生成された曲率揺らぎ $\mathcal{R}$ と同程度である．(7.82) で，大スケールの揺らぎについては $\Theta_{\mathrm{O}} \simeq \Theta_{\mathrm{E}} + \Psi_{\mathrm{E}}$ という近似を用いる．このとき (7.142) から，(7.46) で定義される温度揺らぎの角度パワースペクトルは，

$$\mathcal{C}_l \simeq \mathcal{P}_{\Theta_{\mathrm{O}}} \simeq 0.1\mathcal{P}_{\Psi_{\mathrm{E}}} \simeq 0.1\mathcal{P}_{\mathcal{R}} \tag{7.143}$$

と評価できる．図 7.2 の $l < 30$ での角度パワースペクトル $\mathcal{D}_l^{\mathrm{TT}} = \mathcal{C}_l T_0^2$ は，インフレーションで生成された曲率揺らぎのパワースペクトル $\mathcal{P}_{\mathcal{R}}$ と $\mathcal{D}_l^{\mathrm{TT}} \simeq 0.1\mathcal{P}_{\mathcal{R}} T_0^2$ のように直接的に関係する．実際に，図 7.2 の Planck 衛星による $\mathcal{D}_l^{\mathrm{TT}}$ の観測データは, スケール不変に近い特徴を見せている．$\mathcal{D}_l^{\mathrm{TT}}$ の振幅は, l の小さい大スケールで $1000\,\mu\mathrm{K}^2 = 10^{-9}\,\mathrm{K}^2$ 程度であり, $T_0 = 2.725\,\mathrm{K}$ を用いることにより，$\mathcal{P}_{\mathcal{R}} \approx 10^{-9}$ 程度，より正確には (6.106) という制限がつく．これにより，インフレーションのエネルギースケールが (6.107) のように評価できるのである．

(7.140) と (7.141) を用いることによって，宇宙の晴れ上がり時において

$$\Theta_{\mathrm{E}} + \Psi_{\mathrm{E}} = \frac{1}{3}\left(1 + 3R_s\right)\Psi(0)\cos(kr_{s*}) - R_s\Psi(0) \tag{7.144}$$

を得る．ここで，$r_{s*} = \int_0^{\eta_*} c_s \, d\tilde{\eta}$ は晴れ上がり時の音速地平線である．(7.144) から，観測量である $\Theta_E + \Psi_E$ は，バリオンがない $R_s = 0$ の場合と比べて振幅が $1 + 3R_s$ 倍になる．さらに，バリオンの影響で振動の中心が $-R_s\Psi(0)$ だけずれる．つまり，振動の山に相当する位置 $kr_{s*} = n\pi$ で，

$$n \text{ が奇数のとき，} \quad \Theta_E + \Psi_E = -\left(\frac{1}{3} + 2R_s\right)\Psi(0)\,, \tag{7.145}$$

$$n \text{ が偶数のとき，} \quad \Theta_E + \Psi_E = \frac{1}{3}\Psi(0) \tag{7.146}$$

となる．つまり偶数番目の山では，$\Theta_E + \Psi_E$ の値は (7.142) の値と同じで R_s の影響がほとんどないが，奇数番目の山では，$-\Psi(0)/3$ と比べて振幅の大きさが $1 + 6R_s$ 倍になる．(7.130) で，$\Omega_\gamma^{(0)}$ の中の h の値として 0.7 を取ると，$z = z_* = 1090$ での R_s の値は $R_{s*} = 13.6\Omega_b^{(0)}$ 程度である．$\Omega_b^{(0)}$ が増えると，図 7.6 のように温度揺らぎのパワースペクトルの $n = 1$ の山の高さは増加する．この変更の程度は $\Omega_b^{(0)}$ に強く依存し，例えば $\Omega_b^{(0)} = 0.1$ の場合でも，図 7.6 の CMB の観測データと合わなくなる．WMAP 衛星の観測と整合的な $\Omega_b^{(0)}$ の値は 0.046 程度であり，これは Planck 衛星の観測からの制限 (2.118) とも整合的である．このように，CMB における光子・バリオン流体の音響振動の痕跡から，現在のバリオン量に厳しい制限がつく．

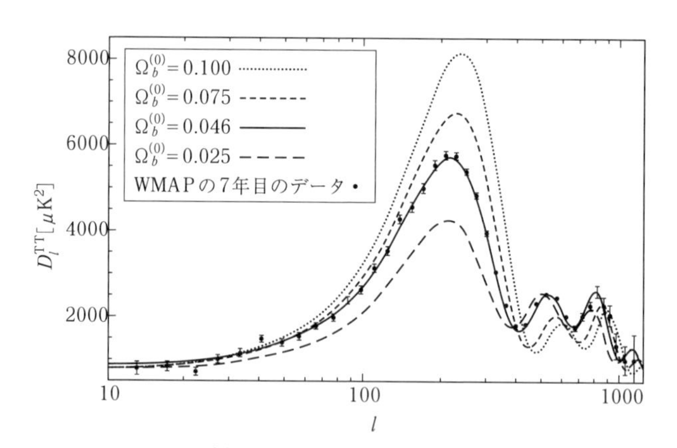

図 7.6 4 つの異なる $\Omega_b^{(0)}$ の値に対する，CMB の温度揺らぎの角度パワースペクトル $\mathcal{D}_l^{TT} = \mathcal{C}_l T_0^2$ の理論曲線．WMAP 衛星の 7 年目の観測データを，エラーバー付きの丸で示している [54]．

図 7.6 で $\Omega_b^{(0)}$ を変えたとき，$n=2$ に相当する山の高さの変化は，$n=1$ のときと比べて確かに少ない．その一方で，$n=3$ の山の高さは，揺らぎの振幅が大きな l で全体的に抑制されることによって，$\Omega_b^{(0)}$ を変えてもあまり変化していない．この小さなスケールでの揺らぎの振幅の減衰を**拡散減衰**と呼び，これについては第 7.6 節で議論する．

7.6 拡散減衰

第 7.5 節の議論は，光子とバリオンが強く結合していて，それらの流体としての速度が等しい $(\boldsymbol{v}_\gamma = \boldsymbol{v}_b)$ という近似を用いたものであるが，(7.21) のように光子の共動平均自由行程が宇宙の膨張とともに増加していくと，光子は拡散し，その拡散に相当する共動スケール $\lambda_{\rm d}$ 以下の光子の揺らぎはならされる [55]．光子とバリオンの結合が小さくなっていくと，両者の速度差 $\boldsymbol{v}_\gamma - \boldsymbol{v}_b$ によって，バリオンは拡散した光子からの摩擦力を受ける．これにより，光子と結合したバリオンの揺らぎの振動も，$\lambda_{\rm d}$ 以下のスケールで減衰する．以下では，この光子・バリオン流体の拡散スケールを評価する．

(7.20) から，光子の物理的な平均自由行程は $a\lambda_c = 1/(n_{\rm e}\sigma_{\rm T})$ であり，時間間隔 t での光子と自由電子との衝突回数は，光速 c を陽に書くと，

$$N = \frac{ct}{a\lambda_c} \tag{7.147}$$

である．この N 回の散乱は，光子のランダムウォークと考えることができ，i 回目の衝突から次の衝突までの共動変位を $\boldsymbol{r}_i$ とすると，$i \neq j$ の異なる衝突の間には相関がないので，$\boldsymbol{r}_i$ と $\boldsymbol{r}_j$ の平均は，$\langle \boldsymbol{r}_i \cdot \boldsymbol{r}_j \rangle = 0$ を満たす．よって，N 回の衝突の間に光子が移動した共動距離の 2 乗期待値は，

$$\lambda_{\rm d}^2 = \left\langle \left| \sum_{i=0}^{N} \boldsymbol{r}_i \right|^2 \right\rangle = \sum_{i=0}^{N} \langle |\boldsymbol{r}_i|^2 \rangle = N\lambda_c^2 \tag{7.148}$$

で与えられる．拡散減衰の CMB への影響を考える際に，その典型的な時間スケール t として，その時刻での宇宙年齢 H^{-1} を取ると，(7.147) と (7.148) から，共動拡散スケールは

$$\lambda_{\mathrm{d}} = \sqrt{N}\lambda_c = \sqrt{\frac{cH^{-1}}{a\lambda_c}}\lambda_c \tag{7.149}$$

となる．物質優勢期を考えると，(3.12) より $H = H_0(\Omega_m^{(0)})^{1/2}(1+z)^{3/2}$ であり，(7.21) で X_{e} は一定とすると，$\lambda_c \propto (1+z)^{-2}$ であるから，(7.149) から $\lambda_{\mathrm{d}} \propto (1+z)^{-5/4}$ と変化する．(1.23) で $h = 0.7$, $\Omega_m^{(0)} = 0.32$ を用いると，宇宙の晴れ上がり時 ($z_* = 1090$) の共動ハッブル半径は

$$\frac{cH_*^{-1}}{a_*} \simeq cH_0^{-1}(\Omega_m^{(0)})^{-1/2}(1+z_*)^{-1/2} \simeq 230 \text{ Mpc} \tag{7.150}$$

程度であるから，(7.22) で評価した値 $\lambda_{c*} \simeq 2$ Mpc を用いると，$z = z_*$ での λ_{d} は，$\lambda_{\mathrm{d}*} \simeq 20$ Mpc 程度になる．よって，物質優勢期の共動拡散スケールは

$$\lambda_{\mathrm{d}} \simeq 20 \left(\frac{1+z}{1091}\right)^{-5/4} \text{ Mpc} \tag{7.151}$$

と評価できる．(7.32) の D_{A*} を用いると，CMB の天球面においてスケール $\lambda_{\mathrm{d}*} = 20$ Mpc に相当する領域の見込み角 $\Delta\theta$ は，(7.29) より

$$\Delta\theta = \frac{\lambda_{\mathrm{d}*}}{D_{A*}} \simeq \frac{20 \text{ Mpc}}{1.3 \times 10^4 \text{ Mpc}} \simeq 1.5 \times 10^{-3} \text{ rad} \tag{7.152}$$

である．これに対応する l は，(7.28) より

$$l \simeq \frac{\pi}{\Delta\theta} \simeq 2100 \tag{7.153}$$

となる．つまり，$l \gtrsim 2000$ の温度揺らぎはその振幅が大きく減少する．図 7.2 で拡散減衰の影響は，$n = 1$ の最初の山よりも小スケール，すなわち $l \gtrsim 200$ 程度ですでに起こり始めており，その効果は (7.82) で，$\Theta_{\mathrm{E}} + \Psi_{\mathrm{E}} - \left(n^i v_i\right)_{\mathrm{E}}$ に対して抑制項 $e^{-k^2/k_{\mathrm{d}}^2}$ が掛かるという形で現れる [47]．k_{d} は臨界波数であり，波数 k が k_{d} より大きくなると減衰が顕著になる．

7.7 暗黒エネルギー，空間曲率の効果その他

観測される CMB の温度揺らぎ Θ_{O} は，光子の最終散乱面から現在までの宇

宙進化の影響も受ける．その一つが，(7.82) の最後の項

$$\Theta_{\mathrm{ISW}} = \int_{t_{\mathrm{E}}}^{t_{\mathrm{O}}} \partial_t (\Psi - \Phi)\, \mathrm{d}t \tag{7.154}$$

による ISW 効果である．非等方ストレスが存在しない限り $\Psi = -\Phi$ であり，$\Theta_{\mathrm{ISW}} = -2\int_{t_{\mathrm{E}}}^{t_{\mathrm{O}}} \partial_t \Phi \mathrm{d}t$ である．すでに述べたように，標準的な ΛCDM 模型では，物質優勢期には Φ は時間変化しないため，ISW 効果は無視できる．しかし，輻射優勢期から物質優勢期へ移行する際に Φ は減少し，輻射物質等密度期 ($z_{\mathrm{eq}} \simeq 3400$) は宇宙の晴れ上がり時に近いため，晴れ上がり期付近での Φ の変化は**早期 ISW 効果**として働く．Φ の変化の程度は波数 k に依存し，赤方偏移 $z = z_{\mathrm{eq}}$ にハッブル半径に入る揺らぎ ($k_{\mathrm{eq}} = a_{\mathrm{eq}} H_{\mathrm{eq}}$) よりも大きな波数 k の Φ の減少が激しい（詳細は第 8.4 節を参照）．もし，CDM とバリオンを合わせた現在の非相対論的物質の密度パラメータ $\Omega_m^{(0)}$ が増えると，より早い時期に物質優勢期に入るため，$k > k_{\mathrm{eq}}$ のモードの Φ の減少が大きくなり，物質優勢期での Φ の値がより小さくなる．このことから，図 7.2 の温度揺らぎのパワースペクトル $\mathcal{D}_l^{\mathrm{TT}}$ の山の高さが全体的に低くなり，観測データから $\Omega_m^{(0)}$ に制限がつき，0.32 程度の値が得られている．

第 8.3 節で議論するように，宇宙が物質優勢期から暗黒エネルギー支配期に入ると Φ は時間変化し，これが**後期 ISW 効果**を引き起こす．この効果は，輻射優勢期から物質優勢期への移行期に，Φ が大きく減衰していない大スケール

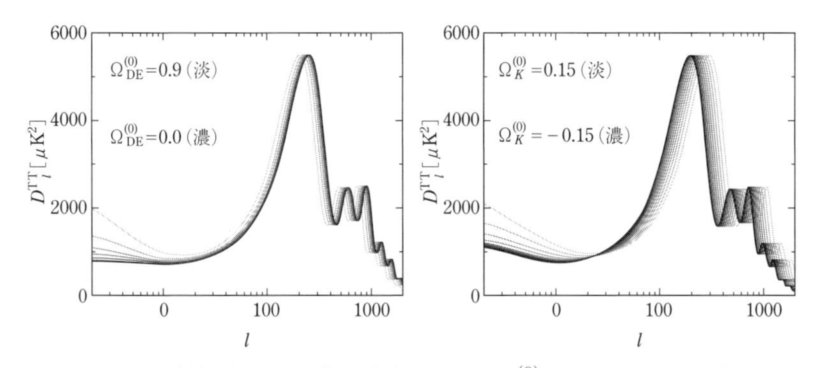

図 7.7 （左）暗黒エネルギーの密度パラメータ $\Omega_{\mathrm{DE}}^{(0)}$ を，0 から 0.9 まで変化させたときの $\mathcal{D}_l^{\mathrm{TT}}$ の変化 [56]．（右）空間曲率 K の密度パラメータ $\Omega_K^{(0)}$ を，−0.15 から 0.15 まで変化させたときの $\mathcal{D}_l^{\mathrm{TT}}$ の変化．

の揺らぎに対して顕著に起こる．図 7.7 の左側に見られるように，暗黒エネルギーの現在の密度パラメータ $\Omega_{\rm DE}^{(0)}$ が増加すると，l の小さい大スケールにおいて $\mathcal{D}_l^{\rm TT}$ の振幅が増加する．

後期 ISW 効果以外の暗黒エネルギーの CMB への影響として，$\mathcal{D}_l^{\rm TT}$ の山の位置の変更がある．$\mathcal{D}_l^{\rm TT}$ の $n=1$ の山の位置を特徴づける，最終散乱面での音速地平線スケール $\lambda = r_{s*}$ に相当する l の値は，(7.28) と (7.29) より

$$l_A = \frac{\pi D_{A*}}{r_{s*}} \tag{7.155}$$

である．D_{A*} は (7.31) で与えられており，$\Omega_m^{(0)}$ が減少する（$\Omega_{\rm DE}^{(0)}$ が増加する）と，$\Omega_m^{(0)}(1+z)^3$ の減少による効果が $\Omega_{\rm DE}^{(0)}$ の増加による効果を上回り，D_{A*} は増加する．一方，r_{s*} の $\Omega_m^{(0)}$ に関する依存性を見てみよう．(7.113) の $r_s(\eta)$ の定義に，(7.138) の c_s を代入し，$\mathrm{d}\eta = \mathrm{d}a/(a^2 H)$ を用いると，

$$r_{s*} = \frac{1}{H_0}\int_0^{a_*} \frac{1}{\sqrt{3(1+R_s)}}\frac{\mathrm{d}a}{a^2 E} \tag{7.156}$$

と書ける．ただし $E = H/H_0$ であり，a_* は宇宙の晴れ上がり時のスケール因子である．r_{s*} は，宇宙初期 $(a \to 0)$ から $a = a_*$ までの宇宙進化に依存するので，この時期の暗黒エネルギーの寄与を無視し，空間曲率が 0 の場合を考えると，$E^2 = \Omega_m^{(0)} a^{-3} + \Omega_r^{(0)} a^{-4}$ となる（現在のスケール因子 a_0 を 1 としている）．輻射物質等密度時のスケール因子を $a_{\rm eq}$ とすると，$\Omega_m^{(0)} a_{\rm eq}^{-3} = \Omega_r^{(0)} a_{\rm eq}^{-4}$ であるから，$0 < a < a_*$ での E は

$$E = \sqrt{\Omega_m^{(0)}}\, a^{-2}\sqrt{a + a_{\rm eq}} \tag{7.157}$$

で与えられる．また R_s は，(7.130) から，$R_s = (3\Omega_b^{(0)}/4\Omega_\gamma^{(0)})a$ という a 依存性を持つ．以上から，(7.156) の r_{s*} は

$$r_{s*} = \frac{f(a_*)}{\sqrt{\Omega_m^{(0)}}H_0}, \tag{7.158}$$

ただし，

$$f(a_*) \equiv \int_0^{a_*} \frac{\mathrm{d}a}{\sqrt{3(1+R_s)(a + a_{\rm eq})}}$$

$$= \frac{4}{3}\sqrt{\frac{\Omega_\gamma^{(0)}}{\Omega_b^{(0)}}}\log\left(\frac{\sqrt{R_s(a_*)+R_s(a_{\rm eq})}+\sqrt{1+R_s(a_*)}}{1+\sqrt{R_s(a_{\rm eq})}}\right) \quad (7.159)$$

となる [57].

(7.30) の $D_{A*}=\int_0^{z_*}H^{-1}{\rm d}z$ と (7.158) を用いると，(7.155) の l_A は

$$l_A = \frac{\pi}{f(a_*)}\mathcal{R}_{\rm CMB}\,, \quad (7.160)$$

ただし，

$$\mathcal{R}_{\rm CMB} = \sqrt{\Omega_m^{(0)}}\int_0^{z_*}\frac{{\rm d}z}{E(z)} \quad (7.161)$$

と表せる．$\mathcal{R}_{\rm CMB}$ を **CMB シフトパラメータ**と呼び，$\mathcal{D}_l^{\rm TT}$ の山の位置の変化を特徴づける量である．ここで $\int_0^{z_*}E^{-1}(z){\rm d}z = H_0D_{A*}$ は，無次元化した共動角径距離であり，すでに述べたように，$\Omega_m^{(0)}$ が減少すると D_{A*} は増加する．しかし $\mathcal{R}_{\rm CMB}$ には，$\int_0^{z_*}E^{-1}(z){\rm d}z$ の積分に $\sqrt{\Omega_m^{(0)}}$ が掛かるために，$\Omega_m^{(0)}$ の減少に伴い，$\mathcal{R}_{\rm CMB}$ は逆に減少する．例えば，(7.31) から，$\Omega_m^{(0)}=1$, $\Omega_{\rm DE}^{(0)}=0$, $\Omega_r^{(0)}=8.5\times10^{-5}$ のときは $\mathcal{R}_{\rm CMB}=\int_0^{z_*}E^{-1}(z){\rm d}z=1.94$ であるが，$\Omega_m^{(0)}=0.32$, $\Omega_{\rm DE}^{(0)}=0.68$, $\Omega_r^{(0)}=8.5\times10^{-5}$ のときは $\mathcal{R}_{\rm CMB}=1.75$, $\int_0^{z_*}E^{-1}(z){\rm d}z=3.10$ となる．なお，(7.159) の $f(a_*)$ の中にある $a_{\rm eq}$ も $\Omega_m^{(0)}$ の変更による影響を受けるが，それによる l_A の変化は，$\mathcal{R}_{\rm CMB}$ と比べて小さい．

以上から，暗黒エネルギーの量 $\Omega_{\rm DE}^{(0)}$ が増えると，$\mathcal{R}_{\rm CMB}$ は減少し，(7.160) の l_A も減少する．実際に，図 7.7 の左側のパネルに見られるように，$\Omega_{\rm DE}^{(0)}$ が増加すると，$\mathcal{D}_l^{\rm TT}$ は l の小さな大スケール側に移る．Planck 衛星の 2015 年の観測データから，$\mathcal{R}_{\rm CMB}=1.7482\pm0.0048$ という制限が得られている．上で述べたように，$\Omega_m^{(0)}=1$ のときは $\mathcal{R}_{\rm CMB}=1.94$ でデータと合わないが，$\Omega_{\rm DE}^{(0)}=0.68$ のときは $\mathcal{R}_{\rm CMB}=1.75$ であり，データと整合的である．このようにして，CMB の観測から暗黒エネルギーの存在を検証できる．

ここまでは，空間曲率 K が 0 の平坦な宇宙を考えてきたが，その場合の CMB の最終散乱面から観測者までの光の進路は，図 7.8 の中央にあるように直線である．開いた宇宙 ($K<0$, $\Omega_K^{(0)}=-K/(a_0^2H_0^2)>0$) では，図 7.8 の左パネルにあるような経路で光は進むため，観測者から見た CMB の温度揺ら

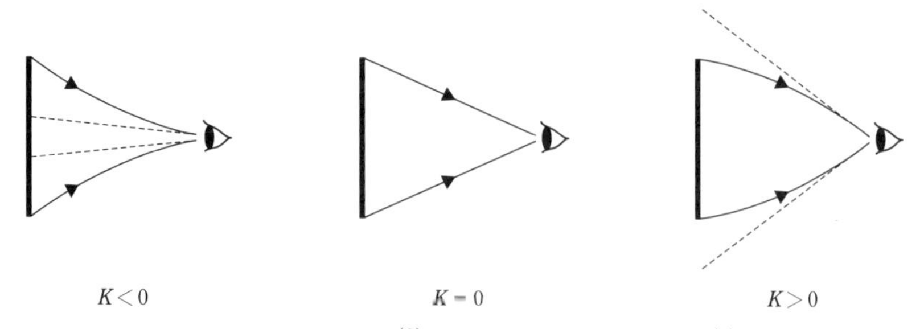

図 7.8 開いた宇宙 ($K<0$, $\Omega_K^{(0)}>0$)，平坦な宇宙 ($K=0$, $\Omega_K^{(0)}=0$)，閉じた宇宙 ($K>0$, $\Omega_K^{(0)}<0$) での最終散乱面から観測者までの光路.

ぎは，実際よりも小さなスケールとして観測される．このことは，図 7.7 の右パネルで $\Omega_K^{(0)}$ を増加させると，大きな l の小スケールの方に $\mathcal{D}_l^{\mathrm{TT}}$ の山が移動していることからも確認できる．逆に閉じた宇宙 ($K>0$, $\Omega_K^{(0)}<0$) では，図 7.8 の右パネルにある経路で光は進むため，$\Omega_K^{(0)}$ が負で減少していくと，より大スケール側に $\mathcal{D}_l^{\mathrm{TT}}$ の山が動く．このように，観測される CMB の温度揺らぎは空間曲率の変化に敏感であり，Planck 衛星のデータから，$\Omega_K^{(0)}$ は (3.13) のように空間的に平坦に近い値に制限されている．この事実は，宇宙初期のインフレーション期の存在の間接的な証拠と言える．

また，物質優勢期に最初の天体が誕生すると，それが放出する電磁波によって，中性の水素原子などのイオン化が起こる．この宇宙の**再電離**によって CMB 光子の散乱が起こると，観測される温度揺らぎ Θ_{O} が抑制される．その抑制効果は，温度揺らぎの振幅を $e^{-\tau_{\mathrm{ion}}}$ 倍するという形で現れ，定数 τ_{ion} を**光学的厚み**と呼ぶ．この値と再電離の起こった赤方偏移 z_{re} も CMB の観測データから制限されており，Planck2018 の解析では，68 % の確からしさで

$$\tau_{\mathrm{ion}} = 0.0561 \pm 0.0071\,, \qquad z_{\mathrm{re}} = 7.82 \pm 0.71 \tag{7.162}$$

という値が得られている [6]．このように CMB は，宇宙の夜明けである原始星の誕生がいつ頃起こったかについての情報も提供してくれるのである．

7.8 精密宇宙論

CMB の観測量として，温度揺らぎのパワースペクトル $\mathcal{C}_l$ 以外に，**偏光**に関するものがある [48, 49]．CMB 偏光は，宇宙の晴れ上がり時に自由に動けるようになった光子が，自由電子と散乱することによって起こる現象である．光子と電子のトムソン散乱の脱結合以降は，自由電子の数が急激に減少するため，CMB 偏光が見られるのは宇宙の晴れ上がり付近である．電磁場は，光の進行方向に対して垂直な 2 つの方向に振動している．図 7.9 のように，原点にある電子 (e^-) に向けて，x 軸に沿って温度の高い光子が，y 軸に沿って温度の低い光子が入射して，光子が z 方向に散乱された場合，z 軸に垂直な 2 次元平面で x 方向と y 方向の電磁場の値に違いが生じ，偏光が生じる．

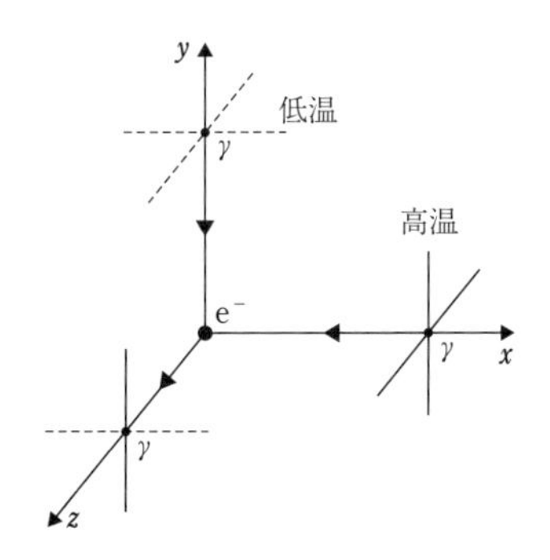

図 7.9 CMB 偏光の概念図.

CMB 偏光を起こす電磁場は，回転が 0 で偶パリティを持つ **E モード**と，発散が 0 で奇パリティを持つ **B モード**に分離できる．E モードは，温度揺らぎの波数ベクトル $\boldsymbol{k}$ に対して，平行あるいは垂直な方向の偏光状態を表し，曲率揺らぎ $\mathcal{R}$ のようなスカラー型の揺らぎとテンソル型の摂動である重力波から生成される．B モードは，波数 $\boldsymbol{k}$ に対して $\pi/4$ 傾いた方向の偏光状態を表し，テンソル摂動のみから生成される．

E モードは，WMAP 衛星によって最初に観測された．温度揺らぎと E モードの 2 点相関パワースペクトル $\mathcal{C}_l^{\mathrm{TE}}$ の Planck 衛星による観測データは，

ΛCDM 模型に基づく理論的な予言と整合的である．B モードに関しては，インフレーションで生成される重力波のテンソル・スカラー比が，$r = 16\epsilon_V \ll 1$ である点を反映して，2021 年現在では見つかっていない．しかし，インフレーションでスカラー場がポテンシャル上を動けば $\epsilon_V \neq 0$ であるので，振幅が小さくても重力波は必ず生成される．スタロビンスキー模型が予言する r が 10^{-3} オーダーの領域を目標として，LiteBIRD などによる CMB の B モード偏光観測が精力的に進められている．

ΛCDM 模型のような具体的な理論模型が与えられたときに，$\mathcal{C}_l$ や $\mathcal{C}_l^{\mathrm{TE}}$ のような観測量を正確に計算するには，光子，バリオン，CDM，暗黒エネルギー，ニュートリノの摂動方程式と，それらと重力との相互作用を記述する摂動アインシュタイン方程式を数値的に解く必要がある．そのために，COSMOMC (https://cosmologist.info/cosmomc/を参照) などの数値計算コードが開発されており，これらを用いた宇宙論的**モンテカルロ・シミュレーション**で，宇宙論パラメータの最適値を統計的に解析できる．2003 年の WMAP 衛星による CMB の温度揺らぎのデータから，各物質の存在比や宇宙年齢が高い精度で決定され，本格的な**精密宇宙論**の時代が到来した．Planck 衛星による観測で，$l > 1000$ の小スケールでの温度揺らぎも精密に測定され，宇宙論パラメータは更に強く制限された．

CMB の温度揺らぎが奏でる音響振動は，インフレーションから現在に至るまでの宇宙進化を反映している．この音響振動は，過去の宇宙進化が少しでも変わればその音色を変え，観測値からのずれを生じる．温度揺らぎの初期値は，インフレーションで生成される原始密度揺らぎで決まり，CMB 観測からの制限 (6.102)–(6.105) にあるように，地上での実験では到達不可能な超高エネルギーの宇宙初期の物理現象まで探ることができる．さらに，原始重力波が将来検出されれば，インフレーションの模型をほぼ特定できるため，宇宙開闢の頃の物理に迫る上でその影響は計り知れないほど大きい．

第8章

宇宙の大規模構造の形成

宇宙の大規模構造の形成が起こるのは，非相対論的物質が支配する物質優勢期である．この時期にCDMやバリオンの揺らぎの成長が起こり，やがて赤方偏移 $z \simeq 10$ の頃に原始星が生まれ，それらが集まって銀河を形成する．本章では，宇宙の大規模構造の形成と星の進化について考えていく．

8.1 物質優勢期の密度揺らぎの進化

本節ではまず，物質優勢期において，バリオンとCDMのような非相対論的物質に重力しか働かないときに，それらの揺らぎが重力収縮でどのように成長するかについて考察する．第2章の図2.1で質点の運動を考えたように，一様等方な背景時空で任意の一点Oを中心とした半径 a の球を考え，その表面にある質量 m の質点が，中心方向に重力を受けながら，宇宙膨張とともに遠心方向に運動しているとする．ただし，物質の平均密度 $\bar{\rho}$ は時間 t の関数であり，半径 a の球の質量 $\bar{M} = 4\pi a^3 \bar{\rho}/3$ は非相対論的物質に対して一定である．重力定数を G として，質点の運動方程式は，

$$m\ddot{a} = -G\frac{m\bar{M}}{a^2} \qquad \rightarrow \qquad \frac{\ddot{a}}{a} = -\frac{4\pi G}{3}\bar{\rho} \tag{8.1}$$

で与えられる．

次に，物質密度 ρ が平均密度 $\bar{\rho}(t)$ からずれていて，そのずれ δ が時間 t のみに依存し，

$$\rho(t) = \bar{\rho}(t)\,[1 + \delta(t)] \tag{8.2}$$

で与えられる場合を考える．CMBの温度揺らぎの場合のように，実際の物質密度には位置 $\boldsymbol{x}$（スケール）に関する依存性も存在するが，それについては流

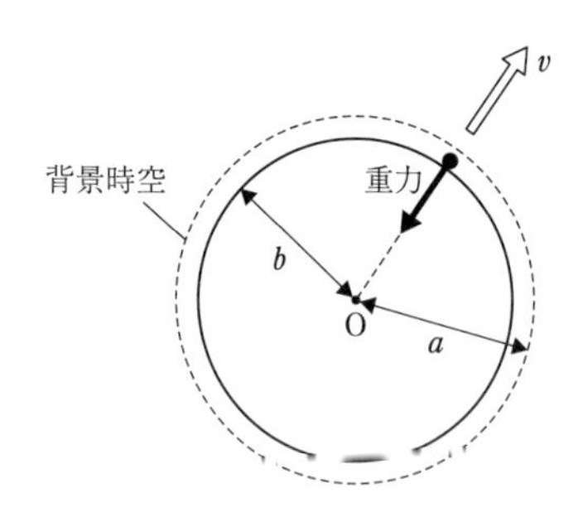

図 8.1 半径 a の球は背景時空に相当し，物質密度の摂動 δ があるときの球の半径を b としている．球の表面上にある質点は，重力を中心方向に受けながら遠心方向に運動している．

体力学の観点から第 8.2 節で議論する．(8.2) のように物質揺らぎ δ が存在すると，宇宙膨張の仕方も変わるので，摂動がある場合のスケール因子を $b(t)$ とする（図 8.1 を参照）．このときの b の時間変化は，(8.1) で $a \to b, \bar{\rho} \to \rho$ とした式で記述されるので，

$$\frac{\ddot{b}}{b} = -\frac{4\pi G}{3}\rho = -\frac{4\pi G}{3}\bar{\rho}\,(1+\delta) \tag{8.3}$$

となる．また，質量保存則より

$$M = \frac{4}{3}\pi b^3 \rho = \frac{4}{3}\pi b^3 \bar{\rho}(1+\delta) = \text{一定} \tag{8.4}$$

が成り立つ．このことから，密度が平均よりも高い領域 ($\delta > 0$) では，重力収縮によって，b が a よりも小さくなる．(8.4) で $\bar{\rho} \propto a^{-3}$ であることを用いると，定数 C を用いて b は

$$b = Ca\,(1+\delta)^{-1/3} \tag{8.5}$$

と書ける．この式の自然対数を取ってから t で微分すると，

$$\frac{\dot{b}}{b} = \frac{\dot{a}}{a} - \frac{\dot{\delta}}{3(1+\delta)} \tag{8.6}$$

を得る．さらにこの式を t で微分し，その際に現れる $\dot{b}/b$ の項は (8.6) を用いて消去すると

$$\frac{\ddot{b}}{b} = \frac{\ddot{a}}{a} - \frac{\ddot{\delta}}{3(1+\delta)} - \frac{2H\dot{\delta}}{3(1+\delta)} + \frac{4\dot{\delta}^2}{9(1+\delta)^2} \tag{8.7}$$

となる．$H = \dot{a}/a$ は，背景時空の宇宙の膨張率である．ここで $|\delta| \ll 1$ の状況を考え，(8.7) で δ とその時間微分に関する一次の項のみを取り出す**線形近似**を行うと，(8.7) は

$$\frac{\ddot{b}}{b} \simeq \frac{\ddot{a}}{a} - \frac{1}{3}\ddot{\delta} - \frac{2}{3}H\dot{\delta} \tag{8.8}$$

となる．この式を (8.3) に代入し，(8.1) を用いると

$$\ddot{\delta} + 2H\dot{\delta} - 4\pi G\bar{\rho}\delta = 0 \tag{8.9}$$

が得られ，これが線形物質揺らぎ δ が従う方程式である．

物質優勢期において，フリードマン方程式

$$3H^2 = 8\pi G\bar{\rho} \tag{8.10}$$

が成り立つので，(8.9) は

$$\ddot{\delta} + 2H\dot{\delta} - \frac{3}{2}H^2\delta = 0 \tag{8.11}$$

となる．H は時間変化するので，この式を定数係数の微分方程式の形に帰着させるために，e-foldings 数 $N = \log a$ の微分を用いて (8.11) を書き直す．N を t で微分すると，$\mathrm{d}N/\mathrm{d}t = H$ であるから，N 微分にプライム記号を用いて

$$\dot{\delta} = H\delta', \qquad \ddot{\delta} = H^2\left(\delta'' + \frac{H'}{H}\delta'\right) \tag{8.12}$$

を得る．よって (8.11) は，

$$\delta'' + \left(2 + \frac{H'}{H}\right)\delta' - \frac{3}{2}\delta = 0 \tag{8.13}$$

と表せる．物質優勢期 ($a \propto t^{2/3}$) には，$H = 2/(3t)$, $\dot{H} = -2/(3t^2)$ であるから，$H'/H = \dot{H}/H^2 = -3/2$ であり，(8.13) は

$$\delta'' + \frac{1}{2}\delta' - \frac{3}{2}\delta = 0 \tag{8.14}$$

となる．この解は，積分定数 c_1 と c_2 を用いて

$$\delta = c_1 e^N + c_2 e^{-3N/2} = c_1 a + c_2 a^{-3/2} \tag{8.15}$$

と表せる．膨張宇宙では，$c_1 a$ が成長解，$c_2 a^{-3/2}$ が減衰解であるから，最終的に δ は

$$\delta \propto a \propto t^{2/3} \tag{8.16}$$

のように成長する．このように，初期に平均よりも密度の高かった領域の揺らぎ $(\delta > 0)$ が重力で集まり，天体や銀河のような構造を形成する．上の議論では，$|\delta| \ll 1$ の線形近似を用いているため，$|\delta|$ がオーダー 1 に近づくと，非線形効果によって δ の進化は (8.16) からのずれを生じ始める．

8.2 ジーンズ長

第 8.1 節では，質点が受ける重力を考えることによって，時間のみに依存する物質揺らぎ $\delta(t)$ が満たす常微分方程式 (8.9) を導出した．しかし，これは質点近似による取り扱いであり，δ の空間依存性が考慮されていなかった．本節では，非相対論的物質が完全流体として空間的に分布している場合に，**ニュートン流体力学**での連続体の質量保存則と運動方程式から，物質揺らぎの方程式を導く．そのためにまず，物理的空間座標 $\boldsymbol{r}$ における基礎方程式を導出し，次にそれらを共動座標 $\boldsymbol{x} = \boldsymbol{r}/a(t)$ での方程式に変換する．

第 7.4 節で光子流体を考え，その粒子数の保存から，光子の数密度 n_γ が満たす方程式 (7.85) を導出した．同様に，非相対論的物質の数密度を n，その流体としての速度を $\boldsymbol{u}$ とすると，(7.85) で $n_\gamma \to n$, $\boldsymbol{u}_\gamma \to \boldsymbol{u}$ とした式

$$\left(\frac{\partial n}{\partial t}\right)_r + \nabla_r \cdot n\boldsymbol{u} = 0 \tag{8.17}$$

が成り立つ．非相対論的粒子 1 個の質量を m とすると，その密度は $\rho = mn$ であるから，ρ も (8.17) と同じ形の式

$$\left(\frac{\partial \rho}{\partial t}\right)_r + \nabla_r \cdot \rho\boldsymbol{u} = 0 \tag{8.18}$$

を満たす．これは流体の**質量保存則**を表す．以下では，物理的座標 $\boldsymbol{r}$ での微分

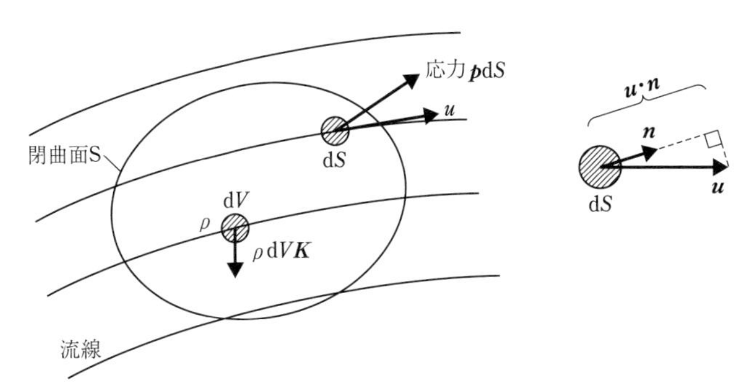

図 8.2 （左）非相対論的流体の中に取った固定された閉曲面 S．（右）S 上の微小面 dS から速度 $\boldsymbol{u}$ で流出する流体と，面に垂直な法線ベクトル $\boldsymbol{n}$.

であることを強調する必要がないときは，添字 r をつけないことにする．

次に，非相対論的完全流体の満たす運動方程式を導出する．図 8.2 の左のように，流体の中に固定された閉曲面 S を取る．微小体積 dV の領域を考え，流体の速度を $\boldsymbol{u}$，密度を ρ とすると，その領域での運動量は $\rho \mathrm{d}V\boldsymbol{u}$ である．よって，閉曲面内の流体の運動量は，$\boldsymbol{q} = \int_V \rho\boldsymbol{u}\,\mathrm{d}V$ である．また，面積力である圧力 $\boldsymbol{p}$ が閉曲面の微小面積 dS に及ぼす応力は $\boldsymbol{p}\,\mathrm{d}S$ であり，閉曲面 S に力 $\int_S \boldsymbol{p}\,\mathrm{d}S$ を及ぼす．ここで，成分 P_{ij} を持つ応力テンソルを $\boldsymbol{P}$，微小面 dS での法線を $\boldsymbol{n}$ とすると，応力 $\boldsymbol{p}$ は $\boldsymbol{P}$ と $\boldsymbol{n}$ の内積に相当し，$\boldsymbol{p} = \boldsymbol{P}\cdot\boldsymbol{n}$ である．また，単位質量あたりの流体に働く重力を $\boldsymbol{K}$ とすると，閉曲面 S の内部の流体に働く重力は，$\int_V \rho\boldsymbol{K}\,\mathrm{d}V$ である．さらに，微小面 dS から単位時間あたりに流れ出す流体の体積は $\boldsymbol{u}\cdot\boldsymbol{n}\,\mathrm{d}S$ であるから (図 8.2 の右を参照)，流出する運動量は $(\rho\boldsymbol{u}\cdot\boldsymbol{n}\mathrm{d}S)\boldsymbol{u}$ であり，閉曲面 S 全体では $\int_S(\rho\boldsymbol{u})\boldsymbol{u}\cdot\boldsymbol{n}\,\mathrm{d}S$ である．よって，運動量保存則から，

$$\frac{\mathrm{d}}{\mathrm{d}t}\int_V \rho\boldsymbol{u}\,\mathrm{d}V = \int_S \boldsymbol{P}\cdot\boldsymbol{n}\,\mathrm{d}S + \int_V \rho\boldsymbol{K}\,\mathrm{d}V - \int_S (\rho\boldsymbol{u})\boldsymbol{u}\cdot\boldsymbol{n}\,\mathrm{d}S \tag{8.19}$$

が成り立つ．ガウスの定理を用いると，

$$\int_S \boldsymbol{P}\cdot\boldsymbol{n}\,\mathrm{d}S = \int_V \mathrm{div}\,\boldsymbol{P}\,\mathrm{d}V\,, \tag{8.20}$$

$$\int_S (\rho\boldsymbol{u})\boldsymbol{u}\cdot\boldsymbol{n}\,\mathrm{d}S = \int_V \mathrm{div}\,[(\rho\boldsymbol{u})\boldsymbol{u}]\,\mathrm{d}V \tag{8.21}$$

であるから，

$$\frac{\partial}{\partial t}(\rho \boldsymbol{u}) = \mathrm{div}\,\boldsymbol{P} + \rho \boldsymbol{K} - \mathrm{div}\,[(\rho \boldsymbol{u})\boldsymbol{u}] \tag{8.22}$$

を得る．ここで，$\boldsymbol{u}$ と $\boldsymbol{r}$ の成分をそれぞれ u_i, r_i $(i = 1, 2, 3)$ としたとき，(8.22) の左辺と右辺第 3 項の成分は

$$\frac{\partial}{\partial t}(\rho u_i) = \frac{\partial \rho}{\partial t} u_i + \rho \frac{\partial u_i}{\partial t}, \tag{8.23}$$

$$\frac{\partial}{\partial r_j}(\rho u_i u_j) = u_i \frac{\partial}{\partial r_j}(\rho u_j) + \rho u_j \frac{\partial u_i}{\partial r_j} \tag{8.24}$$

と表せる．これと質量保存則 (8.18)，すなわち

$$\frac{\partial \rho}{\partial t} = -\frac{\partial}{\partial r_j}(\rho u_j) \tag{8.25}$$

を用いると，(8.22) から

$$\frac{\partial \boldsymbol{u}}{\partial t} + (\boldsymbol{u} \cdot \nabla_r)\boldsymbol{u} = \frac{1}{\rho}\mathrm{div}\boldsymbol{P} + \boldsymbol{K} \tag{8.26}$$

が得られ，これが流体の速度 $\boldsymbol{u}$ が満たす**オイラー方程式**である．単位質量あたりの重力ポテンシャルを ψ とすると，$\boldsymbol{K}$ は

$$\boldsymbol{K} = -\nabla_r \psi \tag{8.27}$$

と表せる．完全流体の場合を考えると，流体は等方的な圧力 P を受けるから，応力 $\boldsymbol{P}$ は成分で，

$$P_{ij} = -P\delta_{ij} \tag{8.28}$$

と表せる．この場合，

$$\mathrm{div}\,\boldsymbol{P} = \frac{\partial P_{ij}}{\partial r_j} = -\frac{\partial P}{\partial r_j}\delta_{ij} = -\nabla_r P \tag{8.29}$$

であるから，完全流体の場合のオイラー方程式として，

$$\left(\frac{\partial \boldsymbol{u}}{\partial t}\right)_r + (\boldsymbol{u} \cdot \nabla_r)\boldsymbol{u} = -\frac{1}{\rho}\nabla_r P - \nabla_r \psi \tag{8.30}$$

を得る．$\boldsymbol{u}$ の空間変化があるときは，$(\boldsymbol{u} \cdot \nabla_r)\boldsymbol{u}$ が $\boldsymbol{0}$ ではなく，この項を**移流項**と言う．移流項は，流体のような広がりがある場合に，各点での速度の違いによって閉曲面 S から運動量の流出が起こることで現れる．

次に，第 7.4 節の光子流体のときの議論と同じように，物理的座標 $\boldsymbol{r}$ と共動座標 $\boldsymbol{x}$ との関係 $\boldsymbol{r} = a(t)\boldsymbol{x}$ を用いて，(8.18) と (8.30) を共動座標での微分方程式に書き直す．(7.88) と (7.89) のように，物理的座標での流体の速度 $\boldsymbol{u}$ は，流体の固有運動による速度 $\boldsymbol{v}$ と

$$\boldsymbol{u} = \dot{\boldsymbol{r}} = \dot{a}\boldsymbol{x} + \boldsymbol{v}\,, \qquad \boldsymbol{v} = a\dot{\boldsymbol{x}} \tag{8.31}$$

という関係を持つ．(7.86) と (7.87) から，偏微分演算子に関して，

$$\nabla_r = \frac{1}{a}\nabla_x\,, \qquad \left(\frac{\partial}{\partial t}\right)_r = \left(\frac{\partial}{\partial t}\right)_x - H\left(\boldsymbol{x}\cdot\nabla_x\right) \tag{8.32}$$

という関係がある．まず (8.18) は，(7.91) と同様に

$$\left(\frac{\partial \rho}{\partial t}\right)_x + 3H\rho + \frac{1}{a}\nabla_x\cdot(\rho\boldsymbol{v}) = 0 \tag{8.33}$$

となる．また，

$$\left(\frac{\partial \boldsymbol{u}}{\partial t}\right)_r = \ddot{a}\boldsymbol{x} + \left(\frac{\partial \boldsymbol{v}}{\partial t}\right)_x - \dot{a}H\boldsymbol{x} - H\left(\boldsymbol{x}\cdot\nabla_x\right)\boldsymbol{v}\,, \tag{8.34}$$

$$(\boldsymbol{u}\cdot\nabla_r)\boldsymbol{u} = \dot{a}H\boldsymbol{x} + H\boldsymbol{v} + H\left(\boldsymbol{x}\cdot\nabla_x\right)\boldsymbol{v} + \frac{1}{a}\left(\boldsymbol{v}\cdot\nabla_x\right)\boldsymbol{v} \tag{8.35}$$

を用いると，(8.30) から

$$\left(\frac{\partial \boldsymbol{v}}{\partial t}\right)_x + H\boldsymbol{v} + \frac{1}{a}\left(\boldsymbol{v}\cdot\nabla_x\right)\boldsymbol{v} = -\frac{1}{a\rho}\nabla_x P - \frac{1}{a}\left(\nabla_x\psi + a\ddot{a}\boldsymbol{x}\right) \tag{8.36}$$

を得る．

重力ポテンシャル ψ は，物理的座標において**ポアソン方程式**

$$\nabla_r^2\psi = 4\pi G\rho \tag{8.37}$$

を満たす．これは，重力と同じ $\boldsymbol{r}$ 依存性を持つクーロン力に対して，その電位を ψ，電荷密度を ρ，k_c をクーロン定数として，$\nabla_r^2\psi = -4\pi k_c\rho$ と書けることに対応する（重力は引力なので，(8.37) の右辺の符号はクーロン力の場合とは逆である）．密度と圧力を，背景時空と摂動部分に分けて

$$\rho = \bar{\rho}(t)\left[1 + \delta(t,\boldsymbol{x})\right]\,, \qquad P = \bar{P}(t) + \delta P(t,\boldsymbol{x}) \tag{8.38}$$

と表すと，(8.37) は共動座標で

$$\nabla_x^2\psi = 4\pi Ga^2\bar{\rho} + 4\pi Ga^2\bar{\rho}\delta \tag{8.39}$$

となる．ここで，実効的な重力ポテンシャル

$$\Psi \equiv \psi + \frac{1}{2}a\ddot{a}\boldsymbol{x}^2 \tag{8.40}$$

を定義すると，

$$\nabla_x\Psi = \nabla_x\psi + a\ddot{a}\boldsymbol{x}\,, \qquad \nabla_x^2\Psi = \nabla_x^2\psi + 3a\ddot{a} \tag{8.41}$$

である．(8.1) より，$3a\ddot{a} = -4\pi G\bar{\rho}a^2$ であるから，(8.36) と (8.39) は

$$\dot{\boldsymbol{v}} + H\boldsymbol{v} + \frac{1}{a}\left(\boldsymbol{v}\cdot\nabla_x\right)\boldsymbol{v} = -\frac{1}{a\bar{\rho}(1+\delta)}\nabla_x\delta P - \frac{1}{a}\nabla_x\Psi\,, \tag{8.42}$$

$$\nabla_x^2\Psi = 4\pi Ga^2\bar{\rho}\delta \tag{8.43}$$

となる．ただし，$\dot{\boldsymbol{v}} = (\partial\boldsymbol{v}/\partial t)_x$ と表記している．ここで得られたポアソン方程式 (8.43) は，付録 C の (C.13) で示すように一般相対論における摂動方程式からも導出でき，(8.43) の Ψ は，線素 (7.48) の時間部分 $-(1+2\Psi)\mathrm{d}t^2$ の摂動 Ψ に対応する．また，$\dot{\bar{\rho}} + 3H\bar{\rho} = 0$ を用いると，(8.33) から

$$\dot{\delta} + \frac{1}{a}\nabla_x\cdot[(1+\delta)\boldsymbol{v}] = 0 \tag{8.44}$$

という，δ と $\boldsymbol{v}$ を関係づける摂動方程式が得られる．

次に，$\boldsymbol{v}$ と δ に関する**線形近似**を行うと，(8.42) の移流項 $(\boldsymbol{v}\cdot\nabla_x)\,\boldsymbol{v}/a$ と (8.44) の項 $[\nabla_x\cdot(\delta\boldsymbol{v})]/a$ は 2 次の微少量で無視できる．また (7.103) と同様に，断熱揺らぎの音速は，

$$c_s = \sqrt{\frac{\delta P}{\delta\rho}} = \sqrt{\frac{\delta P}{\bar{\rho}\delta}} \tag{8.45}$$

で与えられる．よって，線形近似の下で (8.42) と (8.44) は

$$\dot{\boldsymbol{v}} + H\boldsymbol{v} \simeq -\frac{1}{a}\nabla_x\left(c_s^2\delta\right) - \frac{1}{a}\nabla_x\Psi\,, \tag{8.46}$$

$$\dot{\delta} + \frac{1}{a}\nabla_x\cdot\boldsymbol{v} \simeq 0 \tag{8.47}$$

となる※5．(8.47) を t で微分し，(8.46) を用いて

$$\ddot{\delta} + 2H\dot{\delta} - \frac{1}{a^2}\nabla_x^2\Psi - \frac{1}{a^2}\nabla_x^2\left(c_s^2\delta\right) = 0 \tag{8.48}$$

を得る．ポアソン方程式 (8.43) を用いると，(8.48) は

$$\ddot{\delta} + 2H\dot{\delta} - 4\pi G\bar{\rho}\delta - \frac{c_s^2}{a^2}\nabla_x^2\delta = 0 \tag{8.49}$$

となる．第 8.1 節での取り扱いと異なるのは，δ が t と $\boldsymbol{x}$ の関数であり，(8.49) の左辺の第 4 項に $\boldsymbol{x}$ による偏微分の項が存在する点である．δ を，

$$\delta(t, \boldsymbol{x}) = \int \frac{\mathrm{d}^3k}{(2\pi)^3} e^{i\boldsymbol{k}\cdot\boldsymbol{x}}\hat{\delta}(t, \boldsymbol{k}) \tag{8.50}$$

のようにフーリエ変換すると，波数 $\boldsymbol{k}$ のフーリエモード $\hat{\delta}$ は，

$$\ddot{\hat{\delta}} + 2H\dot{\hat{\delta}} - 4\pi G\bar{\rho}\hat{\delta} + c_s^2\frac{k^2}{a^2}\hat{\delta} = 0 \tag{8.51}$$

を満たす．この方程式はニュートン流体力学を用いて導出されたが，一般相対論での摂動方程式の非相対論的極限からも得られる．(8.51) の左辺の第 3 項によって重力収縮が起こるが，第 4 項の圧力による項がそれを妨げる．この圧力は音速 c_s の音波として伝搬する．重力が圧力に打ち勝って構造形成が起こるための条件は，$4\pi G\bar{\rho}\hat{\delta} > c_s^2(k^2/a^2)\hat{\delta}$，すなわち

$$k < k_J \equiv \frac{a}{c_s}\sqrt{4\pi G\bar{\rho}} \tag{8.52}$$

である．この臨界の波数 k_J に対応する物理的波長は，

$$\lambda_J = \frac{2\pi a}{k_J} = c_s\sqrt{\frac{\pi}{G\bar{\rho}}} \tag{8.53}$$

で与えられ，λ_J を**ジーンズ長**と言う．波長が $\lambda > \lambda_J$ を満たす揺らぎは重力で集まり成長する．$c_s \to 0$ の極限では $\lambda_J \to 0$ となり，全ての波長の線形揺らぎ δ が同じように成長する．この極限で，(8.51) の $\hat{\delta}$ は，(8.9) の δ と同じ

※5……厳密には，第 7.5 節で議論したように，線素 (7.48) の空間部分 $a^2(t)\,(1+2\Phi)\,\delta_{ij}\mathrm{d}x^i\mathrm{d}x^j$ に存在する摂動 Φ によって，宇宙の膨張率は H から $H+\dot{\Phi}$ に変更される．この変更は，線形近似の範囲では (8.46) には影響しないが，(8.33) で $3H\rho$ の項が $3(H+\dot{\Phi})\rho$ に修正されることで，(8.47) の右辺に $-3\dot{\Phi}$ という線形項が追加される．しかし，物質優勢期で Φ は時間的に一定であり，この追加項を無視する近似が許される．

形の微分方程式を満たすため，第 8.1 節の手法（非相対論的物質の摂動 δ が時間 t のみに依存する）は，$c_s \simeq 0$ の揺らぎに対して有効である．その場合，線形密度揺らぎの進化はスケールに依存せず，物質優勢期に $\hat{\delta} \propto a$ のように変化する．なお，$|\hat{\delta}|$ が 1 程度まで成長すると，(8.42) の中の移流項 $(\boldsymbol{v} \cdot \nabla_x)\,\boldsymbol{v}/a$ のような非線形効果が効いてくる．

なお，密度 $\bar{\rho}$ の物質が宇宙を支配しているとき，$3H^2 = 8\pi G\bar{\rho}$ であるから，(8.53) は

$$\lambda_J = \pi\sqrt{\frac{8}{3}}c_s H^{-1} \simeq 5c_s H^{-1} \tag{8.54}$$

となる．光子・バリオン流体の音速 (7.138) のように，c_s が光速 c に近いときは，λ_J はハッブル半径 cH^{-1} の程度の大きさになる．波長が $\lambda < \lambda_J$ の揺らぎは重力不安定性を起こさないので，$c_s \approx c$ の場合には，ハッブル半径 cH^{-1} 内のほとんどの波長の揺らぎは成長しない．

8.3　CDM とバリオンの揺らぎの進化

第 8.2 節では，単一の流体に対して物質揺らぎが満たす方程式を導出したが，実際の宇宙には，CDM，バリオン，輻射などの物質が存在する．本節では，輻射物質等密度期 $(a = a_{\rm eq})$ 以降の CDM とバリオンの揺らぎの進化について調べる．なお，HDM は等密度期に相対論的であり，音速 c_s が光のときの値 (7.106) と同じような大きな値を持つ．そのため，ハッブル半径内のほとんどのスケールで音速による圧力項が重力収縮の項を上回り，密度揺らぎの成長が起こらない．HDM は CDM に対して数 % 以下の量に観測から制限されるので，前者は無視する．また，等密度期以降には輻射の揺らぎも重力的に成長しないので，重力ポテンシャルへの寄与は無視できる．以上から，$a = a_{\rm eq}$ 以降での実空間でのポアソン方程式 (8.43) は，近似的に

$$\nabla_x^2 \Psi = 4\pi G a^2 \left(\bar{\rho}_c \delta_c + \bar{\rho}_b \delta_b\right) \tag{8.55}$$

で与えられる．ここで，添字 c と b はそれぞれ CDM とバリオンを表す．

CDM は輻射物質等密度期にすでに非相対論的であり，圧力 P は密度 ρ に対

して無視できる．このとき，断熱揺らぎの音速 (8.45) の 2 乗 c_s^2 は，1 と比べて十分小さい．よって，CDM の密度揺らぎ δ_c に対して，(8.48) における音速による圧力項は重力収縮の項に比べて無視できる．(8.55) を (8.48) に代入し，$c_s^2 = 0$ とし，(8.50) のフーリエ変換を行うと，CDM のフーリエモード $\hat{\delta}_c$ は

$$\ddot{\hat{\delta}}_c + 2H\dot{\hat{\delta}}_c - 4\pi G\left(\bar{\rho}_c\hat{\delta}_c + \bar{\rho}_b\hat{\delta}_b\right) \simeq 0 \tag{8.56}$$

を満たす．

バリオンは，宇宙の晴れ上がり期（スケール因子 $a = a_*$）までは光子と強く結合しており，その時期までの音速 c_s は (7.138) で与えられる．$a = a_{\rm eq}$ の頃には，c_s の値は光速と同程度のオーダーであり，(8.54) で評価したようにジーンズ長はハッブル半径程度のスケールになり，それよりも波長の小さいバリオンの揺らぎはほとんど成長しない．しかし，$a = a_*$ の頃に光子とバリオンの脱結合が起こると，CDM と同じようにバリオンの c_s の値は急速に 0 に近づく．つまりバリオンの揺らぎは，$a = a_*$ 以降に成長を始める．フーリエ空間でバリオン摂動 $\hat{\delta}_b$ が満たす方程式は，

$$\ddot{\hat{\delta}}_b + 2H\dot{\hat{\delta}}_b - 4\pi G\left(\bar{\rho}_c\hat{\delta}_c + \bar{\rho}_b\hat{\delta}_b\right) + c_s^2\frac{k^2}{a^2}\hat{\delta}_b \simeq 0 \tag{8.57}$$

で与えられる．ただし，$a < a_*$ で $c_s = 1/\sqrt{3(1+R_s)}$, $a > a_*$ で $c_s \ll 1$ である．

CDM の量はバリオンに対して 5 倍程度であるから，背景時空でバリオンの密度 $\bar{\rho}_b$ を CDM の密度 $\bar{\rho}_c$ に対して無視する近似をする．暗黒エネルギーと非相対論的物質の量が同じになるときのスケール因子を $a_{\rm eq,2}$ とする．$a_{\rm eq} \leq a \ll a_{\rm eq,2}$ において，暗黒エネルギーの寄与を無視すると，背景時空の方程式は，輻射の密度を $\bar{\rho}_r$ として

$$3H^2 = 8\pi G\left(\bar{\rho}_c + \bar{\rho}_r\right) = 8\pi G\bar{\rho}_c\frac{y+1}{y}\,, \tag{8.58}$$

$$\dot{H} = -4\pi G\left(\bar{\rho}_c + \frac{4}{3}\bar{\rho}_r\right) = -4\pi G\bar{\rho}_c\frac{3y+4}{3y} \tag{8.59}$$

となる．ここで，$y = a/a_{\rm eq} = \bar{\rho}_c/\bar{\rho}_r$ であり，$\mathrm{d}y/\mathrm{d}t = Hy$ である．(8.56) でバリオンによる項 $\bar{\rho}_b\hat{\delta}_b$ を $\bar{\rho}_c\hat{\delta}_c$ に対して無視し，(8.56) を y 微分で書き直し，(8.58) と (8.59) を用いると

$$\frac{\mathrm{d}^2\hat{\delta}_c}{\mathrm{d}y^2}+\frac{3y+2}{2y(y+1)}\frac{\mathrm{d}\hat{\delta}_c}{\mathrm{d}y}-\frac{3}{2y(y+1)}\hat{\delta}_c\simeq 0 \tag{8.60}$$

を得る．この一般解は，積分定数 c_1 と c_2 を用いて

$$\hat{\delta}_c=c_1\left(1+\frac{3}{2}y\right)+c_2\left[\left(1+\frac{3}{2}y\right)\log\frac{\sqrt{y+1}+1}{\sqrt{y+1}-1}-3\sqrt{y+1}\right] \tag{8.61}$$

で与えられる．この第 1 項は，$y=a/a_{\mathrm{eq}}$ とともに増加する成長解を表し，第 2 項は $y\to\infty$ で $4c_2/(15y^{3/2})$ のように減衰する解を表す．したがって CDM の揺らぎは，

$$\hat{\delta}_c\simeq c_1\left(1+\frac{3}{2}\frac{a}{a_{\mathrm{eq}}}\right) \tag{8.62}$$

のように成長する．$a\ll a_{\mathrm{eq}}$ から $a=a_{\mathrm{eq}}$ までに，$\hat{\delta}_c$ は 5/2 倍になる．この時期にはまだ $\hat{\delta}_c$ は十分成長しておらず，CDM によって作られる重力ポテンシャル Ψ は小さい．しかし $a>a_{\mathrm{eq}}$ では，(8.62) の右辺の括弧の中の第 2 項が支配的になり，$\hat{\delta}_c\propto a$ のように成長する．

バリオンの揺らぎは，光子との結合が切れる $a=a_*$ 以降に成長を始める．$a>a_*$ では，(8.57) で $c_s^2\to 0$ の極限をとり，また $\bar{\rho}_b\hat{\delta}_b$ を $\bar{\rho}_c\hat{\delta}_c$ に対して無視すると，

$$\ddot{\hat{\delta}}_b+2H\dot{\hat{\delta}}_b-4\pi G\bar{\rho}_c\hat{\delta}_c\simeq 0 \tag{8.63}$$

となる．この式は，CDM が作る重力ポテンシャル Ψ を主な源として，バリオンの揺らぎが成長することを示す．物質優勢期では，(8.58) と (8.59) において $y\gg 1$ の極限を取り，$3H^2\simeq 8\pi G\bar{\rho}_c$, $\dot{H}/H^2\simeq -3/2$ が成り立つ．この時期には，(8.63) で $\tilde{y}=a/a_*$ とおくと，

$$\frac{\mathrm{d}^2\hat{\delta}_b}{\mathrm{d}\tilde{y}^2}+\frac{3}{2\tilde{y}}\frac{\mathrm{d}\hat{\delta}_b}{\mathrm{d}\tilde{y}}-\frac{3}{2\tilde{y}^2}\hat{\delta}_c=0 \tag{8.64}$$

を得る．$a>a_*$ では，CDM の揺らぎは $\hat{\delta}_c\propto a\propto\tilde{y}$ のように成長するから，$\hat{\delta}_c=C\tilde{y}$（$C$ は定数）と表せる．このとき (8.64) の解は，積分定数を C_1, C_2 として，

$$\hat{\delta}_b=\left(1+\frac{C_1}{\tilde{y}}+\frac{C_2}{\tilde{y}^{3/2}}\right)C\tilde{y} \tag{8.65}$$

で与えられる．$\tilde{y}=1$ で $\hat{\delta}_b=0, \mathrm{d}\hat{\delta}_b/\mathrm{d}\tilde{y}=0$ という初期条件の場合，$C_1=-3$,

$C_2 = 2$ であるから，解として

$$\hat{\delta}_b = \left(1 - \frac{3}{\tilde{y}} + \frac{2}{\tilde{y}^{3/2}}\right)\hat{\delta}_c \tag{8.66}$$

を得る．$\tilde{y} \gg 1$ の極限で $\hat{\delta}_b \simeq \hat{\delta}_c$ となり，**バリオン揺らぎの CDM 揺らぎへの追いつき**が起こる（図 8.3 を参照）．このように，$a < a_*$ ですでに成長を始めている CDM の揺らぎによって作られる重力ポテンシャル Ψ を主な源として，$a > a_*$ でバリオン揺らぎが成長し始める．宇宙の大規模構造の主要な起源は CDM 揺らぎの方であり，$a > a_*$ でのバリオン揺らぎの成長のみでは，現在観測されている宇宙の大規模構造を説明できない．

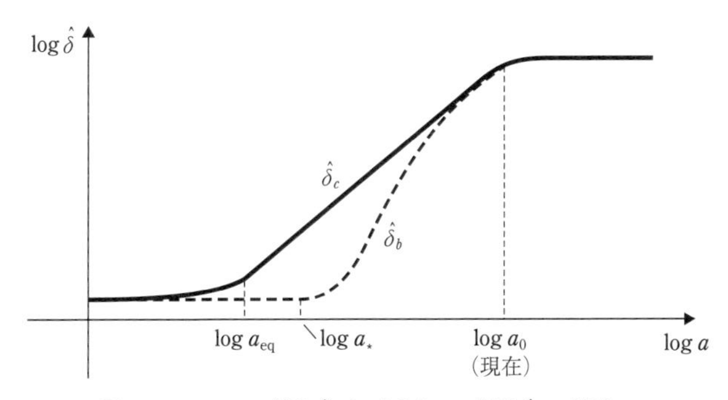

図 8.3 CDM の摂動 $\hat{\delta}_c$ とバリオンの摂動 $\hat{\delta}_b$ の進化．

また，重力ポテンシャル Ψ は実空間で (8.55) を満たしている．これから，フーリエ空間における Ψ は，ポアソン方程式

$$-k^2\Psi = 4\pi G a^2 \bar{\rho}_m \hat{\delta}_m \tag{8.67}$$

を満たす．右辺の $\hat{\delta}_m$ は，CDM とバリオンを合わせた摂動であり，

$$\hat{\delta}_m \equiv \frac{\bar{\rho}_c}{\bar{\rho}_m}\hat{\delta}_c + \frac{\bar{\rho}_b}{\bar{\rho}_m}\hat{\delta}_b\,, \qquad \bar{\rho}_m \equiv \bar{\rho}_c + \bar{\rho}_b \tag{8.68}$$

と定義されている．物質優勢期において，$\hat{\delta}_c \propto a$, $\hat{\delta}_b \propto a$ のように CDM とバリオンの摂動が成長しているとき，$\bar{\rho}_c \propto a^{-3}$, $\bar{\rho}_b \propto a^{-3}$ も用いて，

$$\Psi(a) = 一定 \tag{8.69}$$

を得る．また，付録 C の (C.10) から，線素 (7.48) の空間部分の摂動 Φ は，時間部分の摂動 Ψ と $\Phi = -\Psi$ の関係があり，(8.69) の下で $\Phi(a)$ も時間的に一定である．

なお，宇宙が暗黒エネルギー支配期 $(a > a_{\mathrm{eq},2})$ に入ると，$\hat{\delta}_c$ と $\hat{\delta}_b$ の成長率は物質優勢期のときよりも小さくなる．この時期には，(8.68) で定義される CDM とバリオンを合わせた物質揺らぎ $\hat{\delta}_m$ は，

$$\ddot{\hat{\delta}}_m + 2H\dot{\hat{\delta}}_m - 4\pi G\bar{\rho}_m\hat{\delta}_m = 0 \tag{8.70}$$

を満たす．e-foldings 数 $N = \log a$ の微分を用いて，(8.13) と同様に (8.70) を書き直すと，

$$\hat{\delta}_m'' + \left(2 + \frac{H'}{H}\right)\hat{\delta}_m' - \frac{3}{2}\Omega_m\hat{\delta}_m = 0 \tag{8.71}$$

となる．ここで，$\Omega_m = 8\pi G\rho_m/(3H^2)$ である．ΛCDM 模型を考え，宇宙が $H =$ 一定，$\Omega_m = 0$ のド・ジッター解に近づいたとき，(8.71) は $\hat{\delta}_m'' + 2\hat{\delta}_m' = 0$ となるから，解として

$$\hat{\delta}_m = C_1 + C_2 e^{-2N} = C_1 + C_2 a^{-2} \tag{8.72}$$

を得る．ここで，$C_2 a^{-2}$ は減衰項であり，$\hat{\delta}_m$ はやがて一定値 C_1 に近づき，揺らぎは成長しなくなる．つまり，暗黒エネルギーが支配する加速膨張期には，重力と逆向きの斥力の存在で構造形成が抑制される．以上から，$\hat{\delta}_c$ と $\hat{\delta}_b$ の進化の様子をまとめると，図 8.3 のようになる．現在の宇宙では，揺らぎの成長率は物質優勢期における値より小さく，将来の漸近的な解 (8.72) に近づく途中にある．なお，加速膨張期での物質揺らぎの成長率は $\hat{\delta}_m \propto a$ よりも小さいため，(8.67) から $|\Psi|$ は，a の増加とともに減少する．つまり，物質優勢期に一定であった $|\Psi|$ $(= \Phi)$ は，宇宙が加速膨張期に入る頃に減少を始める．これにより，(7.82) の右辺の最後の積分項が，後期 ISW 効果として CMB の温度揺らぎに影響を与える．

8.4 銀河分布のパワースペクトル

物質揺らぎの成長によって銀河形成が起こるので，銀河分布の観測から求め

られるパワースペクトルを理論と比較することで，理論の検証ができる．実空間で観測される銀河の平均数密度を $\bar{n}_g$，位置 $\boldsymbol{x}$ における銀河の数密度を $n_g(\boldsymbol{x})$ とすると，この数密度揺らぎは $\delta_g(\boldsymbol{x}) = [n_g(\boldsymbol{x}) - \bar{n}_g]/\bar{n}_g$ で与えられる．このとき，$\delta_g(\boldsymbol{x})$ の **2 点相関関数**は，統計的な平均量として

$$\xi(|\boldsymbol{x} - \boldsymbol{x}'|) = \langle \delta_g(\boldsymbol{x})\delta_g(\boldsymbol{x}') \rangle \tag{8.73}$$

と定義される [58, 59]．宇宙が大域的に一様等方であることを反映し，統計量 ξ は 2 点間の距離 $|\boldsymbol{x} - \boldsymbol{x}'|$ のみの関数である．実空間での摂動 $\delta_g(\boldsymbol{x})$ を，

$$\delta_g(\boldsymbol{x}) = \int \frac{\mathrm{d}^3 k}{(2\pi)^3} e^{i\boldsymbol{k}\cdot\boldsymbol{x}} \hat{\delta}_g(\boldsymbol{k}) \tag{8.74}$$

のように，フーリエモード $\hat{\delta}_g(\boldsymbol{k})$ の和で展開する．波数 $\boldsymbol{k}$ のフーリエ空間において，$\hat{\delta}_g(\boldsymbol{k})$ のパワースペクトル $P_g(k)$ を

$$\langle \hat{\delta}_g(\boldsymbol{k})\hat{\delta}_g(\boldsymbol{k}') \rangle = (2\pi)^3 \delta^{(3)}(\boldsymbol{k} + \boldsymbol{k}') P_g(k) \tag{8.75}$$

と定義する．(8.75) の右辺は $\boldsymbol{k}' = -\boldsymbol{k}$ 以外では 0 となり，宇宙の統計的な一様性と等方性から，P_g は波数ベクトルの大きさ $k = |\boldsymbol{k}|$ のみの関数である．(8.74) を (8.73) に代入し，(8.75) を用いると，

$$\xi(s) = \int \frac{\mathrm{d}^3 k}{(2\pi)^3} e^{i\boldsymbol{k}\cdot\boldsymbol{s}} P_g(k) \tag{8.76}$$

を得る．ここで $\boldsymbol{s} = \boldsymbol{x} - \boldsymbol{x}'$ であり，s はその大きさ $|\boldsymbol{s}|$ を表す．$\xi(s)$ は実空間での観測量であり，(8.76) から，フーリエ空間で $\xi(s)$ に対応する量がパワースペクトル $P_g(k)$ であることが分かる．

(8.68) で導入したフーリエ空間での物質揺らぎ $\hat{\delta}_m$ のパワースペクトル $P_m(k)$ も，(8.75) と同様に $\langle \hat{\delta}_m(\boldsymbol{k})\hat{\delta}_m(\boldsymbol{k}') \rangle = (2\pi)^3 \delta^{(3)}(\boldsymbol{k} + \boldsymbol{k}') P_m(k)$ で定義される．この $P_m(k)$ は質量分布に関する統計量である一方，$P_g(k)$ は銀河分布を反映する統計量である．銀河形成においては，小スケールで非線形過程が重要となり，$P_g(k)$ と $P_m(k)$ が互いに比例関係にあるかは自明でない．ただし，線形近似が有効な大スケールでは，$P_g(k)$ と $P_m(k)$ の間に比例関係が成り立つと考えられるので，両者を

$$P_g(k) = b^2(k) P_m(k) \tag{8.77}$$

のように結びつけたときの $b(k)$ を**バイアス**と呼ぶ．特に，$b(k)$ が定数の場合は線形バイアスと呼ばれる．

(8.67) において，$\Psi = -\Phi$ および非相対論的物質の密度パラメータ $\Omega_m^{(0)} = 8\pi G\rho_m^{(0)}/(3H_0^2)$ を用いると，現在 $(a = a_0)$ の $\hat{\delta}_m$ の値は，

$$\hat{\delta}_m(a_0) = \frac{2}{3\Omega_m^{(0)}}\left(\frac{k}{a_0 H_0}\right)^2 \Phi(a_0) \tag{8.78}$$

となる．このことから，現在の物質揺らぎのパワースペクトル $P_m(k, a_0)$ と，重力ポテンシャルのパワースペクトル $P_\Phi(k, a_0)$ の関係は，

$$P_m(k, a_0) = \frac{4}{9(\Omega_m^{(0)})^2}\left(\frac{k}{a_0 H_0}\right)^4 P_\Phi(k, a_0) \tag{8.79}$$

である．ここで P_Φ は，(8.75) の P_g と同様に，Φ の 2 点相関関数として定義されている．P_Φ の代わりに，(6.64) と同様な Φ のパワースペクトル $\mathcal{P}_\Phi \equiv k^3 P_\Phi/(2\pi^2)$ を定義すると，(8.79) の $P_m(k, a_0)$ のスケール依存性は

$$P_m(k, a_0) \propto k\,\mathcal{P}_\Phi(k, a_0) \tag{8.80}$$

となる．宇宙の過去から現在までの Φ の進化は波数 k によって異なるため，$\mathcal{P}_\Phi(k, a_0)$ は k 依存性を持つ．この進化は，揺らぎが輻射優勢期か物質優勢期のどちらでハッブル半径に入るかによって異なる．輻射物質等密度期 $(a = a_{\rm eq})$ に，ハッブル半径を横断する波数 $k_{\rm eq} = a_{\rm eq}H(a_{\rm eq})$ をまず求める．現在のスケール因子を $a_0 = 1$ として，$H(a_{\rm eq}) = H_0\sqrt{2\Omega_m^{(0)}/a_{\rm eq}^3}$ であることを用いると，

$$k_{\rm eq} = H_0\sqrt{\frac{2\Omega_m^{(0)}}{a_{\rm eq}}} \simeq 0.01\ {\rm Mpc}^{-1} \tag{8.81}$$

を得る．ただし，具体的な数値として $\Omega_m^{(0)} = 0.32$, $a_{\rm eq} = 1/3400$, (1.23) で $h = 0.7$ を用いた．

物質優勢期には，重力ポテンシャル Φ $(= -\Psi)$ は線形摂動の範囲で k によらずに時間的に一定であることを示したので，輻射優勢期での Φ の時間変化を考えてみよう．付録 C に，アインシュタイン方程式から導出された線形摂動方程式が与えられている．物質摂動として，輻射による寄与のみを考えると，(C.7) の右辺の $\bar{\rho}\delta$ が輻射の密度摂動 $\delta\rho_r$, (C.9) の右辺の δP が輻射の圧力摂

動 $\delta P_r = \delta\rho_r/3$ となる．(C.10) も用いると，(C.7) と (C.9) は，フーリエ空間において

$$3H\left(\dot{\Phi} + H\Phi\right) + \frac{k^2}{a^2}\Phi = 4\pi G\delta\rho_r\,, \tag{8.82}$$

$$\ddot{\Phi} + 4H\dot{\Phi} + \left(3H^2 + 2\dot{H}\right)\Phi = -\frac{4\pi G}{3}\delta\rho_r \tag{8.83}$$

となる．この両式から $\delta\rho_r$ を消去し，輻射優勢期 ($a \propto t^{1/2}$, $H = 1/(2t)$) には $\dot{H} = -2H^2$ であることを用いると，

$$\ddot{\Phi} + 5H\dot{\Phi} + \frac{k^2}{3a^2}\Phi = 0 \tag{8.84}$$

を得る．

波数 k が $k \ll k_{\rm eq}$ の範囲にある長波長の揺らぎの場合には，(8.84) の左辺の第 3 項を 0 とする近似を用いると，$\ddot{\Phi} + 5H\dot{\Phi} \simeq 0$ となる．この微分方程式の 2 つの独立な解のうち，支配的な解は

$$\Phi = 一定 \qquad (k \ll k_{\rm eq}) \tag{8.85}$$

である．つまり，物質優勢期と同じように，Φ は時間的に変化しない．非相対論的物質の摂動も考慮した詳細な計算では，輻射優勢期から物質優勢期へ移行する際に Φ は時間変化し，物質優勢期の Φ の値は輻射優勢期の 9/10 倍になり，暗黒エネルギー支配期に入ると減少を始める [60]．$k \ll k_{\rm eq}$ の大スケールの揺らぎの $\mathcal{P}_\Phi(k, a_0)$ の k 依存性は，インフレーション期に生成された曲率揺らぎのパワースペクトル $\mathcal{P}_\mathcal{R}(k) \propto k^{n_s - 1}$ の情報をそのまま保つ．ここで，n_s は (6.66) で定義されるスカラースペクトル指数である．つまり，$k \ll k_{\rm eq}$ の物質揺らぎの現在のパワースペクトル (8.80) は，

$$P_m(k, a_0) \propto k^{n_s} \tag{8.86}$$

という波数依存性を持つ．ここで，n_s は CMB の観測から (6.103) のように $n_s = 0.966$ 前後の値に制限されるので，$k \ll k_{\rm eq}$ では，$P_m(k, a_0)$ は k に関する増加関数である．

一方，$k \gg k_{\rm eq}$ で輻射優勢期にハッブル半径の中に入った揺らぎについては，(8.84) を輻射優勢期において $\eta = \int a^{-1}{\rm d}t$ 微分で書き直した式

$$\frac{\mathrm{d}^2\Phi}{\mathrm{d}\eta^2} + \frac{4}{\eta}\frac{\mathrm{d}\Phi}{\mathrm{d}\eta} + \frac{1}{3}k^2\Phi = 0 \tag{8.87}$$

を解けばよい．初期条件 $(\mathrm{d}\Phi/\mathrm{d}\eta)(0) = 0$ を満たす解は，

$$\Phi(\eta) = \frac{9\Phi(0)}{(k\eta)^3}\left[\sqrt{3}\sin\left(\frac{k\eta}{\sqrt{3}}\right) - k\eta\cos\left(\frac{k\eta}{\sqrt{3}}\right)\right] \qquad (k \gg k_{\mathrm{eq}}) \tag{8.88}$$

である．つまり Φ は，振幅が時間的に減少する減衰振動をし，物質優勢期にはその振幅は一定値に近づく．この減衰は，k が大きいほど初期に起こり始めることから，(8.80) の右辺の $\mathcal{P}_\Phi(k, a_0)$ は k の増加に伴い小さくなる．このことから，$k \gg k_{\mathrm{eq}}$ では $P_m(k, a_0)$ は k の減少関数となり，詳細な数値計算によると，$P_m(k, a_0) \propto k^{n_s - 4}(\ln k)^2$ という依存性を持つ [61].

図 8.4 に，2dF 銀河サーベイのパワースペクトル $P_g(k)$ から得られた，現在の $P_m(k)$ のデータ（エラーバー付きの黒点）を示す [62]．なお，(8.77) で $b = 1.1$ の線形バイアスを仮定している．また，ΛCDM 模型での $P_m(k)$ の理論曲線も実線でプロットしてある．この $P_m(k)$ は，$k = 0.015\ h\ \mathrm{Mpc}^{-1}$ 程度の波数でピークを持ち，この値は (8.81) の k_{eq} に近い．$k \lesssim k_{\mathrm{eq}}$ では，$P_m(k) \propto k^{n_s}$ の依存性を持つが，$k \gtrsim k_{\mathrm{eq}}$ で $P_m(k)$ は k に関する減少関数である．$k < 0.09\ h\ \mathrm{Mpc}^{-1}$ の大スケールでは，線形近似に基づく $P_m(k)$ の理

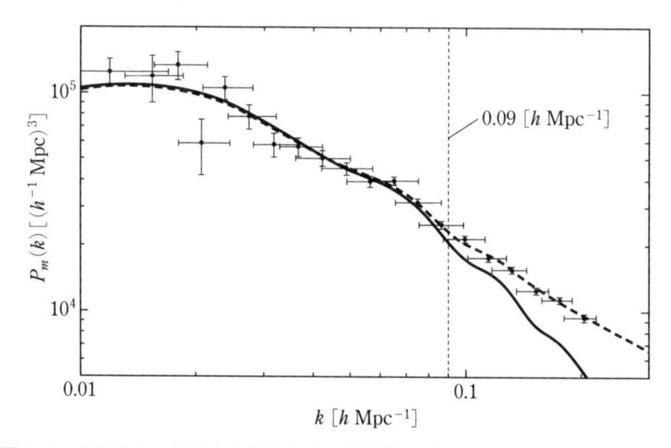

図 8.4 銀河分布の観測から得られた，物質揺らぎのパワースペクトル $P_m(k)$ のデータ（エラーバー付きの黒点）．$b = 1.1$ の線形バイアスを仮定している．実線は ΛCDM 模型で線形摂動論に基づいたときの理論曲線を表し，破線は非線形効果を考慮したときのパワースペクトルを表す [62].

論値は観測データと整合的である．$k > 0.09\,h\,\mathrm{Mpc}^{-1}$ の小スケールでは，揺らぎの非線形性が無視できない．そのような非線形効果を取り入れるために，N 個の粒子間に働く重力を考え，数値計算で物質揺らぎの進化を追う **N 体シミュレーション**のコードが開発されている．図 8.4 の破線が，そのような非線形効果を考慮した理論曲線であり，観測データと矛盾がない．

8.5 赤方偏移空間変形とバリオン音響振動

銀河分布は 3 次元的な広がりを持つが，天球面上での 2 次元分布に加えて，観測者から銀河までの奥行き方向の赤方偏移 z の情報を含めた 3 次元的な観測を，赤方偏移サーベイと呼ぶ．(8.31) から，物理的座標での天体の速度 $\boldsymbol{u}$ は，宇宙膨張による寄与 $\dot{a}\boldsymbol{x}$ と天体の特異速度 $\boldsymbol{v} = a\dot{\boldsymbol{x}}$ の和である．この特異速度のために，赤方偏移空間（天球面上での位置を角度 (θ, φ) 方向に取り，z を動径方向に取った 3 次元空間）で観測される天体の空間分布は，実空間での分布と違いを生じ，それを**赤方偏移空間変形**と呼ぶ．

図 8.5 の上側のように，大スケールで線形摂動論が有効な領域では，高密度の部分に天体が等方的に集まるため，銀河集団より手前にある天体は観測者から遠ざかり，銀河集団より遠方の天体は観測者に近づくように見える．そのた

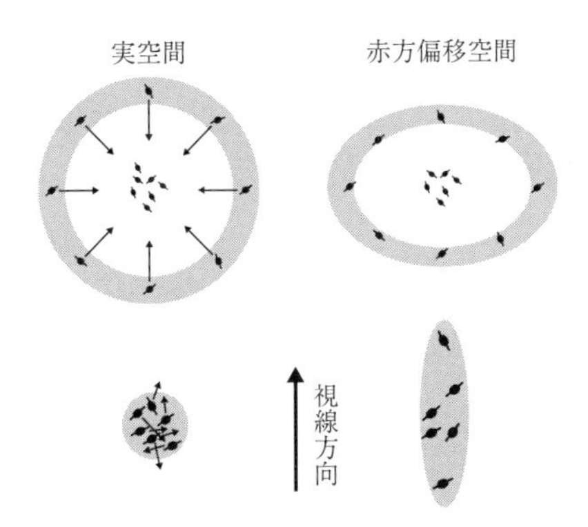

図 8.5 銀河の空間分布の赤方偏移空間変形．大スケール（上側）では，視線方向に分布が収縮して見え，小スケール（下側）では，視線方向に分布が引き延ばされて見える．

め，銀河分布が視線方向に収縮して見える．この効果を，最初に指摘したカイザー (Nick Kaiser) にちなんで，**カイザー効果**と呼ぶ [63]．一方，非線形性が効く小スケールでは，個々の銀河がランダムで大きな特異速度を持つために，赤方偏移空間での視線方向の銀河分布が引き延ばされて見える（図 8.5 の下側）．これを指に見立てて，神の指 (Fingers-of-God) と呼ぶ．

赤方偏移空間での銀河分布のパワースペクトル P_g^s は，(8.77) の $P_g = b^2 P_m$ と比べて，天体の特異速度 $\boldsymbol{v}$ による違いを持つ．特異速度は特定の方向を持つので，P_g^s は等方的でなく，波数 $\boldsymbol{k}$ の向きによる方向依存性 $P_g^s(\boldsymbol{k})$ を持つ．線形摂動の範囲では，$\boldsymbol{v}$ は (8.47) のように物質摂動 δ_m の時間変化 $\dot{\delta}_m$ と関係しているために，$P_g^s(\boldsymbol{k})$ の測定によって，δ_m の時間変化についての情報を得ることが可能である．δ_m の成長率に対応する無次元量として，$f = \dot{\delta}_m/(H\delta_m)$ がしばしば用いられる．P_m の振幅を半径 $8\,h^{-1}$ Mpc の球で平均した，δ_m の 2 乗期待値 $\langle|\delta_m|^2\rangle$ の平方根の値を $\sigma_8(z)$ としたとき，異なる z の赤方偏移空間での銀河分布の観測（$0.1 \lesssim z \lesssim 1.5$ の範囲）から，$f(z)\sigma_8(z)$ の値が制限されている（例えば，[64]）．小スケールでは揺らぎの非線形性が効くことも反映して，観測データのエラーバーは現状では大きいが，ΛCDM 模型に基づく物質揺らぎの理論予測と基本的に整合的である．

また，ここまでは CDM とバリオンの両方の揺らぎに関係する赤方偏移空間変形を議論してきたが，バリオンが CDM と異なる点は，宇宙の晴れ上がり時まで光子と強く結合していた点である．強結合時の光子・バリオン流体の音速は，(7.138) で与えられている．光子の温度揺らぎのパワースペクトルが，晴れ上がり時の音速地平線 $r_{s*} = \int_0^{\eta_*} c_s \mathrm{d}\tilde{\eta}$ に関係する位置 (7.116) に山を持つように，バリオンが光子と脱結合した際の音響振動も，大規模構造の分布の中にその痕跡が残っているはずである．実際に 2005 年に，銀河分布の 2 点相関関数から，**バリオン音響振動** (**Baryon Acoustic Oscillations**; **BAO**) の山が，r_{s*} に相当する位置に検出された [18]．r_{s*} は (7.158) で与えられているので，(7.130) の R_s を用い，Planck 衛星による CMB のデータからの最適値 $\Omega_b^{(0)} = 0.0224h^{-2}$, $\Omega_c^{(0)} = 0.120h^{-2}$, $\Omega_\gamma^{(0)} = 2.47 \times 10^{-5}h^{-2}$ を $h = 0.7$ として代入し，

$$r_{s*} = 144 \text{ Mpc} \simeq 101\,h^{-1} \text{ Mpc} \tag{8.89}$$

を得る.

実空間での銀河分布の 2 点相関関数は (8.76) で与えられており，これはフーリエ空間での $P_g(k)$ と対応する．赤方偏移空間での 2 点相関関数は，$\xi_s(\boldsymbol{s}) = (2\pi)^{-3}\int \mathrm{d}^3k\, e^{i\boldsymbol{k}\cdot\boldsymbol{s}}P_g^s(\boldsymbol{k})$ であり，パワースペクトル P_g^s は波数 $\boldsymbol{k}$ による方向依存性を持つ．CMB の天球面上での温度揺らぎの展開と同様に，レイリー展開の式 (7.34) を $e^{i\boldsymbol{k}\cdot\boldsymbol{s}}$ に用いると，$\xi_s(\boldsymbol{s})$ は l による多重極展開の和で表せる．図 8.6 は，$l = 0$ の単極子に相当する 2 点相関関数 $\xi_s(s)$ を表す．赤方偏移空間での共動距離である s は，実空間での距離 r と比べて銀河の特異速度の分だけ異なるが，その差は摂動量で小さいので，近似的に $s \simeq r$ としてよい．図 8.6 を見ると，(8.89) の理論予測の通りに，$s \simeq r_{s*} \simeq 100\,h^{-1}$ Mpc 付近に $\xi_s(s)$ のピークがデータに現れている．

BAO の山の共動スケール r_{s*} は，宇宙初期から晴れ上がりまでの c_s の進化によるが，観測者からそのスケールを見たときの距離は宇宙後期の進化に依存するので，BAO の観測から暗黒エネルギーの性質に制限を与えることができる．空間的に平坦な時空で，図 8.7 のように赤方偏移 z にある直径 r_{s*} の球を

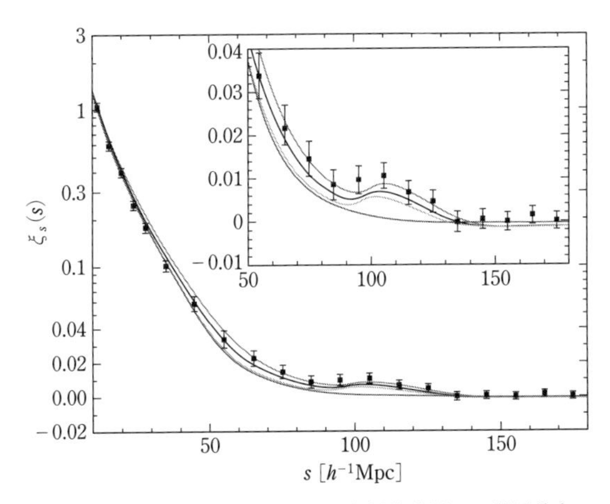

図 8.6 SDSS サーベイから得られた，赤方偏移空間での銀河分布の 2 点相関関数 ξ_s の共動スケール s に関する依存性 [18]．この銀河分布の赤方偏移は $z = 0.57$ である．3 つの実線は上から順に，$\Omega_b^{(0)}h^2$ を 0.024 に固定し，$\Omega_m^{(0)}h^2 = 0.12, 0.13, 0.14$ のように値を変えたときの理論曲線で，一番下の実線は，$\Omega_b^{(0)}h^2 = 0$, $\Omega_m^{(0)}h^2 = 0.105$ のときの理論曲線である．内側の図は，BAO の山の付近の拡大図を表す．

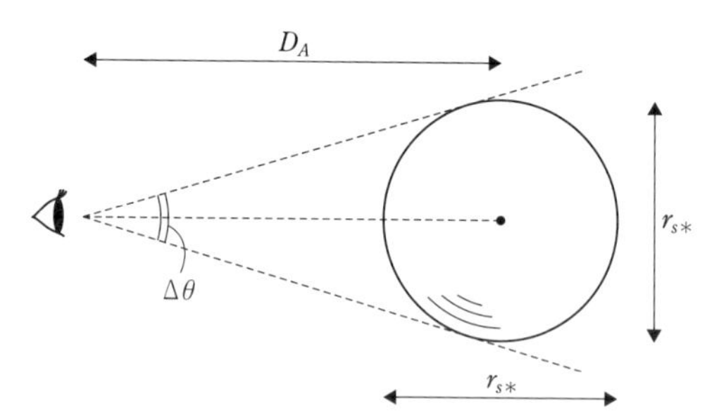

図 8.7 直径 r_{s*} の球を観測者が見込む角度 $\Delta\theta$ と共動距離 D_A．視線方向の奥行きに相当する赤方偏移が，$\Delta z = H(z)r_{s*}$ で与えられる．

観測者が見込む角度を $\Delta\theta$ とし，共動距離を $D_A(z)$ とすると，

$$\Delta\theta = \frac{r_{s*}}{D_A(z)} \tag{8.90}$$

という関係がある．(7.30) と同様に，$D_A(z) = \int_0^z \mathrm{d}\tilde{z}/H(\tilde{z})$ である．また，球の視線方向の奥行きの長さ r_{s*} に相当する赤方偏移の差を Δz とすると，この領域では $H(z)$ は変化しないと近似して，$r_{s*} \simeq \Delta z/H(z)$，すなわち

$$\Delta z = H(z)r_{s*} \tag{8.91}$$

を得る．$(\Delta\theta, \Delta z)$ に関する 2 次元相関関数を赤方偏移空間で考えると，r_{s*} 付近のスケールでは揺らぎの振幅が大きいため，円が楕円に変形して見えるバリオン音響リングとして観測される．ただし，この 2 次元相関関数から宇宙論パラメータの情報を引き出すには，多くの赤方偏移で $100\,h^{-1}$ Mpc 付近のデータを入手する必要があり，広範囲で精度の高い観測が必要になる．

2 次元相関関数の代わりに，(8.90) と (8.91) を平均化した 1 次元相関関数

$$r_{\mathrm{BAO}}(z) \equiv \left[(\Delta\theta)^2 \frac{\Delta z}{z}\right]^{1/3} = \frac{r_{s*}}{[D_A^2(z)zH^{-1}(z)]^{1/3}} \tag{8.92}$$

がしばしば用いられる．(8.92) の分母は，宇宙の膨張則と関係する量 $H(z)$ と $D_A(z)$ を含む距離 $D_V(z) \equiv [D_A^2(z)zH^{-1}(z)]^{1/3}$ であり，BAO の観測データから宇宙進化の情報を引き出せる．例えば WiggleZ サーベイでは，3 つの異なる赤方偏移 $z = 0.44, 0.60, 0.73$ で，

$$r_{\mathrm{BAO}}(0.44) = 0.0916 \pm 0.0071\,, \tag{8.93}$$

$$r_{\mathrm{BAO}}(0.60) = 0.0726 \pm 0.0034\,, \tag{8.94}$$

$$r_{\mathrm{BAO}}(0.73) = 0.0592 \pm 0.0032 \tag{8.95}$$

という制限が得られている [65]. 第 9.3 節で見るように，このような BAO のデータからも，暗黒エネルギーの存在が検証できる.

8.6 星の進化

宇宙の構造形成は，CDM とバリオンの揺らぎが，まず局所的に重力で集まることで始まる. それにより，星のような小さな構造が誕生し，さらにそれらが重力によって集まり，銀河のようなより大きな構造を作る. 本節では，局所的な星の形成と進化およびその一生について概観していく.

8.6.1 原始星，主系列星，赤色巨星

宇宙が赤方偏移 $z = 3400$ 程度で物質優勢期に入り，輻射の量が減っていくと，宇宙には光る構造がない**暗黒時代**に入る. しかし，その宇宙暗黒時代でも物質揺らぎは成長しているので，揺らぎが十分大きくなると，最初の星である**原始星**が誕生し始める. 質量 M の球状の分布の中心から距離 r 離れた点で，単位質量の物体は重力ポテンシャル $\Psi(r) = -GM/r$ を持ち，その物体が中心方向に落下すると $\Psi(r)$ が減少する. その減少分のエネルギーが物体の運動エネルギーになり，さらにそれが熱放射のエネルギーに変わり出すと原始星が生まれる. 実際には，固体でなく気体の固まりが中心部に落下する際に加速され，中心の周りをガスが回転し始める. そのため，原始星は円盤状のガスが集まった構造をしており，赤方偏移 $z = 10$ の頃の宇宙で誕生したと考えられている.

多数の物質が重力収縮を起こし，星の中心の温度が約 10^6 K を超えると，4 つの水素核 (^{1}H) が結合し 1 つのヘリウム核 (^{4}He) になる**核融合反応**

$$4\,{}^1\mathrm{H} \to {}^4\mathrm{He} + 2\mathrm{e}^+ + 2\nu_\mathrm{e} \tag{8.96}$$

が進行を始める. この反応前後で質量欠損 Δm が生じるので，それに相当す

る静止エネルギー $E = \Delta m\, c^2$ が解放される．水素ガスが多く集まっているところでは原子核の数が多く，解放されるエネルギーの量は膨大であり，発生する熱でガスは一時的に膨張する．そして，この熱による圧力と重力による収縮が釣り合ったところで星は安定化する．このような水素核の核融合反応で安定に存在する星を**主系列星**と呼び，その寿命は典型的に 100 億年程度である．太陽も現在は主系列星であり，現在の年齢は約 45 億年である．

核反応は，星の表面付近と比べて温度の高い中心付近でより効率的に進行し，やがて中心部の水素核が燃え尽きヘリウム核となる．一方，より温度の低い星の外層部分では，まだ水素核が燃え尽きていない．そのため主系列星の進化の末期には，ヘリウムの内層と水素の外層という構造になる．内層では核融合のエネルギー源がなくなるため，重力による収縮が始まり，その重力エネルギーが解放されて外層を加熱する．外層では，(8.96) の核融合反応が依然として起こっているが，内層からの熱の外側への流出により，外層は膨張する．星の外層が大きく広がる（太陽では，今から約 63 億年後に現在の直径の 10 倍以上に広がる）ために星の表面温度が下がり，赤く見えるようになる．この状態の星を，**赤色巨星**と言う．

8.6.2 星の進化の末期

星がどのような終末を迎えるかは，恒星の質量 M による．太陽質量 $M_\odot = 1.989 \times 10^{30}$ kg を基準として，$M \lesssim 8M_\odot$ の場合は，最終的に**白色矮星**という輝いていない冷えた星になる．特に $M \lesssim 0.5M_\odot$ のときには，水素を赤色巨星の内部で使い切った後に新たな核反応が起こらず，中心から離れている外層が外側に流出し，中心部分だけが残される．中心部分は重力収縮するが，ある程度密度が高くなると，パウリの排他律によって電子が縮退圧という圧力を持つため，重力と釣り合い，安定な白色矮星として存在する．赤色巨星の質量 M が，$0.5M_\odot \lesssim M \lesssim 8M_\odot$ の場合には，中心部で水素が燃え尽きた後にも，ヘリウムが核融合反応で炭素 (C)，酸素 (O)，窒素 (N) を作る．そのため星全体の収縮が起こり，一時的に赤色巨星は安定化するが，外層が不安定となり，星全体が脈動する**セファイド変光星**となる．セファイド変光星は，図 1.7 のように，その変光周期と絶対等級が関係しているため，それを含む銀河までの距離の測定に使われる．ヘリウムが燃え尽きると変光星は外層を失い，最終的に白色矮星になる．太陽の場合，約 77 億年後に現在の直径の 200 倍以上まで一時的に膨張し，その後に白色矮星へと進化する．電子の縮退圧で支えられる白色矮星の質量には，**チャンドラセカール限界**と呼ばれる上限 $M_{\max}$ があり，$M_{\max} \simeq 1.4M_{\odot}$ 程度である [66].

質量が $8M_{\odot} \lesssim M \lesssim 10M_{\odot}$ の恒星では，ヘリウムが燃え尽きた後も，C, O, N からネオン (Ne)，マグネシウム (Mg) などを作る核反応が進行する．この段階で核が縮退し，主に電子の縮退圧で重力を支えるようになるが，Ne, Mg が電子の捕獲反応を起こし始め，電子と陽子が結合した中性子で星の中心部が占められるようになる．電子が捕獲されて星の圧力が急激に下がることで**重力崩壊**が始まる．この重力崩壊は，中性子の縮退圧で重力と釣り合うようになった中心核部分で停止するので，その上の層は強く跳ね返される．その結果として，外側に向かって衝撃波が生じ，**超新星爆発**が起こる．爆発後には，主に中性子の核から構成される**中性子星**が残る．

質量が $10M_{\odot} \lesssim M \lesssim 30M_{\odot}$ の星では，O の核融合反応によりケイ素 (Si) が，さらに Si から鉄 (Fe) が合成される．Fe は原子核の中で核子 1 個あたりの結合エネルギーが最大であり，それ以上の核融合反応は起こらない．星の中心部の温度が 10^{10} K を越えると，Fe が光を吸収して分解する反応

$$^{56}\mathrm{Fe} + \gamma \to {}^{13}\mathrm{He} + 4{}^{1}\mathrm{n} \tag{8.97}$$

が起こり始め，急激に星の内部の圧力が下がり，重力崩壊を始める．同時に陽子の電子捕獲も進行するため，星の中心部は主に中性子で占められるようになる．中性子の芯に向けて，Fe が外側から落ち込んでくることで衝突が起こり，中性子核から放出されるニュートリノで衝撃波は増幅され，超新星爆発が起こる．中心には，半径が 10 km 程度，質量が $M \lesssim 2.5M_{\odot}$ の中性子星が残される．

質量が $M \gtrsim 30M_{\odot}$ の星では，超新星爆発が起こった後，中心部の中性子の縮退圧で星を支えることができず，重力によって収縮を続ける．このような一方的な重力崩壊を起こす天体を**ブラックホール**と呼ぶ．

なお，宇宙初期のビッグバン元素合成では，Li 程度までの軽元素しか生成されなかったが，上記のような星の内部の核融合反応で Fe までの元素ができる．Fe よりも重い重元素の大部分は，超新星爆発の際の圧力によって生成さ

れる．このように，星の進化の末期に起こる超新星爆発は，超エネルギーの大規模な天体現象であり，それによって局所的に密度が高い部分ができると，その部分が重力で集まることによって再び原始星が誕生する．このように，星の一生が終わった後にまた新たな星が生み出されるという，輪廻転生を繰り返している．実際に，太陽系には重元素が多く存在し，太陽系は超新星爆発の残骸から誕生したと考えられている．

8.6.3 ブラックホール

ブラックホールの存在は，一般相対論のアインシュタイン方程式 (1.24) から理論的に予言され，1915 年にシュヴァルツシルト (Karl Schwarzschild) は，静的・球対称時空の真空解を最初に導出した．ブラックホールの重力は非常に強く，その表面から外側に放出された物体はその引力圏を脱出できない．一般に，半径 R，質量 M の球状の天体の表面から，遠心方向に速度 V で放たれた質量 m の質点を考え，天体の中心からの距離が r のときの質点の速度を v とする．ニュートン力学でのエネルギー保存則を適用すると，

$$\frac{1}{2}mV^2 - G\frac{mM}{R} = \frac{1}{2}mv^2 - G\frac{mM}{r} \tag{8.98}$$

が成り立つ．質点が無限遠に達する条件は，$r \to \infty$ で $v > 0$ より，

$$\frac{1}{2}mV^2 - G\frac{mM}{R} > 0 \quad \to \quad V > \sqrt{\frac{2GM}{R}} \tag{8.99}$$

で与えられる．質点の速度 V が光速 c に近くなっても，質点が天体の引力圏から脱出できない条件は，$c < \sqrt{2GM/R}$ すなわち

$$R < r_g \equiv \frac{2GM}{c^2} \tag{8.100}$$

である．この r_g を**シュヴァルツシルト半径**と呼び，半径 R が r_g よりも小さい天体がブラックホールである．この結果はニュートン力学に基づいており，しかも光の場合は質量 0 なので議論の有効性を失うが，一般相対論でも (8.100) と同じ r_g の値になり，$R < r_g$ のブラックホールから光は脱出できない．r_g は質量 M のみに依存し，太陽では $r_g = 3$ km 程度である．つまり，太陽程度の質量のブラックホールの典型的な半径は数 km 以内である．

ブラックホールは光を放出しないため，その存在を直接光で見ることはできない．しかし，1971 年のはくちょう座 X-1 の X 線観測によって，青白く輝く主系列星の周りを回転する，輝いていない連星の存在が明らかになった．この連星系の運動の解析から，後者の暗い天体の質量が $10M_\odot$ 程度と見積もられ，さらに X 線光度の時間変動の解析から，その大きさが 300 km 以下の非常にコンパクトな天体であることが分かった．そのようなコンパクト天体の候補として中性子星を考えても，中性子の縮退圧で重力を支える限界があり，上限は $2.5M_\odot$ 程度である．白色矮星にも $1.4M_\odot$ 程度の上限があるため，はくちょう座 X-1 の連星系の輝いていない方の天体がブラックホールであることが間接的に示されたのである．その後，銀河系中心付近の電波観測が活発に行われ，中心部分に向けて高速で流れ込むガスの運動から，ほとんどの銀河の中心部に，質量が $10^6M_\odot$ から $10^{10}M_\odot$ にも及ぶ巨大ブラックホールが存在することが明らかになっている．

さらに 2019 年に，世界各地の電波望遠鏡をつないだ地球サイズのイベント・ホライズン望遠鏡によって，地球から 5500 万光年離れた巨大楕円銀河 M87 の中に存在する大きさ 0.01 光年（$\simeq 10^{11}$ km），質量 $6.5 \times 10^9 M_\odot$ のブラックホールの影（シャドウ）の観測が発表された [67]．ブラックホールの周囲に，明るく輝くガスや塵の分布が存在すれば，それらの発する光を観測することが可能である．ただし曲がった時空では，光の経路は図 8.8 の左側のように，中

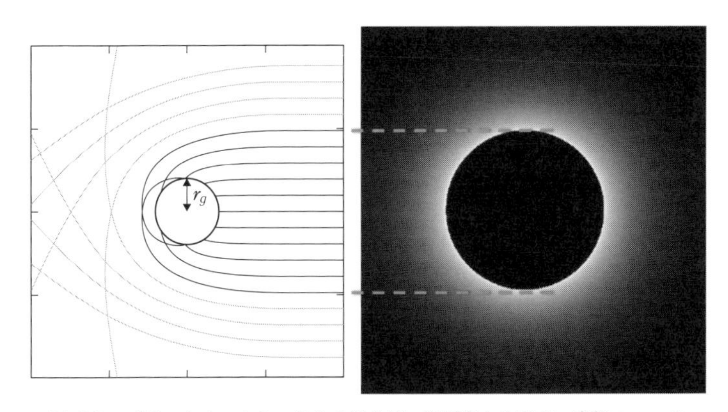

図 8.8 ブラックホールシャドウの概念図．観測者から見て，半径 $2.5r_g$ の内側の領域では，光は観測者に届かないが，その外側からの光は届くので，ブラックホールの黒い影が明るい領域の中に見える．

心の天体の内側に回り込むように曲線を描く．一般相対論に基づく計算によると，無回転ブラックホールの場合，半径が $2.5r_g$ の内部の黒い実線の領域では，光はブラックホールに吸い込まれるため，観測者には届かない．しかし，それよりも外側の光は観測者に到達するため，光子リングと呼ばれる半径 $2.5r_g$ 付近の領域は明るく見え，リングの内側にブラックホールの影が映し出される（図 8.8 の右側）．この内側の黒い領域を**ブラックホールシャドウ**と呼ぶ．

このようなブラックホールシャドウの撮影の成功に加えて，ブラックホール連星系が合体する際に放出された重力波が，2015 年に米国の LIGO によって検出され，強重力場領域での物理現象を観測から検証できる時代に入った．そのような時空の歪みを記述する基盤となる理論は一般相対論であり，今後の観測の進展によって，強い重力場中でどの程度正しく一般相対論が成り立っているか，もしくはその理論を超える兆候があるかを精査できると期待されている．

第 9 章

暗黒エネルギー

宇宙の長い歴史の中で，赤方偏移 $z = 0.6$ 程度の時期に宇宙は加速膨張期に入ったことが観測から示唆されているが，本章ではまずそのいくつかの観測的な証拠について解説していく．続いて，加速膨張の起源となる暗黒エネルギー模型の候補について述べ，観測からの模型の選別について考える．

9.1 光度距離と宇宙の膨張率

1980 年代から 1990 年代の前半にかけて，暗黒物質とバリオンだけでは宇宙に存在する物質量が不足しているという問題がすでに指摘されていた．その一つとして，第 3.3 節で述べた宇宙年齢の問題があり，また暗い銀河の観測数が，物質優勢期に基づく理論予測と合わないという問題も指摘されていた [68]．これらの問題は，密度が一定の宇宙項を導入することで解決が可能であると指摘する論文もあったが，小さな値の宇宙項を理論的に説明するのが困難なだけでなく，観測的な不確定性もあり，宇宙項の存在が確証されるに至らなかった．

この状況が変わったのは，1990 年代後半に，赤方偏移 z が 0.5 を超える遠方の宇宙の膨張率 $H(z)$ が，超新星の観測から測定できるようになってからである．その観測に用いられたのは，(1.15) で定義される**光度距離** $d_L(z)$ である．本節ではまず，$d_L(z)$ が $H(z)$ とどのように関係するかについて調べていく．

空間的に平坦な一様等方宇宙で，図 9.1 のように赤方偏移 z_1 の光源から観測者 $(z = 0)$ までの光の伝搬を考える．観測者の位置を原点 $(r = 0)$ として，動径方向の共動距離を r とし，光源の位置を r_1 とする．微小時間 $\mathrm{d}t$ の間の観測者方向の光の変位を $\mathrm{d}r$ として，(3.36) から，$c = 1$ の単位系で $0 = -\mathrm{d}t^2 + a^2(t)\mathrm{d}r^2$ が成り立つ．$\mathrm{d}t > 0$ で $\mathrm{d}r < 0$ の解は，$\mathrm{d}r/\mathrm{d}t = -1/a(t)$ を満たすから，

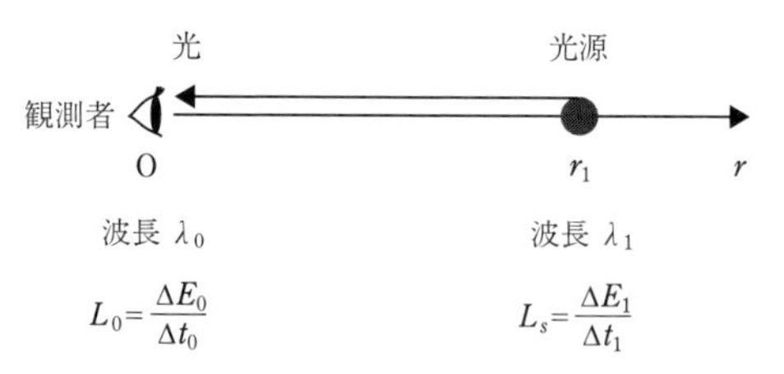

図 9.1 共動距離 r_1，赤方偏移 z_1 の光源から，観測者に向けて放たれた光．宇宙膨張のため，光源での波長 λ_1 と観測される波長 λ_0 は異なる．

$$r_1 = \int_0^{r_1} \mathrm{d}r = -\int_{t_0}^{t_1} \frac{\mathrm{d}t}{a(t)} \tag{9.1}$$

となる．ここで，t_1 は光源から光が放出された時刻，t_0 は観測者が光を受信した時刻である．赤方偏移 z と宇宙の膨張率の関係 (3.25)，すなわち $\mathrm{d}t/\mathrm{d}z = -1/[(1+z)H]$ を利用すると，(9.1) は

$$r_1 = \int_0^{z_1} \frac{\mathrm{d}z}{(1+z)aH} = \int_0^{z_1} \frac{\mathrm{d}z}{a_0 H(z)} \tag{9.2}$$

と表せる．2 つ目の等号では，$1+z = a_0/a$ を用いている（a_0 は現在のスケール因子）．光源と観測者の物理的距離 $\tilde{r}_1$ は，(9.2) に a_0 を掛けて，

$$\tilde{r}_1 = a_0 r_1 = \int_0^{z_1} \frac{\mathrm{d}z}{H(z)} \tag{9.3}$$

である．光源を中心とし，$\tilde{r}_1$ を半径とする球を考えると，その表面積は $4\pi\tilde{r}_1^2$ である．観測者が測定する光の光度（単位時間あたりの光のエネルギー）を L_0 とすると，単位時間，単位面積あたりのエネルギーである**フラックス**は，

$$\mathcal{F} = \frac{L_0}{4\pi\tilde{r}_1^2} \tag{9.4}$$

で与えられる．

ここで注意すべき点は，(1.15) の右辺の L_s は，光源から光が放出されたときの絶対光度であり，宇宙膨張による赤方偏移のために，見かけの光度 L_0 とは異なる．具体的に，L_s と L_0 の関係を求めてみよう．図 9.1 で，光源から周期 Δt_1 の間に放たれる光子のエネルギーを ΔE_1，観測者がその光を周期 Δt_0 の間に受けたときのエネルギーを ΔE_0 とすると，

$$L_s = \frac{\Delta E_1}{\Delta t_1}, \qquad L_0 = \frac{\Delta E_0}{\Delta t_0} \tag{9.5}$$

である．光源での光の波長を λ_1, 観測者が受ける同じ光の波長を λ_0 とすると，赤方偏移の関係 $1 + z_1 = \lambda_0/\lambda_1$ が成り立つ．振動数 ν, 波長 λ の光子 1 個のエネルギーは $E = h_\mathrm{P}\nu = h_\mathrm{P}c/\lambda$ で与えられ，λ に反比例するから，

$$\frac{\Delta E_1}{\Delta E_0} = \frac{\lambda_0}{\lambda_1} = 1 + z_1 \tag{9.6}$$

を得る．また，$c = \lambda_1/\Delta t_1 = \lambda_0/\Delta t_0$ より

$$\frac{\Delta t_1}{\Delta t_0} = \frac{\lambda_1}{\lambda_0} = \frac{1}{1 + z_1} \tag{9.7}$$

が成り立つ．(9.5)–(9.7) から，

$$L_s = L_0 (1 + z_1)^2 \tag{9.8}$$

が得られる．$z_1 > 0$ で $L_s > L_0$ であり，光源での絶対光度 L_s と比べて，観測者が測定する見かけの光度 L_0 は小さくなる．

(9.4) と (9.8) を (1.15) に代入し，(9.3) を用いると，観測者から光源までの光度距離は

$$d_L(z_1) = (1 + z_1)\tilde{r}_1 = (1 + z_1) \int_0^{z_1} \frac{\mathrm{d}z}{H(z)} \tag{9.9}$$

で与えられる．z_1 を改めて z と書き，被積分関数の中の z を $\tilde{z}$ と書くと，

$$d_L(z) = (1 + z) \int_0^{z} \frac{\mathrm{d}\tilde{z}}{H(\tilde{z})} \tag{9.10}$$

を得る．これから，$H(z) = \left[\{d_L(z)/(1+z)\}'\right]^{-1}$ であり，様々な z での $d_L(z)$ が観測的に測定できれば，それから宇宙の膨張率 $H(z)$ の情報が引き出せる．$d_L(z)$ の測定には，(1.14) のように，光源の絶対等級 M と観測者の測る見かけの等級 m との差を用いる．

9.2 Ia 型超新星の観測からの後期加速膨張の発見

第 8.6 節で説明したように，超新星爆発は，質量 M が太陽質量 $M_\odot$ の 8 倍

を越える恒星がその進化の末期に起こす，非常に明るい大規模な爆発現象である．超新星のうち，水素の吸収線を含まないものをI型，含むものをII型と分類し，I型のうちケイ素を含むものをIa型と呼ぶ．**Ia型超新星**爆発は，それが起こった時期や場所によらず，その爆発のピーク時での明るさが決まっており，絶対等級で $M = -19$ 程度である．この**標準光源**としての性質を利用して，ある赤方偏移 z で起こったIa型超新星爆発からの光が観測者に届いたときの見かけの等級 m を測定すれば，関係式 (1.14) を用いて超新星までの光度距離 d_L を求めることができる．光源の z の値は，関係式 (1.12) を用いて，波長の伸びによって求められる．多くの赤方偏移 z で起こるIa型超新星爆発が観測できれば，$d_L(z)$ の z 依存性が分かるので，(9.10) から宇宙の膨張率の変化について知ることができる．

1990年代の観測で，CCD (Charged Coupled Device) と呼ばれる素子を使った電子の目を持つCCDカメラが広視野の望遠鏡に搭載されるようになり，その技術進歩で非常に遠方のIa型超新星の観測が可能になった．1990年代の後半には，$z > 0.5$ の高赤方偏移の超新星が発見され始め，それによって暗黒エネルギーがない場合とある場合の $d_L(z)$ の違いが明確に区別できるようになってきた．具体的に，空間的に平坦な宇宙で，状態方程式 $w_{\rm DE}$ が一定の暗黒エネルギー（現在の密度パラメータ $\Omega_{\rm DE}^{(0)}$）を考える．それ以外に，CDMとバリオンを合わせた非相対論的物質（状態方程式 $w_m = 0$，現在の密度パラメータ $\Omega_m^{(0)}$）を考える．(3.12) で，輻射の寄与を無視すると

$$H(z) = H_0\sqrt{(1-\Omega_{\rm DE}^{(0)})(1+z)^3 + \Omega_{\rm DE}^{(0)}(1+z)^{3(1+w_{\rm DE})}} \tag{9.11}$$

を得る．ただし，$\Omega_m^{(0)} = 1 - \Omega_{\rm DE}^{(0)}$ を用いている．(9.11) を (9.10) の $d_L(z)$ に代入して積分することで，与えられた $\Omega_{\rm DE}^{(0)}, w_{\rm DE}, z$ に対して d_L を数値的に求められる．$z \ll 1$ の超新星に対しては，近似式 $(1+z)^n \simeq 1 + nz$（ただし，n は定数）を用いて，z^2 のオーダーまで $d_L(z)$ を計算すると

$$d_L(z) \simeq \frac{1}{H_0}\left[z + \frac{1}{4}\left(1 - 3w_{\rm DE}\Omega_{\rm DE}^{(0)}\right)z^2\right] \tag{9.12}$$

を得る．$w_{\rm DE} < -1/3$, $\Omega_{\rm DE}^{(0)} > 0$ の暗黒エネルギーが存在するときの $d_L(z)$ は，$\Omega_{\rm DE}^{(0)} = 0$ のときよりも大きくなる．(9.12) は，$z \ll 1$ の近似を用いて求

められたが，z が 1 を越える領域でも，暗黒エネルギーがあると $d_L(z)$ は増加する．これは，宇宙が加速膨張をしていると，超新星がより遠方に見えることを示す．

具体的な Ia 型超新星のデータを用いて，観測値と理論値の比較を行ってみよう．1992 年と 1996 年に発見された，$z = 0.0186$ と $z = 0.828$ の Ia 型超新星の見かけの等級 m のデータは以下のようである．

$$\text{(i) 1992bc} \quad (z = 0.0186): \quad m = 15.4\,, \tag{9.13}$$

$$\text{(ii) 1996cl} \quad (z = 0.828): \quad m = 24.6\,. \tag{9.14}$$

(i) は $z \ll 1$ の領域にあるので，(9.12) で z の 1 次の項まで取れば十分で，光度距離は $d_L \simeq z/H_0 \simeq 7.97 \times 10^7$ pc 程度である．ただし，(1.23) の H_0^{-1} で $h = 0.7$ を用いている．(1.14) から，1992bc の絶対等級は，

$$M = 15.4 - 5\log_{10}\left(\frac{7.97 \times 10^7\ \text{pc}}{10\ \text{pc}}\right) \simeq -19.1 \tag{9.15}$$

と評価できる．$z \ll 1$ の Ia 型超新星は他にも数多く観測されており，上と同様な計算から，いずれも M は -19 前後の値であることが分かっている．

(ii) のデータは，z が 1 に近いので近似式 (9.12) は有効でない．(9.15) の M の値を用いて，1996cl までの光度距離 d_L を見積もると，

$$24.6 - (-19.1) = 5\log_{10}\left(\frac{d_L}{10\ \text{pc}}\right) \quad \to \quad d_L \simeq 5500\ \text{Mpc} \simeq 1.28H_0^{-1} \tag{9.16}$$

となる．暗黒エネルギーの起源として，特に宇宙項 ($w_{\rm DE} = -1$) の場合を考え，(9.11) を (9.10) の $d_L(z)$ に代入し，$\Omega_{\rm DE}^{(0)} = 0$, $\Omega_{\rm DE}^{(0)} = 0.7$ の 2 つの場合に数値積分すると，

$$\Omega_{\rm DE}^{(0)} = 0\ \text{のとき}, \qquad d_L(z = 0.828) = 0.95H_0^{-1}\,, \tag{9.17}$$

$$\Omega_{\rm DE}^{(0)} = 0.7\ \text{のとき}, \qquad d_L(z = 0.828) = 1.22H_0^{-1} \tag{9.18}$$

を得る．観測データに基づく 1996cl の d_L の値 (9.16) は，$\Omega_{\rm DE}^{(0)} = 0$ のときの理論値 (9.17) よりも，$\Omega_{\rm DE}^{(0)} = 0.7$ のときの理論値 (9.18) により近い．

ただし，このように 1 つのデータだけで暗黒エネルギーの存在を決定づけるのは十分でなく，様々な赤方偏移 z での Ia 型超新星のデータを用いた統計解

析によってその存在が立証される．1998年にリース，シュミットらのグループ [16] は，$0.16 < z < 0.62$ の範囲の10個のIa型超新星のデータを用いて，$\Omega_{\rm DE}^{(0)} > 0$ の宇宙項模型が $\Omega_{\rm DE}^{(0)} = 0$ の場合よりも好まれることを示した．パールマターらのグループ [17] は同年に，$0.18 < z < 0.83$ の範囲の42個のデータを用いて統計解析を行い，宇宙項が99％の確からしさで現在の宇宙に存在することを示した．

図9.2に，パールマターらのSupernova Cosmology Projectによる，Ia型超新星の見かけの等級 m の観測データが示されており，(1.14) から，m が大きいほど超新星までの光度距離 d_L は大きい．図9.2の理論曲線は，平坦な宇宙で $\Omega_{\rm DE}^{(0)}$ を変化させたものであり，$\Omega_{\rm DE}^{(0)}$ が増加するほど，m すなわち d_L は増えて，超新星はより遠方に観測される．観測データは，$\Omega_{\rm DE}^{(0)} = 0$ の理論曲線よりも，$\Omega_{\rm DE}^{(0)} > 0$ の理論曲線の側に寄っていることが確認できる．

赤方偏移 z_i $(i = 1, \cdots, N)$ にある N 個のIa型超新星のデータを用いて統計解析を行うには，その見かけの等級 $m(z_i)$ と絶対等級 M の差 $\mu(z_i) \equiv m(z_i) - M = 5\log_{10}[d_L(z_i)/10\ {\rm pc}]$ に関する観測値 $\mu_{\rm obs}(z_i)$ と理論値 $\mu_{\rm th}(z_i)$ の違いに注目する．観測値 $\mu_{\rm obs}(z_i)$ の誤差を σ_i として，カイ2乗と呼ばれる統計量

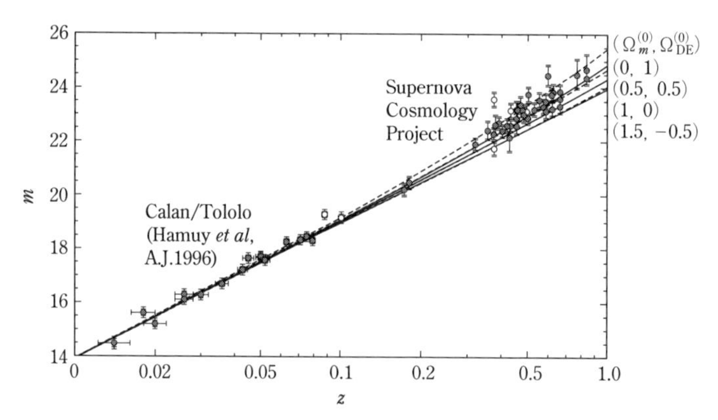

図 9.2　Ia型超新星の見かけの等級 m と赤方偏移 z の1998年の観測データ [17]．$z \gtrsim 0.2$ のエラーバー付きの丸が，Supernova Cosmology Projectによって，1990年代の後半に観測されたデータを表す．4つの線は上から順に，空間的に平坦な宇宙で $(\Omega_m^{(0)}, \Omega_{\rm DE}^{(0)}) = (0, 1), (0.5, 0.5), (1, 0), (1.5, -0.5)$ の場合の理論曲線を表す．

$$\chi^2_{\rm SN} = \sum_{i=1}^{N} \frac{[\mu_{\rm obs}(z_i) - \mu_{\rm th}(z_i)]^2}{\sigma_i^2} \tag{9.19}$$

を計算する．$\chi^2_{\rm SN}$ を最小とする理論模型がデータと合う最適な場合である．パールマターらは，空間的に平坦な宇宙で宇宙項 ($w_{\rm DE} = -1$) が存在する場合に，$\Omega_m^{(0)}$（または $\Omega_{\rm DE}^{(0)}$）を変化させる統計解析を行い，68％の確からしさで $\Omega_m^{(0)} = 0.28^{+0.09}_{-0.08}$ という制限を得た．この誤差は系統誤差であるが，統計誤差を含めたとしても，99％以上の確からしさで宇宙項が存在することを示した．つまり彼らの解析結果は，現在の宇宙の全エネルギーのうち，約70％が暗黒エネルギーであり，それによって宇宙が加速膨張をしていることを示していたのである．

1998年以降もIa型超新星のデータは増え続け，現在のデータ数は1000を越えている．パールマターらの解析では，宇宙項が仮定されていたが，暗黒エネルギーの起源として $w_{\rm DE} \neq -1$ の模型も考えられる．$w_{\rm DE}$ を定数と仮定し，$w_{\rm DE}$ と $\Omega_m^{(0)}$ の2つのパラメータを変化させたときの統計解析の結果を図9.3に示す．図の中のJLAは，“Joint Light-curve Analysis”の略であり，Ia型超新星のデータのみによる解析を示す．JLAの帯の外側と内側の輪郭の

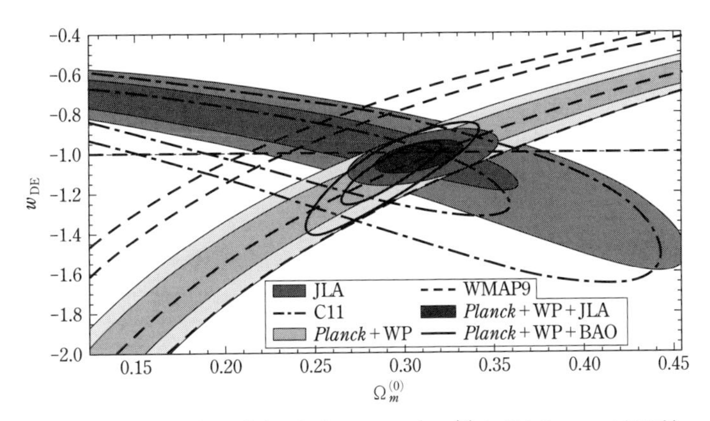

図 9.3 空間的に平坦な宇宙における，$w_{\rm DE}$ と $\Omega_m^{(0)}$ に対する，2014年の制限 [69]．JLA は SNLS-SDSS 超新星サーベイ，C11 は Supernova Legacy サーベイ，WMAP9 は WMAP 衛星による CMB の温度揺らぎ 9 年目の観測，Planck+WP は Planck 衛星の CMB の温度揺らぎと WMAP の偏光，BAO はバリオン音響振動を表す．それぞれの帯の外側と内側の輪郭の内側は，95％と68％の確からしさで統計的に好まれる領域を表す．

内側は，それぞれ 95％と 68％の確からしさで統計的に好まれるパラメータ領域である．$w_{\rm DE} = -1$ の場合には，$\Omega_m^{(0)}$ は 0.3 前後の値で制限されるが，$w_{\rm DE} \neq -1$ のときには $\Omega_m^{(0)}$ の許容範囲は広くなる．しかし JLA のデータだけからでも，$0.15 < \Omega_m^{(0)} < 0.45$ の範囲で，状態方程式は 95％の確からしさで $-1.6 < w_{\rm DE} < -0.6$ と制限されており，宇宙を加速膨張させる暗黒エネルギーが存在することは確実である．

9.3　CMB と BAO からの観測的な制限

Ia 型超新星のデータに，CMB と BAO のデータを加味すると，$w_{\rm DE}$ と $\Omega_m^{(0)}$ はより厳しく制限される．球面調和関数 Y_l^m を用いた CMB の温度揺らぎ Θ の展開 (7.26) において，光子の最終散乱面（赤方偏移 z_*）での音速地平線 r_{s*} に相当する l の値 l_A は，(7.161) の CMB シフトパラメータ $\mathcal{R}_{\rm CMB}$ を用いて，(7.160) で与えられている．暗黒エネルギーの存在は，$z = z_*$ から現在までの $H(z)$ の進化に影響を与えるので，それによって $\mathcal{R}_{\rm CMB}$ および l_A は変化する．つまり，CMB の温度揺らぎの山の位置が変わるので，それによって暗黒エネルギーの性質に制限を与えることが可能である．

Planck2015 の観測データから，68％の確からしさで

$$\mathcal{R}_{\rm CMB} = 1.7488 \pm 0.0074\,, \qquad l_A = 301.76 \pm 0.14 \tag{9.20}$$

という制限が得られている．この l_A の値が，図 7.2 の最初の山の位置 $l_1 \simeq 220$ と比べて大きいのは，(7.44) の C_l で球ベッセル関数 $j_l(kx)$ の 2 乗が $\mathcal{P}_\Theta(\boldsymbol{k})$ に掛かり，温度揺らぎの山の位置が l が小さい方にずれるのが主な理由である．空間的に平坦な宇宙で，暗黒エネルギーの状態方程式 $w_{\rm DE}$ が一定の場合，(3.12) から $E(z) = H(z)/H_0$ は

$$E(z) = \left[\Omega_r^{(0)}(1+z)^4 + \Omega_m^{(0)}(1+z)^3 + \Omega_{\rm DE}^{(0)}(1+z)^{3(1+w_{\rm DE})}\right]^{1/2} \tag{9.21}$$

であるので，$\Omega_r^{(0)}$ を固定して，$\Omega_m^{(0)}$ と $w_{\rm DE}$ を変えたときの $\mathcal{R}_{\rm CMB}$ を数値積分で求めることができる（$\Omega_{\rm DE}^{(0)} = 1 - \Omega_m^{(0)} - \Omega_r^{(0)}$ に注意）．

図 9.4 に，$\Omega_r^{(0)} = 8.5 \times 10^{-5}$，$z_* = 1090$ の場合の $\mathcal{R}_{\rm CMB}$ と $\Omega_m^{(0)}$ の関係

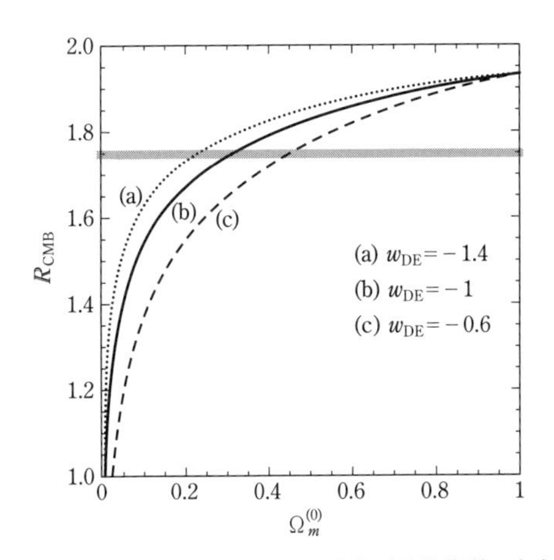

図 9.4 CMB シフトパラメータ $\mathcal{R}_{\rm CMB}$ と非相対論的物質の密度パラメータ $\Omega_m^{(0)}$ との関係．ただし，$\Omega_r^{(0)} = 8.5 \times 10^{-5}$, $z_* = 1090$ としている．(a), (b), (c) はそれぞれ，$w_{\rm DE} = -1.4, -1, -0.6$ の場合の理論曲線であり，灰色で囲まれた領域は，Planck2015 からの $\mathcal{R}_{\rm CMB}$ への制限を表す．

を，3 つの $w_{\rm DE}$ の値に対して示す．$w_{\rm DE} = -1$ のとき，Planck2015 による $\mathcal{R}_{\rm CMB}$ のデータ (9.20) から，$\Omega_m^{(0)}$ は 0.3 前後の値に制限される．$w_{\rm DE}$ の値が小さいほど，$\mathcal{R}_{\rm CMB}$ のデータを満たす $\Omega_m^{(0)}$ の値は小さくなる．この性質は，図 9.3 の Planck+WP のデータ（WP は WMAP 衛星による偏光のデータを表す）で制限される領域と整合的である．Ia 型超新星のデータ解析では逆に，$w_{\rm DE}$ が小さくなると $\Omega_m^{(0)}$ は増えることから，これと CMB のデータと合わせると，$w_{\rm DE}$ に対する制限は厳しくなる．

$\mathcal{R}_{\rm CMB}$ は (7.30) の共動角径距離 D_{A*} と関係する量であり，CMB の音響振動の山の位置に直接関係するのは，(7.160) の l_A の方である．l_A の中には，$\Omega_b^{(0)}$, $\Omega_\gamma^{(0)}$ 以外に，$a_{\rm eq}$ を通じて $\Omega_m^{(0)}$ の情報も入っており，観測データに基づく l_A の値 (9.20) も用いると，宇宙論パラメータに対するさらに強い制限が得られる．ただし，図 7.2 にある l が大きな小スケールの温度揺らぎのデータを詳細に用いるには，他の全ての宇宙論パラメータを変化させた統計解析が必要である．図 9.3 の許容領域は，そのような統計解析で得られたものである．JLA の Ia 型超新星のデータと Planck + WP のデータを用いた図 9.3 の解析では，**状態方程式** $w_{\rm DE}$ **が一定のとき**，95％の確からしさで

$$-1.2 < w_{\rm DE} < -0.9 \tag{9.22}$$

という制限が得られている．

第8.5節で解説したように，バリオンと光子の強結合期の名残であるBAOの観測データを用いて，$w_{\rm DE}$ にさらに制限を与えることができる．CMBと同様に，BAOの観測量である (8.92) の $r_{\rm BAO}(z)$ は，音速地平線 r_{s*} と観測者から銀河までの共動角径距離 $D_A(z)$ の情報を含む．赤方偏移空間での様々な銀河サーベイの観測から，(8.93)–(8.95) などの制限が得られている．このようなBAOのデータとPlanck+WPのデータを用いた図9.3の統合解析から，$w_{\rm DE}$ は95％の確からしさで $-1.4 < w_{\rm DE} < -0.9$ の範囲にある．つまり，Ia型超新星のデータを用いなくても，CMBとBAOのデータだけからでも $w_{\rm DE} < -1/3$ の暗黒エネルギーの存在が示唆されている．

また，図9.3の解析では $w_{\rm DE} =$ 一定が仮定されているが，第9.5節で見るように，具体的な暗黒エネルギーの理論模型では一般に $w_{\rm DE}$ は時間変化する．後者の場合の $w_{\rm DE}$ の許容範囲は，$w_{\rm DE}$ が一定のときと比べて一般に広くなる．しかしそのような模型でも，$z \lesssim 3$ 程度の低赤方偏移では，$w_{\rm DE}$ が -1 から大きくずれることはIa型超新星，CMB, BAOデータを用いた統合解析から許されず，$|w_{\rm DE}+1| \lesssim 0.2$ 程度である必要がある．$z \gg 1$ では，$w_{\rm DE}$ の -1 からのずれがより大きくても，現状の観測データと矛盾しない．

9.4 宇宙項

現在の宇宙の暗黒エネルギーの密度 $\rho_{\rm DE}^{(0)}$ は，その密度パラメータ $\Omega_{\rm DE}^{(0)} = \rho_{\rm DE}^{(0)}/(3M_{\rm pl}^2 H_0^2)$ が0.68程度であることから評価できる（$M_{\rm pl} = 2.4354 \times 10^{18}$ GeV は換算プランク質量）．自然単位系で，(4.4) と (4.5) の積 $E_{\rm pl} t_{\rm pl}$ は1であるから，1 GeV $= 1.5193 \times 10^{24}$ s^{-1} である．このことと (1.22) を用いて，H_0 をエネルギーの単位で表すと，

$$H_0 = 2.1331 \times 10^{-42}\, h\ {\rm GeV} \tag{9.23}$$

となる．$h = 0.7$ とすると，$\rho_{\rm DE}^{(0)}$ は

$$\rho_{\rm DE}^{(0)} \simeq 2M_{\rm pl}^2 H_0^2 \simeq 10^{-47}\ {\rm GeV}^4 \tag{9.24}$$

程度である．暗黒エネルギーの起源が宇宙項 Λ の場合，そのエネルギー密度は，宇宙初期から現在まで $\rho_\Lambda \simeq 10^{-47}$ GeV^4 で一定であったことになる．

すでに第 6.1 節で述べたように，スカラー場のような量子場は，不確定性原理が原因で，エネルギーの最低状態でも真空のエネルギーを持ち，その密度 ρ_{vac} は宇宙項のように一定である．質量 m の粒子の 4 元運動量を $p^\mu = (\omega, \boldsymbol{p})$ と表すと，$\omega = \sqrt{p^2 + m^2}$（ただし，$p = |\boldsymbol{p}|$ は運動量の大きさ）であり，調和振動子の場合の (6.23) の $n = 0$ のときのように，真空状態でのエネルギー密度の期待値は $\bar{\rho} = \omega/2$ である．$\bar{\rho}$ を運動量空間で積分すると，$p \to \infty$ で発散するので，小スケール（紫外線領域）で p に上限（カットオフ）Λ_{UV} を設定する．このときのエネルギー密度の真空期待値は，

$$\begin{aligned}\langle \rho \rangle &= \int \frac{\mathrm{d}^3 p}{(2\pi)^3} \frac{\omega}{2} = \int_0^{\Lambda_{\text{UV}}} \frac{\mathrm{d}p}{4\pi^2} p^2 \sqrt{p^2 + m^2} \\ &= \frac{\Lambda_{\text{UV}}^4}{16\pi^2} + \frac{m^2 \Lambda_{\text{UV}}^2}{16\pi^2} + \frac{m^4}{64\pi^2} \ln\left(\frac{m^2 e^{1/2}}{4\Lambda_{\text{UV}}^2}\right) + \mathcal{O}\left(\frac{m^6}{\Lambda_{\text{UV}}^2}\right) \end{aligned} \tag{9.25}$$

となる（e は自然対数の底）．ただし 2 行目の等号では，$\Lambda_{\text{UV}} \gg m$ の下で，Λ_{UV} の高次のベキの項から取り出す展開を行なっている．

量子論が信用できる上限の Λ_{UV} として，プランク質量 $m_{\text{pl}} \simeq 10^{19}$ GeV を取ると，(9.25) の最初の項は，$\langle \rho \rangle_{\text{UV}} = \Lambda_{\text{UV}}^4/(16\pi^2) \simeq 10^{74}$ GeV^4 程度となる．この値は，観測されている暗黒エネルギースケール (9.24) の約 10^{121} 倍と桁違いに大きい．$\langle \rho \rangle_{\text{UV}}$ の値はカットオフスケール Λ_{UV} の取り方に依存するが，素粒子の標準理論で現れる粒子が関係する質量やエネルギースケールに近い値に Λ_{UV} を取っても，上記の問題は存在する．例えば，質量 $m_{\text{e}} = 0.5$ MeV の電子の 10 倍 $\Lambda_{\text{UV}} = 10 m_{\text{e}}$ の場合，(9.25) の第 1 項と第 2 項はそれぞれ 4×10^{-12} GeV^4, 4×10^{-14} GeV^4 となり，依然として観測値 (9.24) と比べて桁違いに大きい．

現実の宇宙では，素粒子の標準模型の粒子が持ち得る大きな真空のエネルギーは，宇宙の過去の進化にほとんど影響を与えておらず，このことは量子論での真空のエネルギーは，宇宙の膨張率 H，すなわち重力とほぼ隔離していることを意味する．一般相対論では，真空のエネルギーを含む全ての物質がエネルギー運動量テンソル $T_{\mu\nu}$ に寄与し，アインシュタイン方程式 (1.24) を通じて，重力部分の $G_{\mu\nu}$ と関係する．このように，なぜ真空のエネルギーだけが

他の物質と異なり，重力とほぼ隔離しているのかという問題を**宇宙項問題**と言う [70]．つまり，重力と相互作用する真空のエネルギー $\rho_{\rm vac}$ は，

$$\rho_{\rm vac} \lesssim \rho_{\rm DE}^{(0)} \tag{9.26}$$

を満たし，過去の宇宙の進化で重力とほぼ隔離されていたのである．宇宙項問題を解決しようとする理論的な試みは数多くあるが，未だに完全な答えは得られていない．宇宙項問題の根源は，微視的な物理現象を扱う素粒子論でのエネルギースケールが，大スケールで起こる宇宙の後期加速膨張に関するエネルギースケール (9.24) と比べて，桁外れに大きいことに起因している．

また現状の観測において，CMB と超新星などの低赤方偏移サーベイから制限されるハッブル定数 H_0 の値に関して，ΛCDM 模型で両者の不一致問題が指摘されている．具体的には，(1.20) の h が，CMB では 0.67 前後，低赤方偏移の観測では 0.73 前後であり，両者が重複する h の範囲がほとんどない状況になっている．この不一致が統計的な誤差である可能性も否定できないが，宇宙項以外の暗黒エネルギーの起源を示唆している可能性もある．

9.5 スカラー場による模型

真空のエネルギー $\rho_{\rm vac}$ が重力と完全に隔離しており，そのエネルギー運動量テンソルに対する寄与が 0 の場合，暗黒エネルギーとして他の起源を考える必要がある．そのような模型の例として，インフレーションと同様に，スカラー場 ϕ のポテンシャルエネルギー $V(\phi)$ を用いたシナリオがある．暗黒エネルギーの起源となるスカラー場を，一般に**クインテッセンス**と呼ぶ [71–75]．宇宙には暗黒物質も存在し，暗黒エネルギーと暗黒物質が何らかの相互作用をしている可能性もあり，そのような模型を**結合したクインテッセンス**と呼ぶ [76, 77]．バリオンと輻射に関しては，宇宙の暗黒成分と結合しているとすると**第 5 の力**を引き起こすが，そのような力は現状で見つかっていないので，それらの結合は十分に小さい必要がある．

本節では，暗黒エネルギーの起源となるスカラー場 ϕ が，暗黒物質とのみ結合している場合の背景時空の宇宙進化を調べ，結合定数が 0 のときのクイン

テッセンスと比較したときの観測量の違いについて調べる．なお，暗黒物質として圧力 0 の CDM のみを考え，バリオンのエネルギー密度は暗黒物質に対して 20％ 程度と小さいので，以下の議論でバリオンの寄与は無視する．

重力セクターについては，ラグランジアンがスカラー曲率 R で与えられる一般相対論で記述されるとすると，結合したクインテッセンスの作用は，

$$\mathcal{S} = \int \mathrm{d}^4x\sqrt{-g}\left[\frac{M_{\mathrm{pl}}^2}{2}R - \frac{1}{2}g^{\mu\nu}\partial_\mu\phi\partial_\nu\phi - V(\phi)\right] + \mathcal{S}_m(\phi) + \mathcal{S}_r \tag{9.27}$$

と表せる．ここで $\mathcal{S}_m, \mathcal{S}_r$ はそれぞれ，暗黒物質，輻射の作用を表し，$\mathcal{S}_m$ は ϕ 依存性を持つ．暗黒物質と暗黒エネルギーのエネルギー運動量テンソルをそれぞれ $T^\mu{}_{\nu(m)}, T^\mu{}_{\nu(\mathrm{DE})}$ として，それらの相互作用が

$$\nabla_\mu T^\mu{}_{\nu(m)} = +\beta_\nu\,, \tag{9.28}$$

$$\nabla_\mu T^\mu{}_{\nu(\mathrm{DE})} = -\beta_\nu \tag{9.29}$$

という形で記述されるとする．ここで ∇_μ は，付録 A の (A.3) で定義される共変微分であり，β_ν は結合の強さを特徴づける 4 元ベクトルである．$\beta_\nu = 0$ のときが，結合がない場合である．宇宙の 2 つの暗黒成分の起源が現状では不明なため，β_ν の形を一意的に決めらないが，代表的な例として，

$$\beta_\nu = -Q\rho_m\nabla_\nu\phi/M_{\mathrm{pl}} \tag{9.30}$$

を考える．ここで Q は無次元の結合定数であり，(9.30) のような相互作用は，スカラー・テンソル理論という枠組みで動機付けされる [37, 77]．スカラー場が時間的に変化すると，$\nabla_\nu\phi$ は 0 でないので，暗黒物質のエネルギー密度 ρ_m を通じて，スカラー場と暗黒物質の間にエネルギー流入が起こる．

線素 (3.35) で記述される一様等方時空での宇宙進化を考える．暗黒物質の圧力は 0 としているので，(A.20) から $T^\mu{}_{\nu(m)}$ の 0 でない成分は，$T^0{}_{0(m)} = -\rho_m$ のみである．スカラー場については，$T^\mu{}_{\nu(\mathrm{DE})}$ の 0 でない成分は，$T^0{}_{0(\mathrm{DE})} = -[\dot{\phi}^2/2+V(\phi)], T^1{}_{1(\mathrm{DE})} = T^2{}_{2(\mathrm{DE})} = T^3{}_{3(\mathrm{DE})} = \dot{\phi}^2/2-V(\phi)$ である．これらを用いると，(9.28) と (9.29) の $\nu = 0$ 成分は，

$$\dot{\rho}_m + 3H\rho_m = Q\rho_m\dot{\phi}/M_{\mathrm{pl}}\,, \tag{9.31}$$

$$\ddot{\phi} + 3H\dot{\phi} + V_{,\phi} = -Q\rho_m/M_{\rm pl} \tag{9.32}$$

となる．また，輻射はスカラー場と結合していないので，通常の連続方程式

$$\dot{\rho}_r + 4H\rho_r = 0 \tag{9.33}$$

を満たし，フリードマン方程式は

$$3M_{\rm pl}^2 H^2 = \frac{1}{2}\dot{\phi}^2 + V(\phi) + \rho_m + \rho_r \tag{9.34}$$

で与えられる．

宇宙進化を議論するために，無次元の変数

$$x = \frac{\dot{\phi}}{\sqrt{6}M_{\rm pl}H}\,, \qquad y = \frac{\sqrt{V(\phi)}}{\sqrt{3}M_{\rm pl}H}\,, \qquad \Omega_I = \frac{\rho_I}{3M_{\rm pl}^2 H^2} \tag{9.35}$$

を定義する（ただし，$I = m, r$）．このとき (9.34) から，

$$\Omega_m = 1 - \Omega_{\rm DE} - \Omega_r\,, \qquad \Omega_{\rm DE} = x^2 + y^2 \tag{9.36}$$

を得る．(9.34) を時間 t で微分して，(9.31)–(9.33) と (9.36) を用いると

$$\frac{\dot{H}}{H^2} = -\frac{1}{2}\left(3 + 3x^2 - 3y^2 + \Omega_r\right) \tag{9.37}$$

を得る．変数 x, y, Ω_r を時間 t で微分し，e-folding 数 $N = \log a$ での微分（プライム記号）を用いて書くと，微分方程式系

$$x' = \frac{x}{2}\left(3x^2 - 3y^2 - 3 + \Omega_r\right) + \frac{\sqrt{6}}{2}\lambda y^2 - \frac{\sqrt{6}}{2}Q(1 - x^2 - y^2 - \Omega_r), \tag{9.38}$$

$$y' = \frac{y}{2}\left(3 + 3x^2 - 3y^2 + \Omega_r - \sqrt{6}\lambda x\right), \tag{9.39}$$

$$\Omega_r' = \Omega_r\left(\Omega_r - 1 + 3x^2 - 3y^2\right) \tag{9.40}$$

を得る．ここで，

$$\lambda = -\frac{M_{\rm pl}V_{,\phi}}{V} \tag{9.41}$$

である．λ が定数，すなわち指数関数型ポテンシャル

$$V(\phi) = V_0 e^{-\lambda\phi/M_{\rm pl}} \tag{9.42}$$

のとき，微分方程式系 (9.38)–(9.40) は閉じている．つまり，与えられた x,

y, Ω_r の初期条件に対して，(9.38)–(9.40) を積分して解を求めることができ，このような系を**自励系**という．なおスカラー場の状態方程式は，圧力 $P_{\rm DE} = \dot{\phi}^2/2 - V(\phi)$, エネルギー密度 $\rho_{\rm DE} = \dot{\phi}^2/2 + V(\phi)$ の比で与えられ，

$$w_{\rm DE} = \frac{P_{\rm DE}}{\rho_{\rm DE}} = \frac{x^2 - y^2}{x^2 + y^2} \tag{9.43}$$

である．また，(3.24) で定義される全物質の寄与による実効的な状態方程式は，(9.37) を用いて

$$w_{\rm eff} = -1 - \frac{2\dot{H}}{3H^2} = x^2 - y^2 + \frac{1}{3}\Omega_r \tag{9.44}$$

と書ける．以下では，指数関数型ポテンシャル (9.42) のときに，$Q = 0$ と $Q \neq 0$ の 2 つの場合に分けて，宇宙進化を議論する．

9.5.1 クインテッセンス ($Q = 0$)

この場合，(9.38) の最後の項が 0 になる．自励系 (9.38)–(9.40) には，x, y, Ω_r が一定値になる**固定点**が存在し，その点では (9.38)–(9.40) の右辺が 0 である．後期加速膨張に関係する固定点 $\mathrm{P}_{\rm DE}$ は $\Omega_r = 0$ を満たし，

$$\mathrm{P}_{\rm DE} : (x, y, \Omega_r) = \left(\frac{\lambda}{\sqrt{6}}, \sqrt{1 - \frac{\lambda^2}{6}}, 0\right), \quad w_{\rm eff} = w_{\rm DE} = -1 + \frac{\lambda^2}{3} \tag{9.45}$$

で与えられ，(9.36) より，この点で $\Omega_{\rm DE} = 1$, $\Omega_m = 0$ である [78]．宇宙が加速膨張する条件は $w_{\rm eff} < -1/3$，すなわち

$$\lambda^2 < 2 \tag{9.46}$$

である．つまり，ポテンシャル (9.42) の傾きが (9.46) を満たす程度に緩やかであれば，スカラー場はポテンシャル上をゆっくりと転がり，加速膨張が起こる．なお，$\Omega_r = 0$ でかつ，x または y が 0 でない固定点として，$(x, y) = (\pm 1, 0)$ と $(x, y) = (\sqrt{6}/(2\lambda), \sqrt{3/(2\lambda^2)})$ もあるが，これらの $w_{\rm eff}$ の値はそれぞれ 1 と 0 であり，加速膨張の条件 $w_{\rm eff} < -1/3$ を満たさない．物質優勢期は，固定点

$$\mathrm{P}_m : (x, y, \Omega_r) = (0, 0, 0)\,, \qquad w_{\rm eff} = 0 \tag{9.47}$$

に相当し，(9.36) より $\Omega_{\rm DE}=0$, $\Omega_m=1$ である．輻射優勢期は，固定点

$$\mathrm{P}_r:(x,y,\Omega_r)=(0,0,1)\,,\qquad w_{\rm eff}=1/3 \tag{9.48}$$

で与えられ，$\Omega_{\rm DE}=0$, $\Omega_m=0$ を満たす．なお，もう一つの固定点 $(x,y,\Omega_r)=(2\sqrt{6}/(3\lambda),\sqrt{4/(3\lambda^2)},1-4/\lambda^2)$ も存在するが，(9.46) の条件の下で Ω_r が負であり，輻射優勢期を実現しない．

宇宙進化が，固定点として $\mathrm{P}_r\to\mathrm{P}_m\to\mathrm{P}_{\rm DE}$ のように進めば，輻射優勢期から物質優勢期を経て加速膨張期に入る．初期条件によらずに最終的に $\mathrm{P}_{\rm DE}$ に近づくかを判定するには，固定点 P の周りでの x, y, Ω_r の摂動 δx, δy, $\delta\Omega_r$ の振る舞いを見ればよい．(9.38)–(9.40) の線形摂動の方程式は

$$\begin{pmatrix}\delta x'\\ \delta y'\\ \delta\Omega_r'\end{pmatrix}=\mathcal{M}\begin{pmatrix}\delta x\\ \delta y\\ \delta\Omega_r\end{pmatrix},\qquad \mathcal{M}=\begin{pmatrix}f_{1,x} & f_{1,y} & f_{1,\Omega_r}\\ f_{2,x} & f_{2,y} & f_{2,\Omega_r}\\ f_{3,x} & f_{3,y} & f_{3,\Omega_r}\end{pmatrix}_{\mathrm{P}} \tag{9.49}$$

で与えられる．ここで，f_1, f_2, f_3 はそれぞれ (9.38), (9.39), (9.40) の右辺を表し，また $f_{1,x}=\partial f_1/\partial x$ であり，行列 $\mathcal{M}$ の成分は各固定点で計算する．もし行列 $\mathcal{M}$ の固有値 μ_i $(i=1,2,3)$ が，ある固定点の周りで全て正ならば，摂動が $e^{\mu_i N}$ のように増加するため，その固定点は**不安定点**である [78, 79]．$\mathcal{M}$ の固有値のうちいずれかが負で，残りが正であれば，固定点はある方向には安定でも別の方向には不安定であり，その場合を**鞍点**と呼ぶ．$\mathcal{M}$ の固有値が全て負，または虚数で実部が負ならば，その固定点は**安定点**である．

固定点 $\mathrm{P}_{\rm DE}$ に対して，$\mathcal{M}$ の固有値を計算すると，

$$\mathrm{P}_{\rm DE}:\lambda^2-3\,,\quad \lambda^2-4\,,\quad (\lambda^2-6)/2 \tag{9.50}$$

となる．加速膨張の条件 (9.46) の下で固有値は全て負であり，$\mathrm{P}_{\rm DE}$ は安定である．また，P_r と P_m の固有値はそれぞれ

$$\mathrm{P}_r:-1,\ \ 1,\ \ 2\,,\qquad \mathrm{P}_m:-3/2,\ -1,\ \ 3/2 \tag{9.51}$$

であり，共に鞍点である．よって $\lambda^2<2$ のとき，解は P_r と P_m から最終的に離れ，加速膨張を起こす安定点 $\mathrm{P}_{\rm DE}$ にアトラクターとして近づく．

図 9.5 の左側に，$Q=0$, $\lambda=0.5$ の場合の 3 つの密度パラメータと，$w_{\rm DE}$,

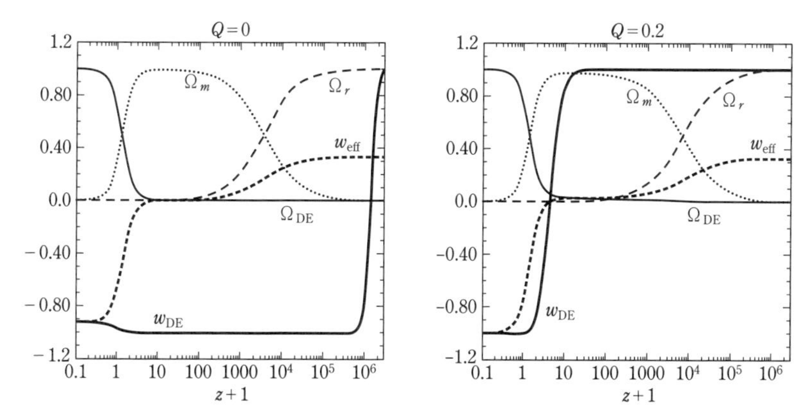

図 9.5 指数関数型ポテンシャル $V(\phi) = V_0 e^{-\lambda\phi/M_{\rm pl}}$ を持つスカラー場模型での，$\Omega_{\rm DE}$, Ω_m, Ω_r, $w_{\rm DE}$, $w_{\rm eff}$ の進化．横軸は赤方偏移 z に 1 を加えた量である．左側が，$Q = 0$, $\lambda = 0.5$ のクインテッセンスで，初期条件は $z = 3 \times 10^6$ で $x = 10^{-10}$, $y = 10^{-11}$, $\Omega_r = 0.99882$ である．右側が，$Q = 0.2$, $\lambda = 0.2$ の結合したクインテッセンスで，初期条件は $z = 2.5 \times 10^6$ で $x = 10^{-10}$, $y = 10^{-11}$, $\Omega_r = 0.9987$ である．

$w_{\rm eff}$ の変化を示す．初期の輻射優勢期 $(\Omega_r = 1,\ w_{\rm eff} = 1/3)$ から，物質優勢期 $(\Omega_m = 1,\ w_{\rm eff} = 0)$ に移行し，最終的に暗黒エネルギー支配期 $(\Omega_{\rm DE} = 1,\ w_{\rm eff} = -1 + \lambda^2/3 = -0.917)$ に近づいている．なおこの場合，加速膨張期 $(w_{\rm eff} < -1/3)$ に入るのは，$z = 0.62$ である．初期条件として，$z = 3 \times 10^6$ で $x = 10y = 10^{-10}$ と選んでいるので，(9.43) の $w_{\rm DE}$ は 1 に近い値から始まっている．ただし，ポテンシャルの傾きは $\lambda = 0.5$ で緩やかなのでスカラー場はゆっくりと動き，すぐに $V(\phi)$ が $\dot{\phi}^2/2$ に対して支配的になり $(y^2 \gg x^2)$，一時的に $w_{\rm DE}$ は -1 に近づく．物質優勢期の終わりまで $w_{\rm DE}$ は -1 に近いが，加速膨張期に $w_{\rm DE}$ は -1 からずれ始め，最終的に漸近的な値 $w_{\rm DE} = w_{\rm eff} = -1 + \lambda^2/3$ に近づく．

λ の値が小さいほど，低赤方偏移での $w_{\rm DE}$ の -1 からのずれは小さく，$\lambda \to 0$ の極限が宇宙項に対応する．Ia 型超新星，CMB, BAO のデータを用いた統合解析では，95％の確からしさで，$\lambda \leq 0.6$ 程度の制限が得られている [80]．現状の観測データでは，クインテッセンスが宇宙項 $(w_{\rm DE} = -1)$ よりも統計的に優位であるという兆候は得られていないが，将来の精度の良い観測から，$w_{\rm DE}$ の時間変化の可能性を精査できると期待されている．

9.5.2 結合したクインテッセンス ($Q \neq 0$)

$Q \neq 0$ の場合，(9.38) の右辺の Q に依存する項の存在によって，$Q = 0$ のときと比べて宇宙進化に違いが生じる．ただし，(9.45) の P_{DE} と (9.48) の P_r はともに $\Omega_m = 0$ を満たし，この 2 つの固定点は $Q \neq 0$ でも存在する．一方，(9.47) の P_m は存在せず，その代わりに固定点

$$\mathrm{P}_{\phi\mathrm{MDE}}:\ (x, y, \Omega_r) = \left(-\sqrt{6}Q/3, 0, 0\right) \tag{9.52}$$

が存在する．これは，暗黒物質とスカラー場の結合のために現れる ϕ **物質優勢期** (ϕMDE) であり，その点で

$$\Omega_{\mathrm{DE}} = w_{\mathrm{eff}} = 2Q^2/3\,, \qquad \Omega_m = 1 - 2Q^2/3\,, \qquad w_{\mathrm{DE}} = 1 \tag{9.53}$$

を満たす [77]．この時期のスケール因子の変化は，(2.44) で $w \to w_{\mathrm{eff}}$ としたものになり，

$$a \propto t^{2/[3(1+w_{\mathrm{eff}})]} = t^{2/(3+2Q^2)} \tag{9.54}$$

で与えられる．$Q \neq 0$ のとき，$Q = 0$ の物質優勢期 ($a \propto t^{2/3}$) と比べて，a はゆっくりと変化する．また，ϕMDE の周りで (9.49) のような線形摂動方程式を考えて，行列 $\mathcal{M}$ の固有値を計算すると，

$$\mathrm{P}_{\phi\mathrm{MDE}}:\ -3/2 + Q^2\,, \quad -1 + 2Q^2\,,\ 3/2 + Q(Q+\lambda) \tag{9.55}$$

となる．$Q^2 \ll 1$ かつ $|\lambda| \lesssim 1$ である限り，最初の 2 つの固有値は負で，残りの 1 つは正なので，$\mathrm{P}_{\phi\mathrm{MDE}}$ は鞍点である．

また，P_r の固有値は -1, 1, 2 であり，P_r も鞍点である．一方，(9.45) の P_{DE} の固有値は Q の影響を受け，

$$\mathrm{P}_{\mathrm{DE}}:\ \lambda(\lambda+Q) - 3\,, \quad \lambda^2 - 4\,, \quad (\lambda^2 - 6)/2 \tag{9.56}$$

となる．このことから，P_{DE} が安定点であるための条件は，

$$\lambda(\lambda+Q) < 3 \quad \text{かつ} \quad \lambda^2 < 4 \tag{9.57}$$

で与えられる．$Q \to 0$ の極限では，これらの条件は $\lambda^2 < 3$ に帰着される．結局，$Q^2 \ll 1$ で条件 (9.57) が満たされていれば，$\mathrm{P}_r \to \mathrm{P}_m \to \mathrm{P}_{\mathrm{DE}}$ の宇宙進化が実現し，最終的に安定な固定点 P_{DE} に近づく．

図 9.5 の右側に，$Q = 0.2$, $\lambda = 0.2$ のときの 3 つの密度パラメータと，$w_{\rm DE}$, $w_{\rm eff}$ の変化を示す．輻射優勢期の固定点 P_r の次に，$w_{\rm eff} = 2Q^2/3$ の ϕ 物質優勢期に一時的に近づいていることが確認できる．(9.52) から分かるように，この時期にはスカラー場の運動エネルギーに相当する無次元量 $|x|$ が，ポテンシャルエネルギーに相当する無次元量 y に対して支配的となり，場の運動エネルギーによって一定の密度パラメータ $\Omega_{\rm DE} = 2Q^2/3$ が実現している．ただし，ϕ 物質優勢期において $\Omega_m = 1 - 2Q^2/3$ が $\Omega_{\rm DE}$ に対して支配的でないと，様々な観測データと矛盾するため，条件 $Q^2 \ll 1$ が必要である．なお，この時期には $x^2 \gg y^2$ であるため，$w_{\rm DE} \simeq 1$ である．図 9.5 の左側で $Q = 0$ の場合には，$w_{\rm DE}$ が物質優勢期に -1 に近い値を取るのと対照的である．最終的に $Q \neq 0$ のときの解は，(9.45) の固定点 $\mathrm{P}_{\rm DE}$ に近づくので，漸近的な $w_{\rm DE}$ の値は $w_{\rm DE} = w_{\rm eff} = -1 + \lambda^2/3$ である．図 9.5 の右側で $Q \neq 0$ のときは，z が 1 程度の低赤方偏移で $w_{\rm DE}$ は一時的に -1 付近の値に近づき，最終的に漸近値 $w_{\rm DE} = -0.987$ に収束している．

ϕ 物質優勢期が存在すると，宇宙の晴れ上がり時における音速地平線 r_{s*} の値 (7.158) と，晴れ上がり時から現在までの共動距離 D_{A*} の値 (7.30) が変わるので，CMB の温度揺らぎの一番目の山の位置に対応する (7.155) の l_A にずれが生じる．(3.12) の右辺で，$Q \neq 0$ のときは，$\Omega_m^{(0)} a^{-3}$ が $\Omega_m^{(0)} a^{-(3+2Q^2)}$ となり，過去には物質の寄与が大きいため $E(z) = H(z)/H_0$ が増加し，(7.156) の r_{s*} の値は減少する．D_{A*} も $Q \neq 0$ のときに変更を受けるが，高赤方偏移の ϕ 物質優勢期の存在は r_{s*} の方により大きな影響を与え，l_A はより大きな値，すなわち小スケールの方にずれる．それ以外にも，$Q \neq 0$ のときには暗黒物質揺らぎの成長率が $Q = 0$ のときよりも大きくなり，後期 ISW 効果に影響を与える．Planck 衛星による CMB の観測データから，95 % の確からしさで $|Q| < 0.062$ という上限がついている [81].

さらに興味深いことに，CMB，Ia 型超新星，BAO などのデータを用いて $|Q|$ の最も確からしい値を統計解析すると，0.03 から 0.04 程度であることが報告されている [81]．これは，$Q = 0$, $\lambda = 0$ の ΛCDM 模型で存在する，CMB と低赤方偏移の観測から制限される H_0 の不一致の問題が，$Q \neq 0$ では改善されることと関係している．これは，$Q \neq 0$ のときは CMB の温度揺らぎの山の位置が小スケール側にずれ，H_0 がより大きな値で CMB のデータと適合する

ことが可能であり，その場合には低赤方偏移サーベイでの H_0 の観測値に近づくためである．この統計解析の結果は，暗黒エネルギーと暗黒物質が結合している可能性を示唆しており，理論的な観点でも興味深い．

9.6 一般相対論の拡張理論

第 9.5 節で議論したスカラー場による模型では，$Q = 0$ でも $Q \neq 0$ でも，暗黒エネルギーの状態方程式は $w_{\rm DE} \geq -1$ の範囲にある．観測的には，(9.22) のように，$w_{\rm DE} < -1$ の領域も許容されている．作用 (9.27) において，スカラー場の運動エネルギー項の符号が逆の $g^{\mu\nu}\partial_\mu\phi\partial_\nu\phi/2$ という項を考えると，(9.43) の状態方程式は $w_{\rm DE} = (x^2 + y^2)/(x^2 - y^2)$ に変更され，$x^2 < y^2$ のとき $w_{\rm DE} < -1$ となる．このような負の運動エネルギー項を持つスカラー場は**ゴースト**と呼ばれ，一様等方時空でのエネルギー密度が $\rho_{\rm DE} = -\dot{\phi}^2/2 + V(\phi)$ となる．その場合，$\rho_{\rm DE}$ に下限がなく，負の値でいくらでも小さくなり得ることから，ゴースト不安定性という理論的な問題点を抱えている．そのためゴースト場は，$w_{\rm DE} < -1$ を実現しても，理論的に有効な暗黒エネルギー模型とは考えられない．

もし，正の運動エネルギー項を持つスカラー場 ϕ が，重力との直接的な結合を持つ場合には，上記のゴーストが現れずに $w_{\rm DE} < -1$ を実現することが可能である．その例として，作用 (9.27) の中のスカラー曲率 R が，スカラー場と $F(\phi)R$ のような結合を持っている場合が挙げられる．一般に，スカラー場が R やアインシュタインテンソル $G_{\mu\nu}$ と直接結合している理論を**スカラー・テンソル理論**と呼ぶ [82–85]．この理論の枠組みで有効な暗黒エネルギー模型を構築する研究は活発に行われており，その場合は背景宇宙の進化だけでなく，スカラー場の影響によって物質揺らぎの進化も ΛCDM 模型と異なる．Ia 型超新星，CMB, BAO，物質揺らぎの成長率などの観測データを用いた解析によって，宇宙項よりも統計的に好まれる模型も存在する [86]．スカラー場が重力と結合していると，理論によっては重力波の伝搬速度 c_g が光速 c からずれるが，連星中性子星合体の重力波の観測から，c_g は (1.27) のように c に非常に近いことが分かっている．このことから，スカラー・テンソル理論に基づく

有効な暗黒エネルギー模型は絞り込まれてきており，今後の観測の進展によって，どの模型が生き残るかが明らかになると期待されている．

暗黒エネルギーの起源として，質量を持つベクトル場を考えることもできる．光子は質量 0 のスピン 1 の粒子で，それに付随して電場と磁場の横波の自由度 2 つが現れる．質量を持つスピン 1 の粒子を考えると，U(1) ゲージ対称性が破れるため，横波の 2 つのベクトル自由度以外に，波の進行方向に縦波の自由度が現れる．このような有質量のスピン 1 のゲージ粒子に付随したベクトル場が，重力と結合している理論を**ベクトル・テンソル理論**と呼ぶ [87]．この理論での暗黒エネルギー模型も存在し [88]，ゴーストが現れずに $w_{\mathrm{DE}} < -1$ の状態方程式を実現し，かつ ΛCDM 模型の H_0 の不一致問題の改善が可能であることが指摘されている．

また，重力を媒介する重力子はスピン 2 を持ち，一般相対性理論ではその質量は 0 であり，理論のゲージ対称性のために，重力波に相当する 2 つのテンソル自由度のみが存在する．重力子が質量 m_g を持つと，ゲージ対称性が破れるために，ゴーストの自由度 1 つを含む 6 つの自由度が現れる．この 1 つのゴースト自由度を除去できる**有質量重力理論** [89] は存在するが，それでも多くの場合において，他の 5 つの自由度のうちのどれかが不安定性を引き起こすために，矛盾のない理論を構築するのは容易でない [90]．しかし，そのような問題を回避できる有質量重力理論は存在し，m_g が H_0 と同程度のときに後期加速膨張を起こすことも可能である．

このような数多くの暗黒エネルギー模型は，多様な観測データから選別が可能である．1998 年に宇宙の後期加速膨張が発見されてから，現在までに棄却されている模型も数多くあり，重力波の観測も含めた将来の高精度のデータによって，最適な模型に肉薄できることが期待されている．特に，標準的な ΛCDM 模型が H_0 の観測的な不一致問題を抱えている以上，暗黒エネルギーと暗黒物質の起源の解明の裏側には，我々のまだ知らない新しい物理が隠されている可能性がある．その解明の暁には，宇宙開闢とインフレーションの問題も含めて，宇宙進化についてのより整合的な理解が得られるに違いない．

APPENDIX
付　　　録

A　一般相対論による宇宙膨張の式の導出

一般相対論の基盤であるアインシュタイン方程式 (1.24) から，宇宙膨張を記述する式を導出する．この方程式の左辺のアインシュタインテンソル $G_{\mu\nu}$ は，4 次元時空での座標 $x^\mu = (x^0, x^1, x^2, x^3)$ に対して，微小線素

$$\mathrm{d}s^2 = g_{\mu\nu}\mathrm{d}x^\mu \mathrm{d}x^\nu \tag{A.1}$$

を考えたときの計量テンソル $g_{\mu\nu}$ から計算できる．ここで，時間を t，光速を c として $x^0 = ct$ であり，上付きと下付きの添字で同じ文字に関しては，0 から 3 までの和を取るというアインシュタインの縮約則を (A.1) で用いている．(1.24) の右辺のエネルギー運動量テンソル $T_{\mu\nu}$ は，どのようなエネルギーと運動量を持つ物質分布を考えるかによって決まる．

まずは一般に，上付きの反変ベクトル A^μ と下付きの共変ベクトル B_ν の積で作られる 2 階テンソルを

$$X^\mu{}_\nu = A^\mu B_\nu \tag{A.2}$$

と書く．このとき，4 次元時空での座標値 x^λ による**共変微分**は，

$$\nabla_\lambda X^\mu{}_\nu = X^\mu{}_{\nu;\lambda} = X^\mu{}_{\nu,\lambda} + \Gamma^\mu_{\rho\lambda} X^\rho{}_\nu - \Gamma^\rho_{\nu\lambda} X^\mu{}_\rho \tag{A.3}$$

で与えられる．ここで $X^\mu{}_{\nu,\lambda} = \partial X^\mu{}_\nu / \partial x^\lambda$ であり，$\Gamma^\mu_{\rho\lambda}$ は**クリストッフェル記号**と呼ばれ，その定義は，

$$\Gamma^\mu_{\rho\lambda} = \frac{1}{2} g^{\mu\nu}(g_{\nu\rho,\lambda} + g_{\nu\lambda,\rho} - g_{\rho\lambda,\nu}) \tag{A.4}$$

である．この定義と (A.3) から，計量 $g^\mu{}_\nu$ に対して，

$$g^\mu{}_{\nu;\lambda} = 0 \tag{A.5}$$

が成り立ち，また

$$g^{\mu\nu} g_{\nu\lambda} = \delta^\mu_\lambda \tag{A.6}$$

という性質を持つ．クリストッフェル記号から，4 階の**リーマンテンソル**

$$R^{\mu}{}_{\nu\lambda\rho} = \Gamma^{\mu}_{\nu\rho,\lambda} - \Gamma^{\mu}_{\nu\lambda,\rho} + \Gamma^{\mu}_{\alpha\lambda}\Gamma^{\alpha}_{\nu\rho} - \Gamma^{\mu}_{\alpha\rho}\Gamma^{\alpha}_{\nu\lambda} \tag{A.7}$$

が定義される．さらに，その第 1, 3 添字の縮約を取った 2 階の**リッチテンソル**

$$R_{\nu\rho} = R^{\mu}{}_{\nu\mu\rho} = \Gamma^{\mu}_{\nu\rho,\mu} - \Gamma^{\mu}_{\nu\mu,\rho} + \Gamma^{\mu}_{\alpha\mu}\Gamma^{\alpha}_{\nu\rho} - \Gamma^{\mu}_{\alpha\rho}\Gamma^{\alpha}_{\nu\mu}\,, \tag{A.8}$$

および，計量 $g^{\nu\rho}$ を作用させて縮約を取った**スカラー曲率**

$$R = g^{\nu\rho}R_{\nu\rho} \tag{A.9}$$

を導入する．このとき，2 階共変アインシュタインテンソルは

$$G_{\mu\nu} = R_{\mu\nu} - \frac{1}{2}g_{\mu\nu}R \tag{A.10}$$

と定義される．

一様等方宇宙での線素は，空間部分を 3 次元極座標 $x^1 = r$, $x^2 = \theta$, $x^3 = \varphi$ に取り，

$$\mathrm{d}s^2 = -c^2\mathrm{d}t^2 + a^2(t)\mathrm{d}\sigma^2 \tag{A.11}$$

で与えられる．ただし，$a(t)$ は時間 t に依存するスケール因子であり，また

$$\mathrm{d}\sigma^2 = \gamma_{ij}\mathrm{d}x^i\mathrm{d}x^j = \frac{\mathrm{d}r^2}{1-Kr^2} + r^2\left(\mathrm{d}\theta^2 + \sin^2\theta\,\mathrm{d}\varphi^2\right) \tag{A.12}$$

である $(i, j = 1, 2, 3)$．K は空間曲率に相当する定数である．

0 でない計量の成分は，

$$g_{00} = -1\,, \qquad g_{ij} = a^2(t)\gamma_{ij} \qquad (i = j) \tag{A.13}$$

であり，$\gamma_{11} = (1-Kr^2)^{-1}$, $\gamma_{22} = r^2$, $\gamma_{33} = r^2\sin^2\theta$ である．(A.6) より，反変計量テンソルのうち 0 でない成分は，

$$g^{00} = -1, \quad g^{11} = \frac{1-Kr^2}{a^2(t)}, \quad g^{22} = \frac{1}{a^2(t)r^2}, \quad g^{33} = \frac{1}{a^2(t)r^2\sin^2\theta} \tag{A.14}$$

である．(A.4) の定義から，例えば Γ^0_{ij} を計算すると，

$$\Gamma^0_{ij} = \frac{1}{2}g^{00}\left(g_{0i,j} + g_{0j,i} - g_{ij,0}\right) = \frac{1}{2}g_{ij,0} = \frac{1}{2c}\frac{\partial}{\partial t}\left(a^2(t)\gamma_{ij}\right)$$

$$= \frac{1}{c} a(t)\dot{a}(t)\gamma_{ij} = \frac{1}{c} a^2 H \gamma_{ij} \tag{A.15}$$

である．ここで，$H = \dot{a}/a$ は宇宙の膨張率である（ドットは，時間 t による微分）．クリストッフェル記号で他に 0 でないものは，

$$\Gamma^i_{0j} = \Gamma^i_{j0} = \frac{1}{c} H \delta^i_j\,, \qquad \Gamma^1_{11} = \frac{Kr}{1-Kr^2}\,, \qquad \Gamma^1_{22} = -r(1-Kr^2)\,,$$
$$\Gamma^1_{33} = -r(1-Kr^2)\sin^2\theta\,, \qquad \Gamma^2_{33} = -\sin\theta\cos\theta\,,$$
$$\Gamma^2_{12} = \Gamma^2_{21} = \Gamma^3_{13} = \Gamma^3_{31} = \frac{1}{r}\,, \qquad \Gamma^3_{23} = \Gamma^3_{32} = \frac{1}{\tan\theta} \tag{A.16}$$

である．(A.8) の定義から，0 でないリッチテンソルの成分を計算すると，

$$R_{00} = -\frac{3}{c^2}(H^2 + \dot{H})\,, \quad R_{ij} = \frac{a^2}{c^2}\left(3H^2 + \dot{H} + \frac{2Kc^2}{a^2}\right)\gamma_{ij} \tag{A.17}$$

である．さらに，(A.9) からスカラー曲率を求めると，

$$R = \frac{6}{c^2}\left(2H^2 + \dot{H} + \frac{Kc^2}{a^2}\right) \tag{A.18}$$

が得られ，0 でない混合アインシュタインテンソル $G^\mu{}_\nu$ の成分は

$$G^0{}_0 = -\frac{3}{c^2}\left(H^2 + \frac{Kc^2}{a^2}\right)\,, \quad G^i{}_j = -\frac{1}{c^2}\left(3H^2 + 2\dot{H} + \frac{Kc^2}{a^2}\right)\delta^i_j \tag{A.19}$$

となる．

一方，エネルギー運動量テンソル $T^\mu{}_\nu$ に関しては，粒子の集合体である連続体を考える．連続体のうち，自由に形を変えて流れることのできる物質を流体と呼び，流体のうち特に粘性の無視できる等方的な性質を持つものを，**完全流体**と呼ぶ．線素 (A.11) と整合的な完全流体の $T^\mu{}_\nu$ は，対角成分

$$T^0{}_0 = -\rho c^2\,, \quad T^1{}_1 = T^2{}_2 = T^3{}_3 = P \tag{A.20}$$

のみを持つ．ここで，ρ と P はそれぞれ流体の密度と圧力を表す．よって，アインシュタイン方程式 $G^\mu{}_\nu = (8\pi G/c^4)T^\mu{}_\nu$ から，2 つの独立な方程式

$$H^2 = \frac{8\pi G}{3}\rho - \frac{Kc^2}{a^2}\,, \tag{A.21}$$

$$3H^2 + 2\dot{H} = -8\pi G\frac{P}{c^2} - \frac{Kc^2}{a^2} \tag{A.22}$$

を得る．(A.21) は，フリードマン方程式 (2.38) で $\varepsilon = \rho c^2$ としたものに他ならない．(A.21) と (A.22) から空間曲率項 Kc^2/a^2 を消去し，$\ddot{a}/a = \dot{H} + H^2$ を用いると，

$$\frac{\ddot{a}}{a} = -\frac{4\pi G}{3}\left(\rho + \frac{3P}{c^2}\right) \tag{A.23}$$

を得る．この式から，$\rho + 3P/c^2 > 0$ のとき，宇宙は減速膨張 ($\ddot{a} < 0$) する．また (A.21) を t で微分し，(A.22) を用いて $\dot{H}$ を消去すると，

$$\dot{\rho} + 3H\left(\rho + \frac{P}{c^2}\right) = 0 \tag{A.24}$$

を得る．これは (2.32) の連続方程式と一致する．与えられた状態方程式 $w = P/(\rho c^2)$ に対して，(A.24) と (A.21) を解くことで，ρ と a が時間 t の関数として求まる．

B　重力波の作用

線素 (6.72) で表される空間的に平坦な計量において，線形重力波 h_{ij} に関する作用と運動方程式を導出する．h_{ij} は，条件 $\nabla^i h_{ij} = 0$ (発散が 0) と $h^i{}_i = 0$ (トレースが 0) を満たし，z 方向に進む重力波であるとする．これらの条件を満たす h_{ij} の成分として，

$$h_{11} = h_1(t,z)\,, \qquad h_{22} = -h_1(t,z)\,, \tag{B.1}$$

$$h_{12} = h_{21} = h_2(t,z) \tag{B.2}$$

を取ることができる (それ以外の成分は 0)．h_1 と h_2 は t と z の関数であり，それぞれ (6.86) と (6.87) の + モードと × モードの振動に対応する．以下では，スカラー場が支配する宇宙での重力波の 2 次摂動の作用と運動方程式を導くが，これらの最終的な結果は，完全流体が支配する宇宙でも同じになる．

(4.26) の $\mathcal{S}_m$ として，スカラー場の作用 (4.32) を追加した

$$\mathcal{S} = \int \mathrm{d}^4x\,\sqrt{-g}\,\frac{M_{\mathrm{pl}}^2}{2}R + \int \mathrm{d}^4x\,\sqrt{-g}\left[-\frac{1}{2}g^{\mu\nu}\partial_\mu\phi\partial_\nu\phi - V(\phi)\right] \tag{B.3}$$

を考える．線素 (6.72) で記述される時空で，(B.3) を h_1 と h_2 の 2 次のオー

ダーまで展開する．$\sqrt{-g}$ が 2 次の摂動 $-a^3(h_1^2+h_2^2)/2$ を与えることに注意して，(B.3) の重力波に関する 2 次の摂動の作用は，

$$\mathcal{S}_h^{(2)} = -\frac{M_{\rm pl}^2}{4}\sum_{i=1}^{2}\int {\rm d}t{\rm d}^3x\, a^3\Big[3\dot{h}_i^2 + 4h_i\ddot{h}_i + 16Hh_i\dot{h}_i - \frac{3}{a^2}(\partial_z h_i)^2 - \frac{4}{a^2}h_i\partial_z^2 h_i + 6(2H^2+\dot{H})h_i^2 + \frac{2P_\phi}{M_{\rm pl}^2}h_i^2\Big] \tag{B.4}$$

となる．ここで，$P_\phi = \dot{\phi}^2/2 - V(\phi)$ は背景時空でのスカラー場の圧力である．t に関する任意関数 $\alpha(t)$ に対して，積分の境界項は落とす部分積分

$$\alpha(t)h_i\ddot{h}_i = -\dot{\alpha}(t)h_i\dot{h}_i - \alpha(t)\dot{h}_i^2\,, \qquad \alpha(t)h_i\dot{h}_i = -\frac{1}{2}\dot{\alpha}(t)h_i^2\,,$$
$$\alpha(t)h_i\partial_z^2 h_i = -\alpha(t)(\partial_z h_i)^2 \tag{B.5}$$

を行う．さらに，背景時空の方程式 (4.44) と (4.45) から，

$$M_{\rm pl}^2\left(3H^2 + 2\dot{H}\right) = -P_\phi \tag{B.6}$$

が成り立つことを用いると，(B.4) の中の h_i^2 に比例する項は消えて，

$$\mathcal{S}_h^{(2)} = \frac{M_{\rm pl}^2}{4}\sum_{i=1}^{2}\int {\rm d}t{\rm d}^3x\, a^3\left[\dot{h}_i^2 - \frac{(\partial_z h_i)^2}{a^2}\right] \tag{B.7}$$

を得る．この作用を (B.1), (B.2) の h_{ij} で表すと，

$$\mathcal{S}_h^{(2)} = \frac{M_{\rm pl}^2}{4}\sum_{i,j=1}^{3}\int {\rm d}t{\rm d}^3x\, a^3\left[\frac{1}{2}\dot{h}_{ij}^2 - \frac{(\partial_k h_{ij})^2}{2a^2}\right] \tag{B.8}$$

と書ける．(B.7) までは z 方向に伝搬する重力波を考えたが，(B.8) は伝搬が z 方向とは限らない場合にも有効であり，膨張宇宙での重力波の 2 次の摂動作用の一般形を与えている．(B.8) を h_{ij} に関して変分を取り，線形重力波の方程式

$$\ddot{h}_{ij} + 3H\dot{h}_{ij} - \frac{\partial_k^2 h_{ij}}{a^2} = 0 \tag{B.9}$$

を得る．

C 線形スカラー摂動の方程式

スカラー摂動 Ψ と Φ を持つ線素 (7.48) に対して，(A.4) で定義される $\Gamma^{\mu}_{\rho\lambda}$ のうち，摂動の 1 次までで 0 でない項は，$c=1$ の単位系で

$$
\begin{aligned}
&\Gamma^0_{00} = \partial_t \Psi\,, \qquad \Gamma^0_{0i} = \Gamma^0_{i0} = \partial_i \Psi\,, \qquad \Gamma^i_{00} = \frac{\partial_i \Psi}{a^2}\,,\\
&\Gamma^0_{ij} = a^2 \left[H(1 - 2\Psi + 2\Phi) + \partial_t \Phi \right] \delta_{ij}\,,\\
&\Gamma^i_{0j} = \Gamma^i_{j0} = (H + \partial_t \Phi)\, \delta^i_j\,,\\
&\Gamma^i_{jk} = \delta_{ij}\partial_k \Phi + \delta_{ik}\partial_j \Phi - \delta_{jk}\partial_i \Phi
\end{aligned} \tag{C.1}
$$

である．混合アインシュタインテンソル $G^{\mu}{}_{\nu} = R^{\mu}{}_{\nu} - \delta^{\mu}_{\nu} R/2$ を，背景部分と摂動部分に分けると，線形摂動の 0 でない成分として，

$$
\delta G^0{}_0 = -2 \left[3H \left(\dot{\Phi} - H\Psi \right) - \frac{\nabla_x^2 \Phi}{a^2} \right], \tag{C.2}
$$

$$
\delta G^0{}_i = 2\, \partial_i \left(\dot{\Phi} - H\Psi \right), \tag{C.3}
$$

$$
\delta G^i{}_j = 2 \left[(3H^2 + 2\dot{H})\Psi - \ddot{\Phi} - 3H\dot{\Phi} + H\dot{\Psi} + \frac{\nabla_x^2 \sigma}{2a^2} \right] \delta^i_j - \frac{\partial^i \partial_j \sigma}{a^2} \tag{C.4}
$$

を得る．ただし，$\sigma = \Psi + \Phi$ である．物質として，非等方ストレスのない密度 ρ，圧力 P の完全流体を考えると，そのエネルギー運動量テンソルは，

$$
T^{\mu}{}_{\nu} = (\rho + P)\, u^{\mu} u_{\nu} + P \delta^{\mu}_{\nu} \tag{C.5}
$$

という形で与えられる．ここで ρ と P を，$\rho = \bar{\rho}(1+\delta)$, $P = \bar{P} + \delta P$ のように，背景部分と摂動部分に分ける．4 元速度 u^{μ} および u_{μ} の成分は (7.67)–(7.69) で与えられているので，(C.5) の線形摂動成分は

$$
\delta T^0{}_0 = -\bar{\rho}\delta\,, \qquad \delta T^0{}_i = \left(\bar{\rho} + \bar{P} \right) a v_i\,, \qquad \delta T^i{}_j = \delta P \delta^i_j \tag{C.6}
$$

となる．スカラー摂動に対しては，$v_i = \partial_i v$ のスカラーポテンシャル v のみを考えればよい．摂動アインシュタイン方程式 $\delta G^{\mu}{}_{\nu} = 8\pi G \delta T^{\mu}{}_{\nu}$ から

$$
3H \left(\dot{\Phi} - H\Psi \right) - \frac{\nabla_x^2 \Phi}{a^2} - 4\pi G \bar{\rho} \delta\,, \tag{C.7}
$$

$$\dot{\Phi} - H\Psi = 4\pi G \left(\bar{\rho} + \bar{P}\right) av \,, \tag{C.8}$$

$$\ddot{\Phi} + 3H\dot{\Phi} - H\dot{\Psi} - \left(3H^2 + 2\dot{H}\right)\Psi = -4\pi G \delta P \,, \tag{C.9}$$

$$\sigma = \Psi + \Phi = 0 \tag{C.10}$$

を得る．(C.9) と (C.10) はそれぞれ，$\delta G^i{}_j = 8\pi G \delta T^i{}_j$ の $i = j$ と $i \neq j$ の成分から得られた式である．(C.7) と (C.8) から，ポアソン方程式

$$\frac{\nabla_x^2 \Phi}{a^2} = -4\pi G \bar{\rho} \delta_m \,, \tag{C.11}$$

ただし

$$\delta_m \equiv \delta - 3H\,(1 + w)\,av \,, \qquad w \equiv \frac{\bar{P}}{\bar{\rho}} \tag{C.12}$$

を得る．波数 $\boldsymbol{k}$ のフーリエ空間では，(C.7) の $-\nabla_x^2 \Phi$ を $k^2 \Phi$ に置き換えればよい．ハッブル半径より波長が十分小さい揺らぎ $(k \gg aH)$ では，(C.7) の左辺の項 $3H(\dot{\Phi} - H\Psi)$ のオーダーは $H^2\Phi$ 程度であり，$(k^2/a^2)\Phi$ に比べて無視できる．この場合，実空間において (C.7) と (C.10) から，

$$\frac{\nabla_x^2 \Phi}{a^2} = -\frac{\nabla_x^2 \Psi}{a^2} \simeq -4\pi G \bar{\rho} \delta \tag{C.13}$$

を得る．この式と (C.11) を比べると $\delta_m \simeq \delta$ であり，$k \gg aH$ では (C.12) において $|3H\,(1 + w)\,av| \ll |\delta|$ であり，v の寄与は δ に対して無視できる．(C.13) は，ニュートン流体力学で得られた式 (8.43) に対応する．

BIBLIOGRAPHY
参 考 文 献

[1] G. Lemaître, Annales Soc. Sci. Bruxelles A **47**, 49–59 (1927).
[2] E. Hubble, Proc. Nat. Acad. Sci. **15**, 168–173 (1929).
[3] W. P. Gieren, P. Fouque and M. Gomez, Astrophys. J. **496**, 17–30 (1998).
[4] E. Hubble and M. L. Humason, Astrophys. J. **74**, 43–80 (1931).
[5] A. G. Riess, *et al.*, Astrophys. J. **876**, 85 (2019).
[6] N. Aghanim *et al.*, Astron. Astrophys. **641**, A6 (2020).
[7] G. Gamow, Phys. Rev. **70**, 572–573 (1946).
[8] A. Einstein, Annalen Phys. **17**, 891–921 (1905).
[9] A. Einstein, Annalen Phys. **49**, 769–822 (1916).
[10] F. Zwicky, Helv. Phys. Acta **6**, 110–127 (1933).
[11] V. C. Rubin and W. K. Ford, Astrophys. J. **159**, 379–403 (1970).
[12] A. A. Penzias and R. W. Wilson, Astrophys. J. **142**, 419–421 (1965).
[13] G. F. Smoot *et al.*, Astrophys. J. Lett. **396**, L1–L5 (1992).
[14] D. N. Spergel *et al.*, Astrophys. J. Suppl. **148**, 175–194 (2003).
[15] P. A. R. Ade *et al.*, Astron. Astrophys. **571**, A16 (2014).
[16] A. G. Riess *et al.*, Astron. J. **116**, 1009–1038 (1998).
[17] S. Perlmutter *et al.*, Astrophys. J. **517**, 565–586 (1999).
[18] D. J. Eisenstein *et al.*, Astrophys. J. **633**, 560–574 (2005).
[19] B. P. Abbott *et al.*, Phys. Rev. Lett. **116**, 061102 (2016).
[20] B. P. Abbott *et al.*, Phys. Rev. Lett. **119**, 161101 (2017).
[21] S. Weinberg, "Cosmology", Oxford Univ. Press (2008).
[22] Y. Fukuda *et al.*, Phys. Rev. Lett. **81**, 1562–1567 (1998).
[23] G. Aad *et al.*, Phys. Lett. B **716**, 1–29 (2012).
[24] H. J. W. Muller-Kirsten and A. Wiedemann, "Introduction to Supersymmetry", World Scientific (2010).
[25] R. D. Peccei and H. R. Quinn, Phys. Rev. Lett. **38**, 1440–1443 (1977).
[26] B. M. S. Hansen *et al.*, Astrophys. J. Lett. **574**, L155–L158 (2002).
[27] G. Ross, "Grand Unified Theories", CRC Press (2003).
[28] B. Zwiebach, "A First Course in String Theory", Cambridge Univ. Press (2009).
[29] A. A. Starobinsky, Phys. Lett. B **91**, 99–102 (1980).
[30] K. Sato, Mon. Not. Roy. Astron. Soc. **195**, 467–479 (1981).
[31] D. Kazanas, Astrophys. J. Lett. **241**, L59–L63 (1980).

BIBLIOGRAPHY

参　考　文　献

[32] A. H. Guth, Phys. Rev. D **23**, 347–356 (1981).

[33] A. D. Linde, Phys. Lett. B **108**, 389–393 (1982).

[34] A. Albrecht and P. J. Steinhardt, Phys. Rev. Lett. **48**, 1220–1223 (1982).

[35] K. Freese *et al.*, Phys. Rev. Lett. **65**, 3233–3236 (1990).

[36] A. D. Linde, Phys. Lett. B **129**, 177–181 (1983).

[37] A. De Felice and S. Tsujikawa, Living Rev. Rel. **13**, 3 (2010).

[38] R. Kallosh, A. Linde and D. Roest, JHEP **11**, 198 (2013).

[39] L. Kofman, A. D. Linde and A. A. Starobinsky, Phys. Rev. D **56**, 3258–3295 (1997).

[40] M. Tanabashi *et al.*, Phys. Rev. D **98**, 030001 (2018).

[41] A. A. Starobinsky, Phys. Lett. B **117**, 175–178 (1982).

[42] M. Sasaki and E. D. Stewart, Prog. Theor. Phys. **95**, 71–78 (1996).

[43] A. H. Guth and S. Y. Pi, Phys. Rev. Lett. **49**, 1110–1113 (1982).

[44] S. W. Hawking, Phys. Lett. B **115**, 295 (1982).

[45] J. M. Bardeen, P. J. Steinhardt and M. S. Turner, Phys. Rev. D **28**, 679 (1983).

[46] 辻川信二, “現代宇宙論講義”, サイエンス社 (2013).

[47] W. Hu and N. Sugiyama, Astrophys. J. **444**, 489–506 (1995).

[48] 松原隆彦, “宇宙論の物理”, 東京大学出版会 (2014).

[49] 小松英一郎, “宇宙マイクロ波背景放射”, 日本評論社 (2019).

[50] R. A. Sunyaev and Y. B. Zeldovich, Astrophys. Space Sci. **7**, 3–19 (1970).

[51] P. J. E. Peebles and J. T. Yu, Astrophys. J. **162**, 815–836 (1970).

[52] W. Hu, arXiv:0802.3688 [astro-ph].

[53] R. K. Sachs and A. M. Wolfe, Astrophys. J. **147**, 73–90 (1967).

[54] E. Komatsu *et al.*, Astrophys. J. Suppl. **192**, 18 (2011).

[55] J. Silk, Astrophys. J. **151**, 459–471 (1968).

[56] A. Challinor, Lect. Notes Phys. **653**, 71 (2004).

[57] G. Efstathiou and J. R. Bond, Mon. Not. Roy. Astron. Soc. **304**, 75–97 (1999).

[58] P. J. E. Peebles, “The Large-Scale Structure of the Universe”, Princeton Univ. Press (1980).

[59] 松原隆彦, “大規模構造の宇宙論”, 共立出版 (2014).

[60] S. Dodelson, “Modern Cosmology”, Academic Press (2003).

[61] J. M. Bardeen *et al.*, Astrophys. J. **304**, 15 (1986).
[62] M. Tegmark *et al.*, Phys. Rev. D **74**, 123507 (2006).
[63] N. Kaiser, Mon. Not. Roy. Astron. Soc. **227**, 1 (1987).
[64] T. Okumura *et al.*, Publ. Astron. Soc. Jap. **68**, 38 (2016).
[65] C. Blake *et al.*, Mon. Not. Roy. Astron. Soc. **418**, 1707–1724 (2011).
[66] S. L. Shapiro and S. A. Teukolsky, "Black Holes, White Dwarfs, and Neutron Stars", Wiley-VCH (1983).
[67] K. Akiyama *et al.*, Astrophys. J. Lett. **875**, L1 (2019).
[68] M. Fukugita *et al.*, Astrophys. J. Lett. **361**, L1 (1990).
[69] M. Betoule *et al.*, Astron. Astrophys. **568**, A22 (2014).
[70] S. Weinberg, Rev. Mod. Phys. **61**, 1–23 (1989).
[71] Y. Fujii, Phys. Rev. D **26**, 2580 (1982).
[72] C. Wetterich, Nucl. Phys B. **302**, 668 (1988).
[73] B. Ratra and P. J. E. Peebles, Phys. Rev. D **37**, 3406 (1988).
[74] T. Chiba, N. Sugiyama and T. Nakamura, Mon. Not. Roy. Astron. Soc. **289**, L5–L9 (1997).
[75] R. R. Caldwell, R. Dave and P. J. Steinhardt, Phys. Rev. Lett. **80**, 1582 (1998).
[76] C. Wetterich, Astron. Astrophys. **301**, 321–328 (1995).
[77] L. Amendola, Phys. Rev. D **62**, 043511 (2000).
[78] E. J. Copeland, A. R. Liddle and D. Wands, Phys. Rev. D **57**, 4686 (1998).
[79] E. J. Copeland, M. Sami and S. Tsujikawa, Int. J. Mod. Phys. D **15**, 1753–1936 (2006).
[80] Y. Akrami *et al.*, Fortsch. Phys. **67**, 1800075 (2019).
[81] P. A. R. Ade *et al.*, Astron. Astrophys. **594**, A14 (2016).
[82] Y. Fujii and K. Maeda, "The Scalar-Tensor Theory of Gravitation", Cambridge Univ. Press (2002).
[83] G. W. Horndeski, Int. J. Theor. Phys. **10**, 363–384 (1974).
[84] T. Kobayashi, M. Yamaguchi and J. Yokoyama, Prog. Theor. Phys. **126**, 511 (2011).
[85] R. Kase and S. Tsujikawa, Int. J. Mod. Phys. D **28**, 1942005 (2019).
[86] S. Peirone *et al.*, Phys. Rev. D **100**, 063540 (2019).
[87] L. Heisenberg, JCAP **05**, 015 (2014).

[88] A. De Felice *et al.*, JCAP **06**, 048 (2016).
[89] C. de Rham, G. Gabadadze and A. J. Tolley, Phys. Rev. Lett. **106**, 231101 (2011).
[90] C. de Rham, Living Rev. Rel. **17**, 7 (2014).

INDEX
索　　引

INDEX
索引

か行

さ行

INDEX
索　　　　　　引

た行

な行

は行

INDEX

索引

ま行

や行

ら行

著者紹介

辻川信二（つじかわしんじ）

1996年東京大学理学部卒業．2001年早稲田大学大学院理工学研究科物理学及応用物理学専攻修了．博士（理学）．2008年東京理科大学理学部第二部物理学科准教授，教授を経て，2020年早稲田大学先進理工学部物理学科教授．著書として，*Dark Energy: Theory and Observations*（Cambridge University Press，英文書），『現代宇宙論講義』（サイエンス社）などがある．

NDC421　263p　21cm

入門（にゅうもん）　現代の宇宙論（げんだいのうちゅうろん）　インフレーションから暗黒（あんこく）エネルギーまで

2022年1月17日　第1刷発行
2024年8月19日　第4刷発行

著　者　辻川信二（つじかわしんじ）

発行者　森田浩章

発行所　株式会社　講談社
〒112-8001　東京都文京区音羽2-12-21
販売　(03)5395-4415
業務　(03)5395-3615

KODANSHA

編　集　株式会社　講談社サイエンティフィク
代表　堀越俊一
〒162-0825　東京都新宿区神楽坂2-14　ノービィビル
編集　(03)3235-3701

印刷所　株式会社ＫＰＳプロダクツ

製本所　大口製本印刷株式会社

Printed in Japan

ISBN978-4-06-526631-1